上海天文馆工程建设关键技术研究与应用

李岩松　徐晓红　主编

同济大学 出版社
TONGJI UNIVERSITY PRESS

内 容 提 要

本书以上海天文馆建设项目为依托,旨在为大型公共建筑项目提供先进案例和科学指导,解决建设过程中的关键技术难题。本书共 4 篇:第 1 篇,空间结构技术研究与工程实践;第 2 篇,大型公共建筑节能技术集成应用和展示;第 3 篇,滨海盐碱土生态可持续绿地景观建设;第 4 篇,基于 Cloud-BIM 的建筑工程项目信息化管理。本书富于实践与理论相结合的探索精神,可供建设单位、项目管理、结构设计、绿色建筑设计及景观专业的工程技术人员及高等院校有关师生参考。

图书在版编目(CIP)数据

上海天文馆工程建设关键技术研究与应用 / 李岩松,徐晓红主编. -- 上海:同济大学出版社,2018.5
ISBN 978-7-5608-7474-6

Ⅰ.①上… Ⅱ.①李…②徐… Ⅲ.①天文馆—建筑设计—研究—上海 Ⅳ.①TU244.6

中国版本图书馆 CIP 数据核字(2017)第 274976 号

上海天文馆工程建设关键技术研究与应用

李岩松　徐晓红　主编

责任编辑 陆克丽霞　　**责任校对** 徐春莲　　**封面设计** 陈益平

出版发行　同济大学出版社　　　　www.tongjipress.com.cn
　　　　　(地址:上海市四平路 1239 号　邮编:200092　电话:021-65985622)
经　销　全国各地新华书店
排　版　南京月叶图文制作有限公司
印　刷　浙江广育爱多印务有限公司
开　本　889 mm×1 194 mm　1/16
印　张　20.25
字　数　648 000
版　次　2018 年 5 月第 1 版　2018 年 5 月第 1 次印刷
书　号　ISBN 978-7-5608-7474-6

定　价　128.00 元

编 委 会

主　编：李岩松　　徐晓红

副主编：顾庆生　　贾海涛　　郑　威

编　委：李亚明　王　建　张志国　臧红兵　陈家远

参编人员（按姓氏笔画为序）：

丁　晶　　王　颖　　石亚杰　　叶　勇　　朱　华

朱　婷　　孙海燕　　李　尧　　李瑞雄　　肖　魁

时文丽　　邹维娜　　汪　铮　　沈　戈　　张良兰

陈　峰　　陈剑秋　　郜　江　　贺　坤　　贾水钟

徐　晨　　潘其健

前　　言

通常所讨论的大型公共建筑,是公共建筑中相对特殊的建筑。与常规公共建筑相比,大型公共建筑的体量和规模更大。在《关于加强大型公共建筑工程建设管理的若干意见》中明确定义了大型公共建筑是指建筑面积在 20 000 m² 以上且采用中央空调系统的各类公共建筑,例如办公建筑中的大型写字楼等;商业建筑中的大型商场、金融建筑等;科教文卫建筑中的大型文化、教育、科研、医疗、卫生、体育建筑等;通信建筑中的大型邮电、通讯建筑等;交通运输类大型建筑中的机场、火车站、轨道站、港口等。如今,作为城市综合实力的象征,大型公共建筑的数量与日俱增,大型公共建筑已经成为城市居民不可或缺的社交场所与公共休闲场所,它与城市环境、经济命脉以及社会稳定发展息息相关,为整个城市的发展注入了活力。目前,国内外关于大型公共建筑的研究侧重建筑功能运作自动化与建筑物的节能运作。大型建筑物的运作包含多种功能系统,如水、电、热力、空调、通信等。建筑物的节能使命是降低建筑物各类设备的能耗,延长其使用寿命,提高效率,减少管理人员,求取更高的经济效益。发达国家还针对大型公共建筑的建设出台了相应的政策法规、实行能效标识与绿色建筑评价体系等,探索了一套行之有效的管理方案。

上海天文馆属于上海科技馆分馆,作为大型公共文化建筑,它具有提升公众科学素质、完善上海城市功能、构建天文交流平台、推进临港地区城市建设等作用。上海天文馆项目位于浦东新区的临港新城,北侧是环湖北三路,西侧是临港大道,南面和东面均为市政绿地,总用地面积 5.86 hm²。整个地块内建筑包括两部分:主体建筑和附属建筑。附属建筑由魔力太阳塔、青少年观测基地、厨房(餐厅)、大众天文台和垃圾房组成。项目总建筑面积 38 163.9 m²,包括地上面积 25 762.1 m²和地下室面积 12 401.8 m²。基地内有两组建筑,主体建筑面积 35 253.2 m²,魔力太阳塔、青少年观测基地、厨房(餐厅)和大众天文台四者的合计面积是 2 910.7 m²。地面建筑不超过三层,其中主体建筑地上三层,地下一层,总高度 23.950 m;青少年观测基地地上一层,总高度 4.67 m,厨房(餐厅)地上一层,总高度 6.65 m;魔力太阳塔地上两层,总高度 22.50 m;大众天文台地上三层,总高度 20.45 m。主体建筑的结构是采用钢筋混凝土结构、钢结构、铝合金结构交织而成的结构体系,大悬挑、球幕影院球体、东侧地上一层结构、斜坡、步道等采用钢结构,倒转穹顶采用铝合金结构,其余部分采用钢筋混凝土框架剪力墙结构。

为建设世界一流的天文馆,并为类似大型公共建筑项目的建设提供先进案例和科学指导,解决建设过程中的关键技术难题,上海科技馆依托上海天文馆建设工程项目,开展了"上海天文馆工程建设关键技术研究与应用"专项课题研究,课题研究内容包括以下 4 个方面:

1. 空间结构技术研究与工程实践子课题

对于空间结构技术风险控制子课题,研究了目前国内外适用于大空间复杂建筑的结构体系对建筑空间、幕墙、室内展陈设计的风险影响因素及其风险控制措施;为了满足人流舒适度和设备运行要求,研究采用先进的振动控制技术,控制结构竖向振动的周期和加速度,如设置阻尼器。同时,通过该技术优化结构体系,使结构尽可能轻巧,最大限度实现建筑创意;对异型曲面混凝土设计方法做了研究,通过详细的分析计算,把握壳体结构的内力分布以及传力路径,优化结构的构造做法;

同时研究其施工流程、施工措施、模板处理等,保证其表面的建筑效果及浇注质量;对于节点构造设计,由于上海天文馆项目存在多处钢结构与混凝土结构相连接的节点,要保证结构的安全,同时还需满足建筑效果的要求,节点形式的分析与选择、节点构造设计是研究的重点。对于结构风荷载,结合计算机计算分析与实验方法,研究结构风敏感部位的处理方法,分析不同参数处理可能带来的影响,使得风荷载取值更能反映真实情况。施工方案及健康监测技术研究,通过施工方案研究,确定合理的施工方案,同时研究结构全过程健康监测技术,指导结构的施工,评估结构的全过程性能,保证结构的安全性。

2. 大型公共建筑节能技术集成应用和展示子课题

对于大型公共建筑节能技术风险控制子课题,研究了大型公共博物馆建筑节能设备的技术、经济和社会风险及其控制措施等;对于绿色建筑(三星)关键技术,天文馆项目将地源热泵、太阳能、照明控制系统、雨水收集利用、高效节水器具等多项节能技术集成运用,研究这些技术在设计、施工与运营阶段的落实应用以及展教示范功能,使得建成后的上海天文馆能成为大型公共绿色建筑的示范工程。对于新能源与节能模式综合利用技术,天文馆项目采用了地源热泵与太阳能集热器/光伏板,子课题研究新能源与其他能源模式的有机结合,尽可能最大化综合利用,以减少能源消耗和碳足迹,提高建筑的环境友好性。

3. 滨海盐碱土生态可持续绿地景观建设研究子课题

对于可持续绿地景观建设风险控制子课题,研究了博物馆绿色景观在盐碱土环境中的风险分析和风险控制等;对于脱盐、改碱、地力培肥的一体化土壤修复技术,研究采用脱盐、改碱、地力培肥一体化措施,在淡水洗盐的同时,降低土壤 pH,改善土壤结构,提高土壤肥力;对于乔木种植的区域土壤次生盐渍化控制技术,研究采用乔木种植区域排水工程措施控制地下水位和地面覆盖技术相结合减少土壤水分蒸发,实现控制土壤次生盐渍化的目标;对于滨海盐碱土绿化植物的筛选与植物生态景观设计,研究了生物多样性和景观群落化生态可持续绿地设计方法,使盐碱土绿化生态功能和效益提高。

4. 基于 Cloud-BIM 的建设工程项目信息化管理子课题

对基于 BIM 的工程项目信息化技术风险控制,研究了基于 Cloud-BIM 的多方协同工作对项目实施产生的风险,评估风险并采取有效的风险控制措施等;对基于 Cloud-BIM 的三维协同设计与管理集成,用现有设计流程的各个环节和时间节点在云环境中的 BIM 去有效地集成,形成可复制、可推广的创新模式,BIM 在图纸三校两审制度方面的应用,研究 BIM 模式在大型复杂公共文化建设项目尤其是设计总包项目中的集成化设计与整合协调机制;对基于 Cloud-BIM 的建筑工程项目管理,应用云计算、大数据、BIM 等前沿信息技术,建立基于 Cloud-BIM 技术的协同数据管理平台,实现上海天文馆项目建设的数据信息的整合及其综合应用,提升项目各参与方的流程管控与协调,使工程项目信息在规划、设计、建造和运营维护不同阶段充分共享、无损传递,使工程项目的所有参与方在项目整个生命周期内都能够在模型中利用信息,在信息中操作模型,进行有效协同工作,提高设计质量,减少返工和浪费。

本书以上海天文馆建设工程项目作为研究平台,详细讲解了大型公共建筑项目建设过程中的关键技术的研究与应用过程。全书共 4 篇,11 章。各篇的主要内容安排如下:

第 1 篇,空间结构技术研究与工程实践,包括空间结构工程风险控制研究、空间结构技术研究与工程实践共 2 章。首先,对建设项目工程风险进行理论分析,构建基于贝叶斯网络的建筑施工安全风险评估模型,开展空间结构工程风险控制研究。然后,以上海天文馆为例,具体阐述了结构整体设计、结构舒适度的控制技术、混凝土壳体结构的设计与施工技术、节点构造设计、结构风荷载、施工方案及健康监测技术这 6 项研究的具体研究方法与研究过程。

第 2 篇,大型公共建筑节能技术集成应用和展示,包括大型公共建筑节能风险控制研究、大型公共建筑节能技术集成应用和展示——绿色建筑(三星)关键技术研究、地下水渗流对地埋管换热器换热能力的影响研究共 3 章。首先,对上海天文馆项目绿色节能技术进行风险识别与分析,建立风险分析评价模型,建立绿色节能技术风险控制评价体系,并提出风险应对措施。然后,针对绿色建筑评价体系,分别从节地与室外环境、节能与能源利用、节水与水资源利用、室内环境质量以及全生命周期综合性能与运营管理这 5 个方面开展相关关键技术的研究。最后,分别对地热能和太阳能这两种新能源技术的运用展开论述,并提出这两种新能源与其他能源模式有机结合的新能源系统的综合运营策略。

第 3 篇,滨海盐碱土生态可持续绿地景观建设,包括烟气脱硫石膏改良盐碱土的风险评估、滨海盐碱土生态可持续绿地景观建设研究、总结共 3 章。首先,对滨海工程项目常见的盐碱土地质进行分析研究,提出现有改良措施的局限性和可持续发展策略,提出利用烟气脱硫石膏改良滨海盐碱土的技术手段,并进行生态安全性评估。然后,对滨海盐碱土可持续绿地景观建设进行实验室和滨海现场试验研究,构建可持续性发展的滨海盐碱土植物生态景观设计模式,提出相关对策建议。

第 4 篇,基于 Cloud-BIM 的建设工程项目信息化管理,包括基于 Cloud-BIM 的工程项目信息化技术风险控制研究、基于 Cloud-BIM 的建设工程项目管理、总结共 3 章。首先,对 Cloud-BIM 技术在工程项目信息化过程中的应用风险进行识别分析,基于结构方程模型来进行实证分析,建立 Cloud-BIM 技术应用风险评价体系,并提出相关风险应对措施。然后,从技术、组织、环境三个方面建立基于 Cloud-BIM 的协同管理框架,具体阐述了该协同管理框架在上海天文馆项目中的应用实践,并进行典型案例分析与效能分析。

本书与实际工程紧密结合,系统性地阐述了大型公共建筑项目在建设过程中遇到的关键技术难题以及相应的解决措施,为业界类似大型公共建筑项目的建设提供了案例分析和科学指导,具有较高的参考价值。

本书由李岩松和徐晓红主编,相关单位和专业人士也为本书的编写提供了大量帮助,没有这些帮助,这本书是难以完成的。在此感谢本书编写团队的每一位成员对本书编写和出版所做出的贡献,感谢上海市科委专著出版的资金资助,也要感谢同济大学出版社的慨然接纳,使本书的成果可以更加广泛地走向社会。虽然本书在编写的过程中力求叙述准确、完善,但由于水平所限,书中难免存在欠妥之处,还请各位专家及广大读者不吝指正。

编者

2017 年 11 月

目　　录

第1篇　空间结构技术研究与工程实践

第2篇　大型公共建筑节能技术集成应用和展示

第3篇　滨海盐碱土生态可持续绿地景观建设

第4篇 基于Cloud-BIM的建设工程项目信息化管理

第1篇

空间结构技术研究与工程实践

与精神文明建设一样,人们对于建筑的要求不再只停留在居住功能上,而是越来越多地追求建筑美感与功能的协调统一,像上海天文馆这样大体量、大空间的复杂建筑如雨后春笋般出现在人们的视野中,逐渐成为世界各地的地标性建筑。如何开发和研究复杂建筑中空间结构的相关技术,指导具体的工程实践,将是其向广度和深度不断发展所必须面对的问题。

当前,我国已将建设重点转向城镇化发展和城市结构调整,进而对建筑结构设计在功能、造型、技术经济性等方面也提出了更高的要求,同时开始注重保护环境要求,迫切需要发展新型高性能建筑结构及其设计技术,以提高结构性能,降低结构材料。空间结构是以高效、高性能、美观和灵活为特征的现代结构。空间结构建造及其所采用的技术往往反映了一个国家建筑技术的水平,一些规模宏大、形式新颖、技术先进的大型空间结构也成为一个国家经济实力与建筑技术水平的重要体现。

空间结构技术发展趋势涵盖以下几个方面:

(1)新材料:不锈钢、铝合金、钛合金、高强索、高分子膜材和玻璃等。新型建筑材料的结构应用包括新型材料的应用,新材料力学特性的应用,耐久性的评估。

(2)新结构:各种新型的结构形式出现,基于结构拓扑和形状的优化设计。

(3)新理论:大跨度风敏感结构的风致振动响应,超长结构的多维多点地震分析,缺陷敏感结构的稳定性研究。

(4)新技术:适合新型空间结构的分析软件,精美的建筑构件、节点等产品。

(5)新需求:结构全寿命检测和监测技术。

上海天文馆(上海科技馆分馆)项目不仅是作为先进的天文科技普及展示场所,同时天文馆建筑本身也融入于天地之间的天文现象展示。该工程实例通过国际征集建筑方案获得社会的好评和有关部门的确认,但要最终实现其设计效果面临诸多困难,如大悬挑、倒转穹顶、球幕影院球体、悬挂弧形步道等的设计与施工。本研究旨在解决其中的关键技术难题,为项目的顺利实施提供技术指导,为类似项目提供相关的技术和人才积累,具体需要解决以下几方面的难题:

(1)复杂空间结构舒适度控制技术的研究与应用;

(2)异形曲面混凝土壳体结构的设计及施工技术研究与应用;

(3)特殊节点构造的研究与应用;

(4)特殊部位风荷载模拟技术的研究与应用。

第1章
空间结构工程风险控制研究

1.1 研究背景

近几年,我国因建筑倒塌事故造成的经济损失在 1 000 亿元左右。1994 年和 1995 年韩国发生了两起震惊全世界的重大工程事故,造成数百人死亡。对于一项大型建筑工程而言,一旦发生质量事故,轻则会影响施工顺利进行,重则会给工程留下隐患或缩短建筑物的使用年限,甚至会使建筑物成为危房,影响安全使用或不能使用,最为严重的是使建筑物倒塌,造成人员伤亡和巨大的经济损失。

随着我国国民经济的发展和城镇化的推进,近年来对于基础设施建设的投资不断加大,大型公共建设工程在我国呈现日益增多的趋势。工程建设呈现出投资主体多元化、技术工艺复杂化、建筑材料新型化、企业独立自主化和建设项目规模大型化等特点。尤其是对于超高、大跨度钢结构或混凝土结构、超深基坑等建设工程,投资规模大、周期长;施工难度大、技术复杂;受各方面的制约条件多,对环境影响和社会影响程度也非常大,导致大型工程建设所面临的质量安全风险也越来越高。在国内大型建设工程蓬勃发展的同时,国家对建设工程中的质量安全问题也愈加重视(如建质〔2007〕1 号文件《关于加强大型公共建筑工程建设管理的若干意见》中有关建立和完善政府投资项目的风险管理机制规定),这就使得大型建设工程中的质量安全风险管理工作面临更高的要求。积极的风险管理政策能够有效地使工程建设风险处于可控状态,有效的质量安全风险管理是获得工程建筑节能和环境可持续发展成功的关键因素。然而,我国现阶段的风险管理模式研究相对比较薄弱,而且风险管理方法和手段非常欠缺,无法满足国家大型建设工程项目风险管理的迫切需求。

1.2 主要研究内容

1.2.1 研究对象

本研究根据项目的研究任务目标,针对对象、目标、因素三个维度对风险管理进行研究。

1. 对象维

从对象维来讲,根据结构形式不同,可分为 6 个主要研究对象(图 1-1),分别是超高钢结构、大跨度钢结构、超高混凝土结构、大跨度混凝土结构、软土超深基坑、硬土超深基坑。

划定标准为:

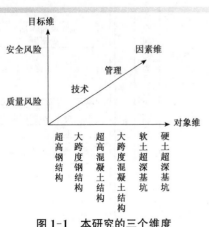

图 1-1 本研究的三个维度

（1）超高结构：30 层以上或 100 m 以上的结构；

（2）大跨度结构：钢结构为 50 m 以上，混凝土结构为 30 m 以上。

2. 目标维

从目标维来讲，主要针对工程设计和施工过程中的安全风险和质量风险（图 1-1）。施工过程中的安全风险和质量风险类型很多，一些风险类型在特定环境下才可能出现，不具有普遍性，例如工地遭受龙卷风袭击等。通过一定规则的筛选，本研究识别出建筑工地上最为普遍、危害较大的几类风险进行重点研究，具体的风险识别过程参见本研究后续相关内容。

3. 因素维

本研究对项目施工过程中的风险从技术和管理两个方面的因素进行分析和评估（图 1-1）。技术因素指的是导致质量或安全失效、风险事件发生的直接因素。管理因素则指的是导致风险因素发生的管理原因，即项目施工过程中应该具备的管理步骤没有进行或者进行得不到位而导致技术风险因素发生的管理因素。

在这里，技术因素、管理因素的状况都根据所评价的项目类型不同、施工企业具备的能力不同而不同。在风险评价中，将项目上所暴露的风险因素理解为荷载作用效应 S，将企业或项目的抗风险能力视为结构抗力 R。R 与 S 的综合比较值作为所评价项目相应的风险水平。S 的取值主要根据历史数据库记录的类似于所评价项目的风险事件风险因素的水平，以及参与该项目的专家结合本研究做出的信息调整得出；R 值则主要根据对项目的抗风险能力状况的评估得出。

1.2.2 技术路线

通过对空间复杂结构、大跨度结构质量安全事故的全面调查分析，并结合风险评估的结构，确定风险事件的特征值和目标值以及控制手段，开发在线风险评估系统以及风险管理信息系统，并组织示范工程应用。本研究总体研究技术路线如图 1-2 所示。其中，风险评估方法研究的技术路线如图 1-3 所示。

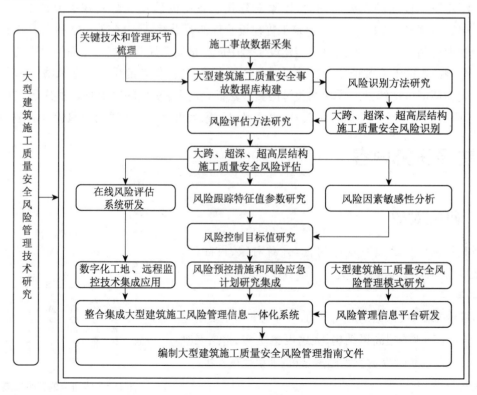

图 1-2　研究技术路线

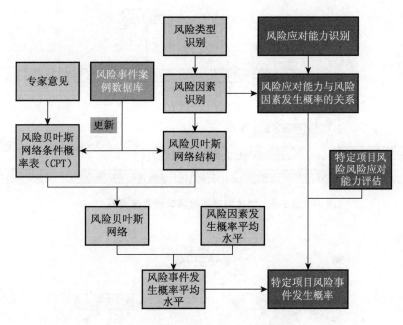

图 1-3 风险评估方法研究技术路线

1.2.3 安全风险因素识别

安全风险因素的识别依据主要为文献调研和专家意见。首先,对中国期刊网近十年来的论文进行关键词搜索,搜集关于高处坠落、电击伤害、物体打击、机械伤害、支撑脚手架倒塌和火灾这 6 类建筑业施工过程安全风险的研究,对造成这 6 类安全风险事故的因素进行分析整理,形成初步的风险因素识别表。根据文献中普遍采用的风险因素分析方法——"事故树"方法,对这些风险因素进行逻辑分层,形成初步的风险事故逻辑图,作为专家意见的基础。

然后,通过组织某公司 6 位中高层安全管理人员开展近 1 小时的会议讨论,对初步形成的风险事故逻辑图进行补充和修正。这 6 位安全管理人员都具有 10 年以上的安全管理工作经验,其中一名现今负责公司所有项目的安全监管工作,其他 5 名为项目安全总监,对高处坠落、电击伤害、物体打击、机械伤害、支撑脚手架倒塌和火灾这 6 类安全风险事故的致因和管理均具有丰富的经验,为风险事故逻辑图提出了宝贵意见和建议。

经过文献总结和专家讨论后,得到安全风险因素逻辑图,如图 1-4—图 1-9 所示。

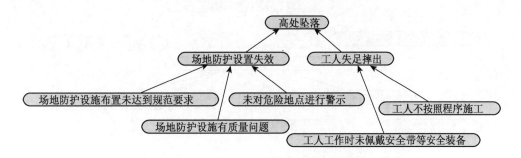

图 1-4 高处坠落事故风险因素逻辑图

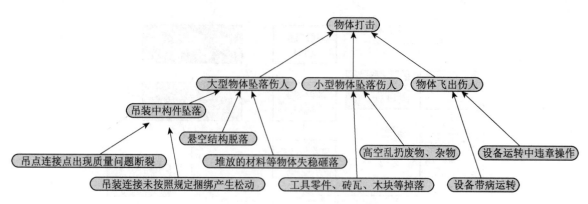

图 1-5　物体打击事故风险因素逻辑图

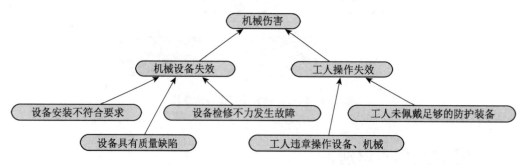

图 1-6　机械伤害事故风险因素逻辑图

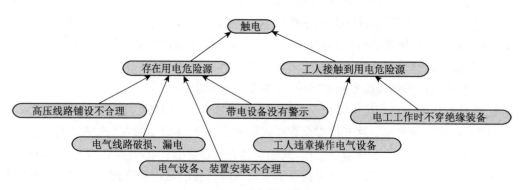

图 1-7　触电事故风险因素逻辑图

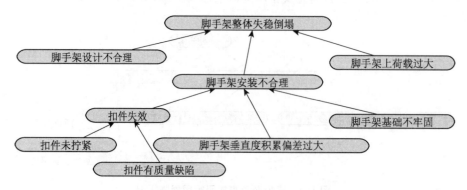

图 1-8　脚手架倒塌事故风险因素逻辑图

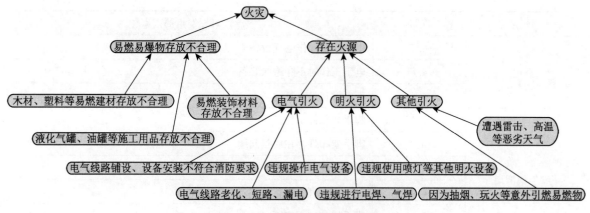

图1-9 火灾事故风险因素逻辑图

以上事故风险因素逻辑图中最底层的因素是导致风险事件发生最原始的原因,中间层的因素是底层风险因素的分类或进一步发展形态,这里将最底层的风险因素详细说明列于表1-1中。

表1-1 风险分类

类型	序号	导致事故发生的因素
高空坠落	1.1	安全网、临边等防护设施布置未达到要求
	1.2	安全网、临边等防护设施有质量问题
	1.3	未对危险地点进行警示
	1.4	工人工作时未佩戴安全带等装备
	1.5	工人不按照规程进行施工
物体打击	2.1	吊装连接点出现质量问题断裂
	2.2	吊装连接点未按照规定捆绑造成松开
	2.3	悬空结构脱落
	2.4	堆放的材料等物体失稳砸落
	2.5	工具零件、砖瓦、木块等物体从高空掉落
	2.6	工人在高空乱扔废物、杂物
	2.7	设备带病运转
	2.8	工人在设备运转中违章操作
	2.9	工人工作时未佩戴安全帽等防护装备
机械伤害	3.1	因机械设备安装不符合要求而失去控制
	3.2	因机械设备具有质量问题而失去控制
	3.3	因机械设备保养不力而发生故障
	3.4	工人违章操作设备、机械
	3.5	工人未佩戴足够的防护装备
触电	4.1	高压线路铺设不合理
	4.2	电气线路破损、漏电
	4.3	电气设备、装置安装不合理

类型	序号	导致事故发生的因素
触电	4.4	工人违章操作电气设备
	4.5	电工工作时不穿绝缘装备
	4.6	带电设备没有警示
脚手架倒塌	5.1	脚手架扣件未拧紧
	5.2	脚手架扣件存在质量问题
	5.3	脚手架设计不合理
	5.4	脚手架垂直度积累偏差过大
	5.5	脚手架基础不牢固
	5.6	脚手架上荷载过大
火灾	6.1	木材、塑料等易燃建材存放不合理
	6.2	液化气罐、油罐等施工用品存放不合理
	6.3	易燃装饰材料存放不合理
	6.4	因电气线路铺设、设备安装不合理产生火灾
	6.5	因电气线路老化、短路、漏电产生火灾
	6.6	因工人违规操作电气设备产生火灾
	6.7	因工人违规进行电焊、气焊产生火灾
	6.8	因工人违规使用喷灯或其他明火设备产生火灾
	6.9	因工人在施工场地内抽烟、玩火产生火灾
	6.10	因遭遇雷击、高温等恶劣天气产生火灾

1.2.4　风险应对能力指标识别

分析和评价企业的风险应对能力指标。首先，要识别反映项目风险管理水平的高低和应对由大型建筑工程风险事件、风险因素的能力，考虑质量、安全管理的各项要素，从项目和企业管理层面对项目施工方承担大型建筑施工质量安全风险的能力做出评价，获得在该项目风险管理能力水平下其风险因素的概率分布，从而对风险事件概率水平进行评价。采用这一方法可以更为全面、客观、准确地反映出大型建筑施工质量安全风险的总体状况，为采取有效措施消除或者降低这些风险提供依据。

项目施工方的抗风险能力与风险因素相对应，主要包括技术、管理等方面。根据 6 种类型结构的各级别建筑施工安全、质量规范，综合得到各种安全、质量风险的抗风险能力指标。

1. 识别方法

安全风险应对能力指标指的是为了防止安全事故发生，施工现场需要做到的安全技术、管理措施，为了获得这些措施，采用的手段是文献调研和专家访谈。

首先，对中国期刊网近十年来的论文进行关键词搜索，搜集关于防止高处坠落、电击伤害、物体打击、机械伤害、支撑脚手架倒塌和火灾这 6 类施工安全风险事件发生的研究，对防范这 6 类安全风险事故的措施进行分析整理，形成初步的安全风险应对能力指标表。

在初步安全风险应对能力指标表的基础上，根据《安全生产、文明施工文件汇编》以及网络上可以查找到的企业常用的安全交底和安全规范,对安全风险应对能力表进行补充,形成改进过的安全风险应对能力指标表。

经过专家讨论过程之后,对安全风险应对能力表进行补充和修正,最后形成了如下的安全风险应对能力表。安全风险应对能力表的每一条指标都配有详细解释,以确保该指标所描述的含义不会被误解。

2. 风险应对能力指标

表1-2列出了目前已识别出来的风险应对能力指标。

表1-2 安全风险应对能力指标

类型	序号	导致事故发生的因素
高空坠落	1.1	保证施工设计方案合理
	1.2	保证危险处设置防护栏和警示牌
	1.3	严格保证防护设施质量
	1.4	严格保证防护装备的质量和数量
	1.5	对高处作业工人进行定期体检
	1.6	对高处作业工人制定并实施相应的作业规范
	1.7	对高处作业工人进行有效培训
	1.8	禁止在恶劣环境下施工
物体打击	2.1	加强机械设备的维修检查
	2.2	保证机械设备的安全装置配备齐全有效
	2.3	合理设计施工方法
	2.4	按照要求设置防护设施
	2.5	制定并实施高处场地布置规范
	2.6	工人按规定穿戴劳动防护用品
	2.7	制定并实施施工人高处作业规范
	2.8	对吊装操作工人进行特别培训
机械伤害	3.1	设备购置环节严格把关
	3.2	保证机械设备的安装合理
	3.3	保证设备的安全管理和维护
	3.4	开展全面有效的安全技术培训
	3.5	严格实行安全生产责任制
触电	4.1	保证电气设备的安装质量
	4.2	保证施工现场对用电设施的警示
	4.3	通过定期检查保证电气设备的良好运转
	4.4	保证工人的安全装备质量
	4.5	保证电气工作人员的培训和持证上岗
	4.6	保证对现场一般工人的用电教育
	4.7	制定并实施特殊情况的用电规程

类型	序号	导致事故发生的因素
脚手架倒塌	5.1	施工组织设计或计算书经审核批准
	5.2	制定了施工方案或专项技术措施
	5.3	进行现场技术交底
	5.4	购买或租赁的脚手架具备质量证明
	5.5	脚手架按照规定进行抽检
	5.6	设置专员监察
	5.7	工作人员持证上岗
	5.8	按照施工方案进行施工
	5.9	验收程序符合规程
	5.10	验收文件齐全
火灾	6.1	合理规划施工现场的消防安全布局
	6.2	设计中尽量采用不易燃或难燃的建筑材料
	6.3	认真编制和执行消防专项安全方案
	6.4	制定并执行重点环节的消防规范
	6.5	保证消防设施的配备和保养
	6.6	严格火源管理
	6.7	建立健全和落实消防安全责任制
	6.8	对工人进行有效的防火培训
	6.9	加强现场游火管理

1.2.5 构建贝叶斯网络CPT

1. 逻辑推理

首先,介绍当贝叶斯网络中的节点是其几个子节点的归类式合并时,如何用逻辑推理得到该节点的条件概率表。在这里,我们需要引入故障树的概念。

故障树分析(Fault Tree Analysis, FTA)是综合识别和度量风险的有力工具,由美国贝尔电话实验室的 Watson 和 Meams 等人,于 1961—1962 年期间在分析和预测民兵导弹发射控制系统安全性时,首先提出并采用的分析方法。该方法把所关心的结果事件作为顶事件,用规定逻辑符号表示,找出导致这一结果事件所有发生的直接因素和原因,并处于过渡的中间事件,由此深入分析,直至找出事故基本事件为止。其步骤如下:①选择合理的顶事件,这是成功与否的关键;②收集技术资料,建造故障树;③对故障树进行简化;④对故障树进行定性或定量分析。

在本研究中,贝叶斯网络的节点主要涉及与门和或门两类逻辑门,例如火灾发生的贝叶斯网络,如火灾事故风险贝叶斯网络,节点"存在火源"与其子节点之间的关系就是或门的关系,即无论是"电气引火""明火引火"还是"其他引火",只要有一个发生,都会导致"存在火源"发生。而节点"触电"与其子节点之间的关系为与门的关系,只有当"存在用电危险源"和"工人接触到用电危险源"同时发生时,才会导致"触电"的发生。

事故树的逻辑门向贝叶斯网络转换的形式比较简单,只需要将相对应的节点以完全相同的有向逻辑线连接起来即可。本研究只考虑与门和或门两种逻辑门形式,这两种逻辑门所构建出来的贝叶斯网络体现出来的形式是相同的,只是贝叶斯网络节点的条件概率表(Conditional Probability Table,CPT)不同,这里以最简单的节点形式举例,如图 1-10—图 1-15 所示。

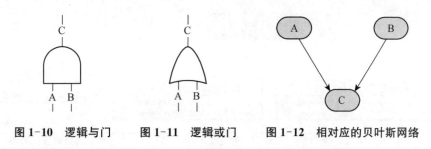

图 1-10 逻辑与门　　图 1-11 逻辑或门　　图 1-12 相对应的贝叶斯网络

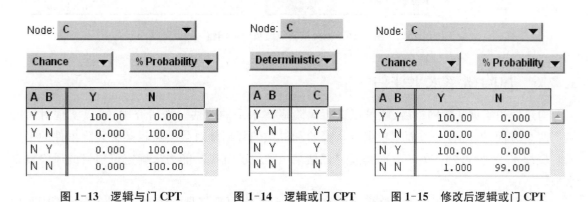

图 1-13 逻辑与门 CPT　　图 1-14 逻辑或门 CPT　　图 1-15 修改后逻辑或门 CPT

如图 1-10 和图 1-11 是最简单的逻辑与门和逻辑或门的形式,转化为相对应的贝叶斯网络的形式是相同的(图 1-12)。但是,贝叶斯网络中 C 节点的条件概率表(CPT)却不一致(图 1-13 和图 1-14)。这里表现的是节点 A、B 发生或不发生导致节点 C 是否发生的逻辑关系。

对于或门,在研究中不可能将所有的风险因素都识别完全,而是研究的主要风险因素,所以当上一层次的风险因素都不发生时,下一层次的风险事件(或风险因素)在小概率情况下也是有可能发生的,所以在本研究中为了与实际情况相符,对于逻辑或门进行了修改,当 A、B 两个风险因素都不发生时,下一层次的 C 节点给出了一个小概率发生的可能性:1%(图 1-15)。

2. 问卷调查

对于节点状态的发生是其几个子节点综合作用导致的,任何一个子节点发生或者不发生都会影响到该节点是否发生的概率,而所有子节点都发生,该节点也不一定发生,在这样的情况下仅用逻辑推理就无法得到条件概率表了,需要采用专家调研的方式获得节点的条件概率表。

首先,找出 6 个安全风险贝叶斯网络中需要进行问卷调研获得条件概率表的节点,然后制定较为合理的问卷,向具有一定工程安全管理经验的专家进行咨询,获得条件概率表。

对某工程相关人员进行调查,被调研的管理人员都具有较强的安全管理专业知识和一定的安全管理经验,对现场安全管理具有较好的理解,得到的问卷是有一定代表性的。在这里,对于调研的结果进行概率平均处理。

3. 初始贝叶斯网络

经过逻辑推理和问卷调查两方面的工作,最终我们可以得到 6 类安全风险贝叶斯网络的条件概率表(CPT)。至此,初始安全风险贝叶斯网络的构建就完成了,以高处坠落风险贝叶斯网络为例,如图 1-16 所示。

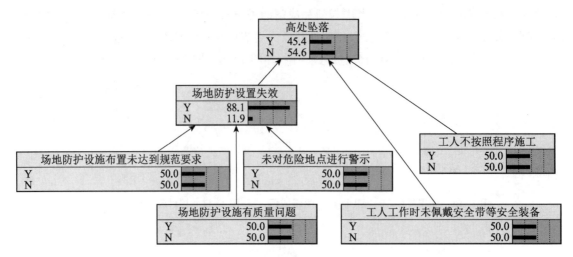

图 1-16　高处坠落风险贝叶斯网络

1.2.6　风险概率水平评估

构建好初始贝叶斯网络后,就可以进行风险概率水平的评估。本研究中,可以实现对风险概率两个方面的评估,一方面是根据专家经验和以往的数据库对某类项目某种风险事件的平均风险概率水平进行评估,另一方面是通过评估某个项目的抗风险能力来确定该项目的风险概率水平。

这两方面的评估在贝叶斯网络形成风险事件的计算上原理都是一样的,区别在于风险因素层节点发生概率的确定方法。图 1-17 为尚没有确定风险因素 A、B 的概率水平时的贝叶斯网络,已经在风险识别工作中完成,需要完成的是确定风险因素 A、B 的发生概率,这里假设可以确定风险因素 A 发生的概率为 10%,风险因素 B 发生的概率为 5%,将这两项数值输入之后,风险事件 C 的发生概率即可以按照贝叶斯概率公式算得为 15.4%,计算过程在专业贝叶斯计算软件 Netica 中即可完成,结果如图 1-18 所示。

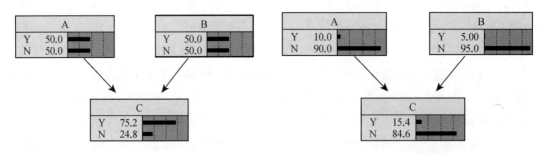

图 1-17　尚未输入风险因素概率的贝叶斯网络　　图 1-18　已输入风险因素概率的贝叶斯网络

下面将分别对两方面的评估方法进行介绍。

1. 平均风险概率水平的评估

风险因素概率的给出有两种方式:第一种是获取大量的事故数据,数据形式为每个事故的原因分析与所构建的网络中节点内容相对应,形成样本数据库,通过对数据库的统计得到风险因素的概率;第二种是设计问卷进行调研访谈,根据专家的经验,直接给出风险因素的概率。

基于本研究的实际情况,由于以往国内很少有单位进行事故数据的积累统计,且工程事故属于敏感话题,收集数据难度较大,可获得的事故数据数量较少,完全根据数据库统计分析风险因素发生的概率容易因数据不足造成偏差。所以,本研究采用专家咨询的方式确定风险因素的概率值,用以说明研究方法。

同时,本研究给出可以支持获得平均风险概率水平数据库的建立方法,并使数据库具有长期积累、自动更新的功能,这样利用客观数据实现对贝叶斯网络风险因素的概率自动更新。当风险评估方法的使用者不具备事故风险数据库建立的条件,或者难以获得较为完整的真实数据时,可以选择采用专家经验问卷调查的方式获得风险因素概率;当使用者希望在一个长期规划中构建自己的建筑工程风险评估体系时,则可以通过建立风险事故数据库,使用客观数据获得风险因素概率。

进行风险因素概率评估的步骤为:

第一步:设计调查问卷,向专家咨询各类安全风险贝叶斯网络中最上层风险因素的风险概率水平。

第二步:将最上层风险因素的风险概率输入到贝叶斯网络中,得到的风险事件发生的概率结果(如果有多位专家,可采用 Delphi 法确定最后概率),将结果反馈给评出概率的专家,由专家检验结果的合理性,做出相应的调整,并给出修改理由。

第三步:确定最终概率,得到根据专家主观经验评估的各类风险发生概率水平。

设计调查问卷时,考虑专家填写的方便,采用语言变量七档分级进行风险因素发生概率的评估,七档级别的发生概率语言变量及其相对应代表的概率数值参考 Anthony G. Patt 和 Daniel P. Schrag 在其相关研究里(Anthony G. Patt,2003)提到荷兰的 IPCC(Intergovernmental Panel on Climate Change)提出的概率表述表(表 1-3),经过 Anthony 的研究,发现这样的概率表述比较符合人们的习惯,也能够较好地将语言表述和概率值对应起来。

表 1-3 IPCC 的概率定性描述

概率范围	表述语句
<1%	不可能
1%～10%	很小可能
10%～33%	较小可能
33%～66%	中等可能
66%～90%	较大可能
90%～99%	很大可能
>99%	肯定发生

本研究通过对某集团 400 多位项目管理人员或安全管理人员发放了调研问卷。调研的方式是在这些管理人员进行集体培训时,在培训课程中抽出 20 min 的时间对一页纸的问题进行回答。经过统计,通过调研共回收有效问卷 388 份。

根据调研得到的问卷数据,对所选择的概率表述所代表的概率范围取中值,如"很小可能"代表的概率范围是"1%～10%",则取 5.5% 作为该风险因素发生的概率。得到每个人评估的风险因素发生概率之后,在对每个风险因素的发生概率进行平均计算,最终可以获得各个风险因素发生的概率平均值及方差。

对各风险因素的发生概率进行排序,可以得到导致大型工程建设工地发生安全事故的风险因素可能性的总体排序(表 1-4)。

表 1-4 风险因素发生概率排序

序号	建设现场可能发生的风险事件	风险事件发生的概率
1	机械伤害	50.2%
2	电气引起火灾	42.9%
3	明火引起火灾	41.6%
4	大型物体坠落造成物体打击	41.4%
5	高处坠落	40.1%
6	触电	34.9%
7	脚手架整体失稳倒塌	34.6%
8	小型物体坠落造成物体打击	30.5%
9	游火引起火灾事故	27.0%
10	物体飞出造成打击	19.2%
11	恶劣天气引起火灾事故	6.9%

可以看出，机械伤害、电器引起的火灾、明火引起的火灾、大型物体坠落造成的物体打击、高处坠落是大型工程施工过程最可能发生的 5 类风险事件，应该重点防范。

1.3 本章小结

本文的研究从定量的角度全面、深入识别风险及风险之间的联系，更为精确地找到各种风险事件的根本原因。针对不同的建筑工程项目，可以参照风险因素和风险状态表，找到自身存在的风险因素，进而分析得到可能发生的风险状态和风险事件，再根据实际情况对风险控制管理进行决策。本研究主要取得以下成果：

（1）在对建筑项目进行风险评估时，首先要做到准确识别风险。风险识别包括三部分：风险类型识别、风险因素识别和风险应对能力识别。具体风险识别的过程不仅仅通过感性认识和经验判断，更重要的是对各种客观的统计、以往类似项目的资料和风险记录进行分析、归纳和整理，从而发现各种风险的损耗情况及其规律性。

（2）采用贝叶斯网络方法进行风险概率评估，其网络结构主要由专家经验和逻辑推理得出。通过文献资料及专家意见形成风险因素逻辑关系图，对所建立的贝叶斯网络图中各个节点的逻辑关系定量化，从而得到节点（贝叶斯网络中具有父节点的节点）的条件概率表；同时获得最上层风险因素（贝叶斯网络中无父节点的节点）的先验概率分布，作为贝叶斯网络概率评估的输入值。从而构建建设施工过程风险事故的贝叶斯网络。

条件概率表的建立采用以专家经验进行初始 CPT 的构件，然后通过数据学习更新 CPT 的概率值。这样能够将主观经验和客观经验结合起来，并能够随时利用新的数据更新各个节点的 CPT，此种做法充分发挥了贝叶斯网络方法的优势。

（3）利用贝叶斯网络进行风险评估的目的是逐步深入认识工程项目中可能发生的风险水平，对诸多风险事件进行评估，进而规避、减缓风险，达到风险控制和管理的目的。风险的评估和管理是一个反复执行的过程，通过不断的循环过程可以补充识别和管理以后出现的风险，并贯穿于项目的各个阶段，同时对后期工作有积极影响，有效降低后期工作的风险水平。

（4）本研究对大型工程施工质量安全风险评估的研究，以安全风险为主要内容来说明风险识别、风险评估过程及具体方法，并用此方法对复杂结构工程进行质量风险评估，说明了评估方法的适用性。

（5）建立基于结构可靠度思想的大型建筑施工质量安全风险评估模型，本研究基于结构可靠度思想，通过引入"安全风险抵抗能力"这一概念，结合风险贝叶斯网络评估风险事件的发生概率。使风险评价方法不仅能够对某一类风险概率进行评价，还可以针对某个特定项目进行评价，拓展了风险概率评估方法的适用性。

第2章

空间结构技术研究与工程实践

2.1 主要研究内容

2.1.1 项目背景

上海天文馆(上海科技馆分馆)项目位于浦东新区的临港新城,北侧是环湖北三路,西侧是临港大道,南面和东面均为市政绿地,总用地面积5.86 hm²。整个地块内建筑包括两部分:主体建筑和附属建筑。附属建筑由魔力太阳塔、青少年观测基地、厨房(餐厅)、大众天文台和垃圾房组成。

本研究总建筑面积38 163.9 m²,包括地上面积25 762.1 m²和地下室面积12 401.8 m²。基地内有两组建筑,主体建筑面积35 253.2 m²,魔力太阳塔、青少年观测基地、厨房(餐厅)和大众天文台四者的合计面积是2 910.7 m²。地面建筑不超过三层,其中主体建筑地上三层,地下一层,总高度23.950 m;青少年观测基地地上一层,总高4.67 m,厨房(餐厅)地上一层,总高度6.65 m;魔力太阳塔地上两层,总高度22.50 m;大众天文台地上三层,总高度20.45 m。

2.1.2 设计思路及建筑要求

上海天文馆肩负四重使命:提高公众的科学素养,普及天文知识,宣传科学理念,激励公众对探索宇宙和未知世界的兴趣。通过展品和建筑,上海天文馆由此将人与人以及人与广袤的宇宙联系起来;它宣传最新的科学知识,引导年轻人对宇宙和人类所处位置有基本的了解;最重要的是,它应该孕育人文精神。上海天文馆的设计思路灵感来源如图2-1所示。

建筑设计策略提供了一个平台,借此让人们体验这些自然现象,将其作为一种隐喻,创造建筑的形式与体验,向人们展示这个建筑的学术使命。轨道运动和引力不仅影响着建筑的外观,还影响了游客体验这栋建筑的方式:在这些流线系统内,穿过仿佛无重量的悬浮的球体天象厅,走过因太阳的运转而改变光线的时光通道。如同古代文明的结构,该建筑的设计不仅展现了天文学的现象,而且还紧密地与它们的周期相连。设计把握了最基本的天文原则,即引力、天文的尺度和轨道力学,并以此为基础将多个基本天文概念融入其中。

轨道的概念构成了这个建筑及其与场地的关系。场地的弧线源自多种"引力"的相互作用:城市总体规划、周边环境、访客的路径、室外展览和天文馆主建筑内的三个"天体"。轨道起始于临港新城的环形总体规划,侧向连接附近的环形路。场地弧形将天文馆及其三个"天体"锁定在较大的

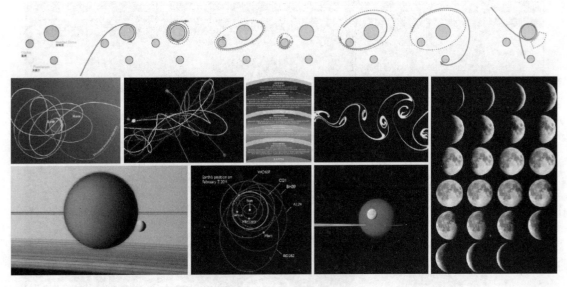

图 2-1　设计思路灵感来源

城市结构之中,不仅将此建筑立于绿色区域,还与市中心的滴水湖的几何形体相连。一个极具隐喻色彩的向内螺旋从城市中延续至场地区域,最终抵达天文馆建筑的中心,这些轨道的动态能量激发了整个建筑的活力。

从影响场地的弧线始发,一系列的像轨道一样的螺旋带状物围绕着整个建筑,并在博物馆的顶部达到高潮。螺旋上升的带状表皮唤起一种动态之感,从地面升起,旋转入空中。受一个三体轨道的复杂路径影响,带状表皮与曲线轨迹完美结合,建筑内三个"天体"的引力对曲线轨迹产生影响:圆孔天窗、倒转穹顶和球体。每个主要元素作为一个天文仪器,跟踪太阳、月亮和星星,并提醒我们时间概念起源于遥远的天体。该建筑的外观、功能和流线进一步结合轨道运动,令参观者穿过展厅,体验三个中心天体。

其中,圆孔天窗是入口体验的核心元素:尽管它位于博物馆展厅的悬挑体量上,却属于公共区域的一部分。博物馆入口广场可作为节庆场地,"圆孔天窗"的核心位置极为瞩目。永久性展厅在倒转穹顶处达到顶峰,游客从室内前往这个空间能感受到磅礴气势,仰望天空。三层高的中庭位于倒转穹顶的下面,所有展厅以它为中心环绕布置,因此它也是游客的必经通道。多层中庭内的螺旋坡道延伸至倒转穹顶的下方,既可用于从博物馆顶层下楼的通道,也可用于楼层之间的垂直交通。中庭位于博物馆中央。球体包括天文馆入口、预览和天象展;这是博物馆内一个重要的标志和游客的参照点,也是博物馆不可或缺的永久性标志。

图 2-2 为上海天文馆建筑"日历",该图显示了由天文馆的三个"天体"在不同的时间增量中对时间的测量:一天、一季和一年。它结合了现代日历和中国传统的时间记录,包括阴历和二十四节气,即基于地球相对于太阳的位置对历年进行等分。该建筑作为一个天文仪器,跟踪地球、月球和太阳在天空的运动路径。中国的元宵节、中秋节、冬至、夏至等特殊节日和节气以多种方式在建筑内外进行展示:特定的光影与地面的标记重合,宣告特殊时刻或日子的到来;月相的变化透过建筑反映在反射池中;特定的时间日光通过精心设计的光槽直射入建筑。该建筑通过三个建筑元素,反映了时间的变化。由此创建的博物馆与所在位置、周边环境和母体文化传统紧密相连。

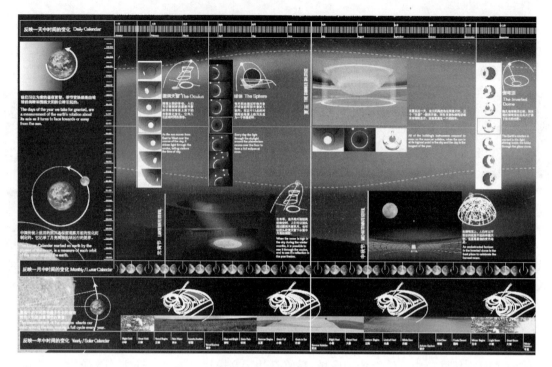

图2-2 建筑"日历"

2.1.3 本研究主要内容

本研究以上海天文馆项目为载体,针对上海天文馆大体量、大空间复杂建筑特点,在设计及建造过程中,开发和研究复杂建筑中空间结构的技术,指导具体的工程实践,将其向广度和深度不断发展。本工程结构形态独特、体系复杂、设计及施工难度大,针对目前存在问题,我们将从以下环节开展研究,力争全面控制项目的技术风险,同时为类似项目提供技术积累和参考借鉴。

1. 结构整体设计研究

建筑形态及内部空间复杂,曲线形构件、斜构件众多,结构与建筑、幕墙、设备管线等关系复杂,结构体系及构件的设计对建筑功能影响巨大。通过对结构整体设计,优化建筑各部分的结构布置,选取合理的结构体系,实现结构经济性的同时最大限度地实现建筑理念。同时,通过详细的计算分析,研究结构在常规荷载及地震作用下的性能,保证结构的安全。

2. 结构舒适度的控制技术研究

上海天文馆建筑存在40 m长大悬挑、60 m大跨度、"悬浮"于混凝土壳体上方29 m直径的球体、40 m直径倒转穹顶、少量点支撑的200多米长旋转步道等多处振动敏感部位,同时存在部分对振动要求较高的设备。为了满足人流舒适度和设备运行要求,将研究采用先进的振动控制技术,控制结构竖向振动的周期和加速度,如设置阻尼器。同时,通过该技术优化结构体系,使结构尽可能轻巧,最大限度实现建筑创意。

3. 混凝土壳体结构的设计与施工技术研究

本研究的研究对象混凝土壳体为一接近半球形的混凝土薄壳(直径50 m,一端开口),顶部通过6个点支撑一直径为29 m的球体影院,达到一悬浮星球的建筑效果。为了减小壳体的厚度、减轻混凝土重量,在壳体外表面设置上翻加劲肋,保证壳体内表面的光滑。本研究将研究异形曲面混凝土的设计方法,通过详细的分析计算,把握壳体结构的内力分布及传力路径,优化结构的构造做法;同时研究其施工流程、施工措施、模板处理等,保证其表面的建筑效果及浇注质量。

4. 节点构造设计研究

上海天文馆项目存在多处钢结构与混凝土结构相连接的节点,40 m 大悬挑及 60 m 大跨度与混凝土筒体之间、200 m 长旋转步道与 3 根混凝土立柱之间等,尤其是 29 m 直径的天象厅球体与下部混凝土壳体结构之间只通过少数几个节点连接,在室内形成环形的太阳光圈,以达到球体悬浮于空中的效果。因此,节点形式的分析与选择、节点构造设计是本研究的一大难点,既要保证结构的安全,同时还需满足建筑效果的要求。

5. 结构风荷载研究

结合计算机计算分析与实验方法,研究结构风敏感部位的处理方法,分析不同参数处理可能带来的影响,使得风荷载取值更能反映真实情况。

2.2 结构整体设计研究

2.2.1 上部结构设计

1. 结构体系

本研究主体建筑横向长 140 m 左右,纵向长 170 m 左右,结构最大高度 22.5 m,局部突出屋顶设备间高度 26.5 m。地下一层,较高一侧地上三层,局部有夹层,较低一侧地上一层。上部结构采用钢筋混凝土框架剪力墙结构,局部采用钢结构和铝合金结构。上部结构主要由四部分组成,即大悬挑区域、倒转穹顶区域、球幕影院区域及连接这三块区域之间的框架(图 2-3)。其中,大悬挑区域采用空间弧形钢桁架+楼屋面双向桁架结构,桁架结构支撑于两个钢筋混凝土核心筒上,倒转穹顶采用铝合金单层网壳结构,倒转穹顶支撑于"三脚架"顶部环梁上,"三脚架"结构采用清水混凝土立柱(内设空心薄壁钢管)和混凝土环梁,穹顶下方旋转步道支撑于"三脚架"立柱上(图 2-4)。球幕影院区域球体采用钢结构单层网壳结构,球体内部结构采用钢框架结构,球体通过 6 个点支撑于曲面混凝土壳体结构上。大部分屋面为不上人屋面,采用轻质金属板屋面,局部上人屋面和楼面采用现浇混凝土楼板,局部采用闭口型压型钢板组合楼板。地下室顶板除球幕影院区域开大洞外,相对较完整,二层和三层楼面均有大面积缩减。

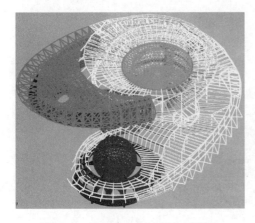

图 2-3 上部结构区域划分示意图

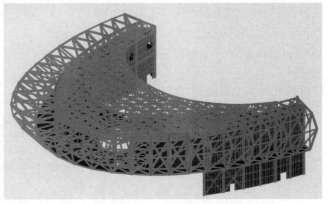

图 2-4 大悬挑区域

由于较低一侧屋面为轻质金属屋面,结构为钢框架,结构刚度小,变形能力强,且其质量与整个上部结构相比不超过其 5%,因此整个结构采用无缝设计,但在构造上加强高低侧连接处立柱的配筋。较低一侧结构骨架如图 2-5 所示。

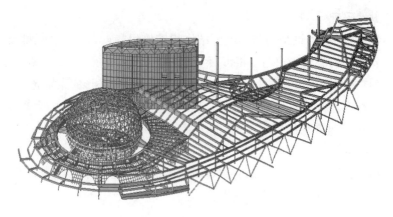

图 2-5　较低一侧结构骨架

2. 主要部位结构布置

1) 大悬挑区域

大悬挑区域(图 2-4)采用钢结构体系,主要受力构件为支承于现浇钢筋混凝土筒体上的空间弧形桁架(图 2-6)和楼屋面楼面双层网架,网架中心线厚度为 1.8 m。为了保证荷载的传递,在混凝土筒体内设置钢骨(图 2-7)。考虑构造要求,核心筒墙厚度取 1000 mm。

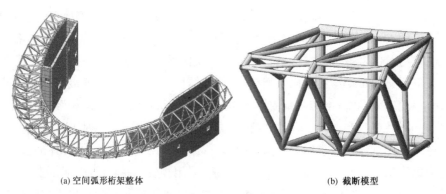

(a) 空间弧形桁架整体　　　　　　(b) 截断模型

图 2-6　空间弧形桁架整体和截断模型

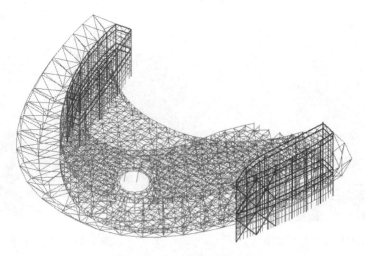

图 2-7　核心筒内设置钢骨

2)倒转穹顶区域

倒转穹顶(图 2-8)采用铝合金单层网壳结构,穹顶支撑于下部"三脚架"顶部的环梁上,穹顶下方旋转步道采用钢结构体系(图2-9),步道支承于"三脚架"立柱上(图2-10)。"三脚架"采用现浇钢筋混凝土结构,顶部环梁截面1800 mm×2 000 mm(内置十字形型钢),下方环梁截面1 200 mm×1 800 mm,且下方环梁位于立柱的外表面以外。北侧立柱截面为5 m×1.8 m,南侧两根立柱截面为7 m×1.8 m。为了减轻立柱的重量,同时简化旋转步道与立柱的连接构造,"三脚架"立柱采用内置直径1 200 mm的薄壁空心钢管,钢管在高度方向每隔3 m通过一水平横隔板连接在一起,外表面为清水混凝土,为了保证立柱底部水平力的

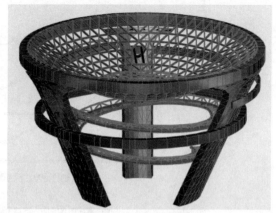

图2-8 倒转穹顶区域

传递,此范围基础底板加厚为1 200 mm。旋转步道宽度3.25 m,长度178 m,最大跨度40 m。铝合金网壳与"三角架"环梁连接构造如图2-11所示。

图2-9 旋转步道结构细部

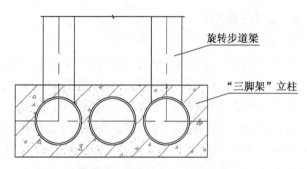

图2-10 "三脚架"立柱断面

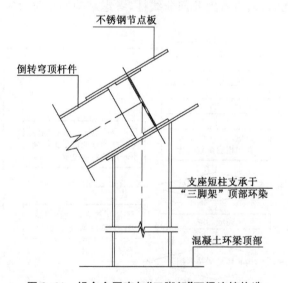

图2-11 铝合金网壳与"三脚架"环梁连接构造

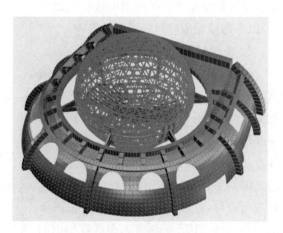

图2-12 球幕影院区域

3) 球幕影院区域

球幕影院(图2-12)顶部球体采用钢结构单层网壳结构,其内部观众看台结构采用钢梁+组合楼板的结构形式。球体底部支撑结构根据建筑效果要求采用混凝土壳体结构,并均匀设置加劲肋,壳体与钢结构球体之间设置钢筋混凝土环梁,环梁内设置钢骨。球体结构通过6个点与混凝土环梁连接(图2-13)。

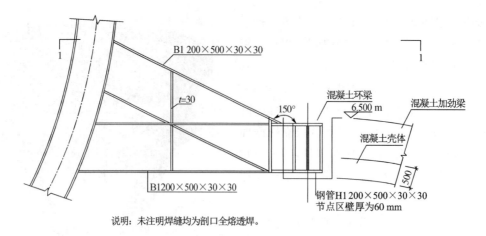

说明:未注明焊缝均为剖口全熔透焊。

图 2-13　球体与混凝土壳体连接构造(单位:mm)

2.2.2　结构计算分析

1. 设计计算方法

1) 常规性能设计

对于一般结构,其常规性能的设计通常采用整体建模计算分析,并按照规范要求控制相应的指标在允许范围之内即可,计算模型简单、计算方法简便、计算结果判断准确清晰,结构性能容易把握和控制。

而对于本课题所研究的结构,其结构形态复杂,结构材料种类多,多种结构体系组合成一个整体,包括大悬挑、大跨度、大开洞、不规则曲面等结构单元,结构受力性能复杂,通过常规的计算很难准确把握其性能,因此设计上通过采用整体建模计算、各体系分块建模计算相结合的设计方法,既保证各子体系自身的安全,同时又通过整体分析把握各子体系之间的联系,找到结构的薄弱点并有针对性地进行加强,全方位的保证结构的安全。同时,通过考虑几何非线性,考虑结构的二阶效应影响。对于大悬挑区域二层楼面,分别考虑有楼板和没有楼板两种情况进行包络设计,以考虑楼板刚度对钢结构的影响。

2) 防倒塌设计

目前,国内外相关的抗震设计规范虽然规定了地震作用下保证"大震不倒"的设计原则,但缺乏精确的定量设计方法。对局部作用下结构防连续倒塌主要有两种设计方法:一种方法是基于确定性意外灾害产生的偶然荷载或作用,得到结构的反应并进行设计,这种方法与常规设计方法类似。另一种方法不关注灾害荷载或作用的情况,而注重结构自身的整体牢固性进行结构设计。

目前,常用的防倒塌设计方法有替代荷载路径法,即通过人为去除结构的关键构件,进而研究剩余结构是否连续倒塌,其设计流程如图 2-14 所示。

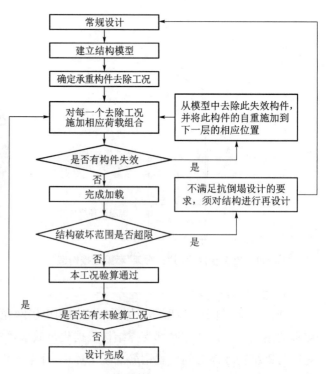

图 2-14　采用替代荷载路径法进行结构抗连续倒塌设计流程

本文所采用的防倒塌设计为分块计算分析法,即既保证整体结构性能满足抗震设防要求,同时保证各主要分块单元独立受力时满足抗震设防要求,增加结构的冗余度,避免结构的连续倒塌。

2. 结构控制指标

对于复杂结构,其受力和变形性能与常规结构相比复杂程度明显提高,采用常规结构的性能指标进行控制将带来很大的难度,一方面是难以统计相关的结果,另一方面是指标的限值也应有所区分(表 2-1)。

表 2-1　结构位移及构件性能控制指标

主梁、桁架挠度、步道挠度	1/400
次梁	1/250
铝合金网壳	1/250
柱顶位移、层间位移角	1/800
一层墙柱层间位移角	1/2 000
钢柱长细比	100
其余钢压杆长细比	150
拉杆长细比	300
次梁应力比	0.85
铝合金网壳、钢结构网壳、主梁、钢柱应力比	0.8
楼面桁架弦杆、步道	0.8
楼面桁架腹杆	0.85
弧形桁架	0.75
球幕影院球体与混凝土壳体连接杆件	0.7

3. 结构静力计算分析结果

1) 位移计算

恒+活作用下结构的最大竖向位移为−140.4 mm,位于大悬挑区域悬挑端部(图 2-15)。

恒+活作用下结构的最大水平位移为 19.4 mm,位于大悬挑区域悬挑端部(图 2-16)。

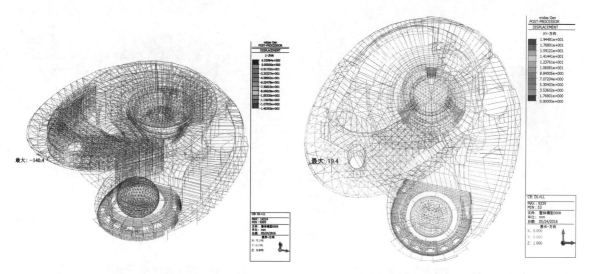

图 2-15　恒+活作用下整体结构的竖向位移　　　图 2-16　恒+活作用下整体结构的水平位移

升温 20℃ 作用下结构的最大水平位移为 18.8 mm,位于北侧外立面上(图 2-17)。

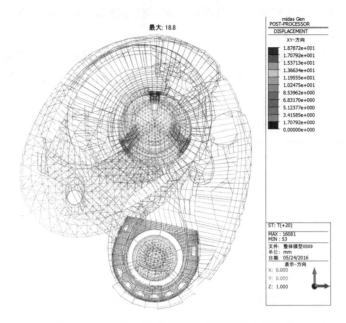

图 2-17　升温 20℃ 作用下整体结构的水平位移

恒+活作用下大悬挑区域结构的最大竖向位移为 -140.4 mm,相对于悬挑长度 37.6 m 的挠跨比为 37 600÷140.4=267,满足规范 1/200 的限值要求(图 2-18)。

恒+活作用下倒转穹顶区域网壳结构的最大竖向位移为 -54.3 mm,挠跨比为 41 900÷54.3=771,满足铝合金结构设计规范 1/250 的限值要求(图 2-19)。

恒+活作用下倒转穹顶区域"三脚架"结构的最大竖向位移为 -27.9 mm,位于二层环梁处,挠跨比为 33 000÷27.9=1 182,满足混凝土结构设计规范 1/400 的限值要求(图 2-20)。

恒+活作用下倒转穹顶区域"三脚架"结构的最大水平位移为 8.2 mm(图 2-21)。

恒+活作用下倒转穹顶区域旋转步道结构的最大竖向位移为 -35.3 mm,挠跨比为 28 700÷35.3=813,满足钢结构设计规范 1/400 的限值要求(图 2-22)。

恒+活作用下倒转穹顶区域旋转步道结构的最大水平位移为 6.5 mm(图 2-23)。

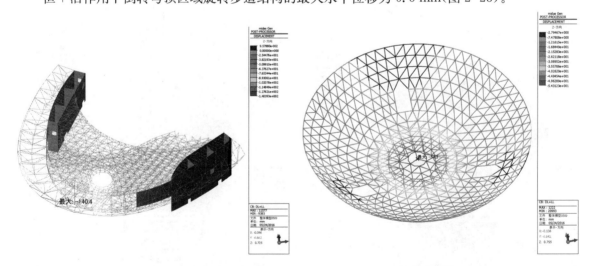

图 2-18　恒+活作用下大悬挑区域
结构的竖向位移

图 2-19　恒+活作用下倒转穹顶区域
网壳结构的竖向位移

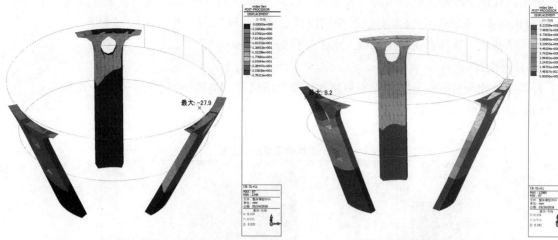

图 2-20　恒十活作用下倒转穹顶区域
　　　　　"三脚架"结构的竖向位移

图 2-21　恒十活作用下倒转穹顶区域
　　　　　"三脚架"的水平位移

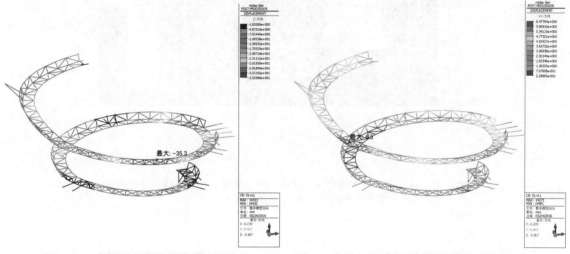

图 2-22　恒十活作用下倒转穹顶区域
　　　　　旋转步道的竖向位移

图 2-23　恒十活作用下倒转穹顶区域
　　　　　旋转步道的水平位移

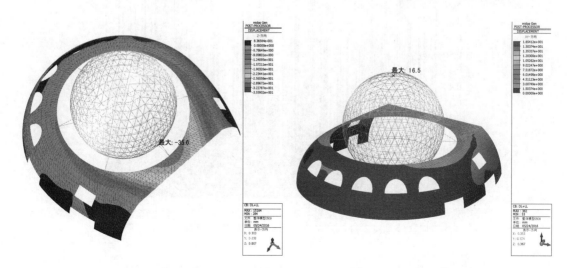

图 2-24　恒十活作用下球幕影院
　　　　　结构的竖向位移

图 2-25　恒十活作用下球幕影院
　　　　　结构的水平位移

恒＋活作用下球幕影院结构的最大竖向位移为－35.6 mm,位于球体与混凝土壳体开口处跨中,挠跨比为 41 500/35.6＝1 165,满足结构设计规范 1/400 的限值要求(图 2-24)。

恒＋活作用下球幕影院结构的最大水平位移为 16.5 mm(图 2-25)。

2) 杆件设计

杆件应力比分析时也分整体模型和独立模型包络设计。具体如图 2-26—图 2-42 所示。

(1) 整体模型。

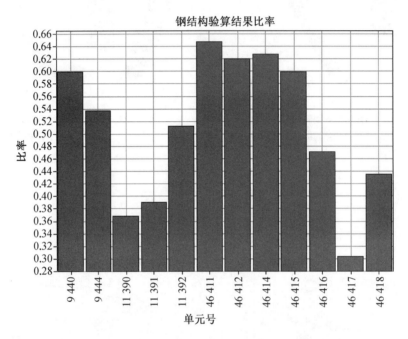

图 2-26　最不利组合工况作用下球幕影院与混凝土壳体连接杆件应力比
(最大值为 0.648,小于 0.7,满足要求)

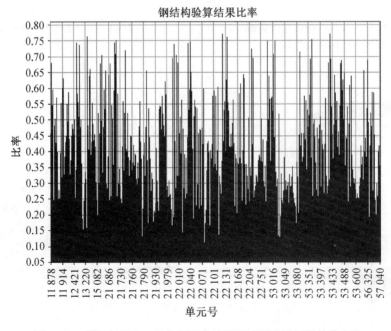

图 2-27　最不利组合工况作用下大悬挑区域弧形桁架杆件应力比
(最大值为 0.772,个别几根杆件略大于 0.75,满足要求)

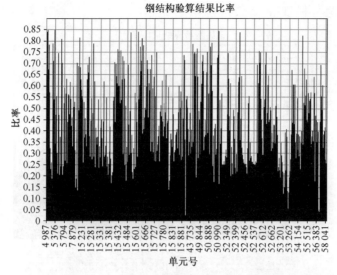

图 2-28　最不利组合工况作用下大悬挑区域楼面桁架腹杆、其他区域楼屋
面次梁杆件应力比(最大值为 0.851,小于 0.85,满足要求)

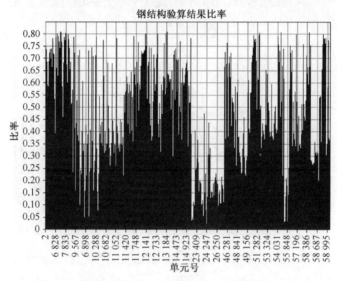

图 2-29　最不利组合工况作用下其余钢构件杆件应力比
(最大值为 0.809,小于 0.8,满足要求)

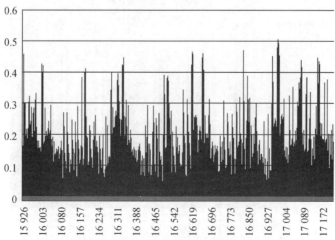

图 2-30　最不利组合工况作用下倒转穹顶区域铝合金杆件应力比
(最大值为 0.51,小于 0.8,满足要求)

（2）大悬挑区域独立模型。

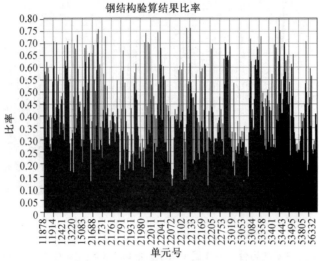

图 2-31　最不利组合工况作用下大悬挑区域弧形桁架杆件应力比
（最大值为 0.768，个别几根杆件略大于 0.75，满足要求）

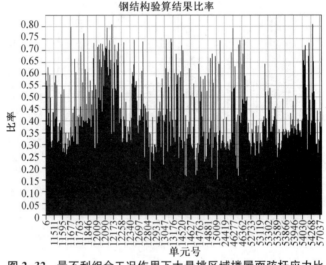

图 2-32　最不利组合工况作用下大悬挑区域楼屋面弦杆应力比
（最大值为 0.809，小于 0.8，满足要求）

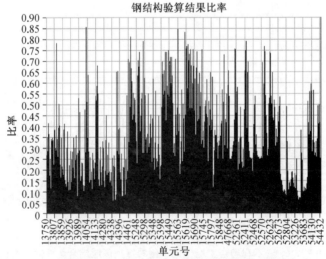

图 2-33　最不利组合工况作用下大悬挑区域楼屋面腹杆应力比
（最大值为 0.857，小于 0.85，满足要求）

（3）倒转穹顶区域独立模型。

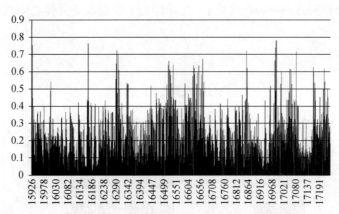

图 2-34　最不利组合工况作用下倒转穹顶铝合金网壳杆件应力比
（最大值为 **0.78**,小于 **0.8**,满足要求）

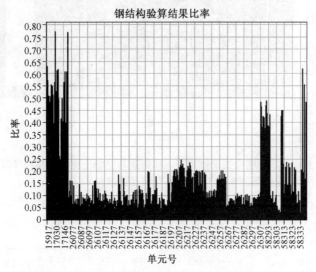

图 2-35　最不利组合工况作用下倒转穹顶铝合金网壳内钢平台、洞口加强钢构件
杆件应力比(最大值为 **0.772**,小于 **0.8**,满足要求)

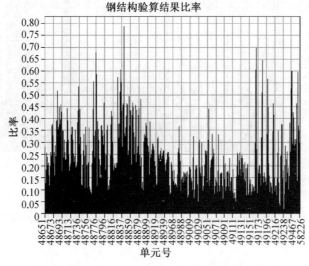

图 2-36　最不利组合工况作用下倒转穹顶区域旋转步道杆件应力比
（最大值为 **0.787**,小于 **0.8**,满足要求）

（4）球幕影院独立模型。

球幕影院静力分析时按两种情况考虑：一是球体与下部混凝土壳体之间为铰接连接；二是刚接连接。

① 刚接模型。

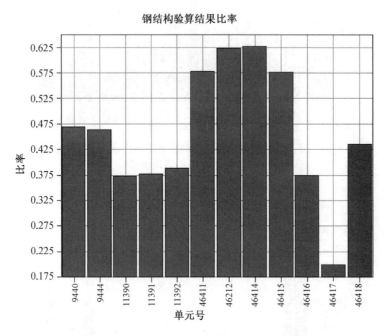

图2-37 最不利组合工况作用下球幕影院与混凝土壳体连接杆件应力比
（最大值为 0.627，小于 0.7，满足要求）

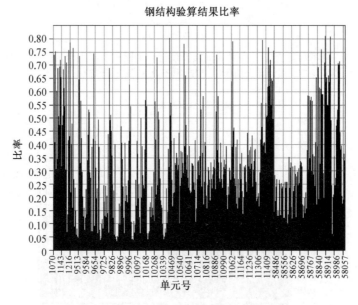

图 2-38 最不利组合工况作用下钢球体及其内部结构杆件应力比
（最大值为 0.809，小于 0.8，满足要求）

② 铰接模型。

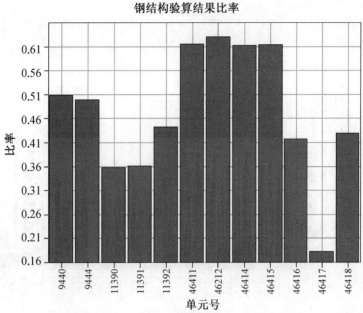

图 2-39 最不利组合工况作用下球幕影院与混凝土壳体连接杆件应力比
(最大值为 0.63,小于 0.7,满足要求)

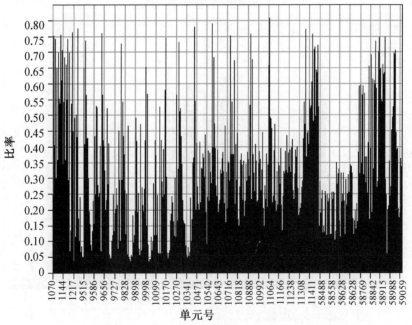

图 2-40 最不利组合工况作用下钢球体及其内部结构杆件应力比
(最大值为 0.808,小于 0.8,满足要求)

（5）步道（包括悬挂步道和球幕影院下方步道）独立模型。

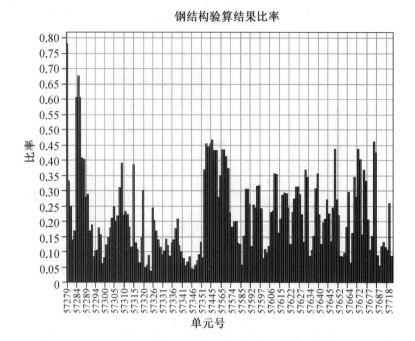

图 2-41　最不利组合工况作用下悬挂步道杆件应力比
（最大值为 0.781，小于 0.8，满足要求）

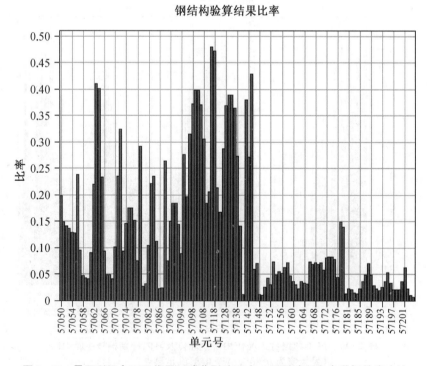

图 2-42　最不利组合工况作用下球幕影院下方一层到地下室步道杆件应力比
（最大值为 0.479，小于 0.8，满足要求）

4. 结构抗震性能分析

结构关键部位性能目标如表 2-2 所列。

表 2-2 结构关键部位抗震性能目标

部 位	性能要求
球幕影院与混凝土壳体连接构造	性能 1(大震弹性)
大悬挑区域弧形桁架、倒转穹顶区域旋转步道、铝合金网壳、钢结构网壳、大悬挑区域屋面双向桁架、悬挂步道	性能 2(中震弹性、大震不屈服)
钢柱、钢支撑	性能 3(中震弹性)

1) 大震弹性

球幕影院与混凝土壳体连接构造(图 2-43)需要满足大震弹性的性能目标。大震反应按照小震反应谱和时程包络值乘以 6.25 的放大系数计算。

大震作用下球幕影院钢球体与混凝土壳体连接杆件应力比如图 2-44 所示,大震下球体与混凝土壳体连接杆件应力比最大值为 0.692,能够满足大震弹性的性能目标。

2) 中震弹性、大震不屈服

大悬挑区域弧形桁架、大悬挑区域楼屋面双向桁架、倒转穹顶区域旋转步道、铝合金网壳、钢结构网壳需满足中震弹性和中震不屈服的性能目标,大震和中震反应分别按照小震反应谱和时程包络值分别乘以 6.25 和 3 的放大系数计算。

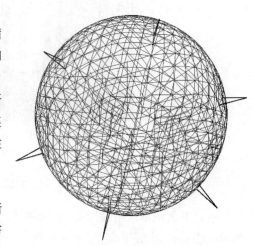

图 2-43 球体与混凝土壳体连接件

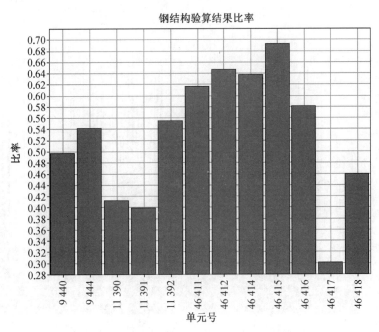

图 2-44 大震下球幕影院钢球体与混凝土壳体连接件应力比

大震下(有分项系数)大悬挑区域弧形桁架应力比如图 2-45 所示,最大应力比为 1.049,为大震弹性,因此能满足中震弹性和中震不屈服的性能要求。

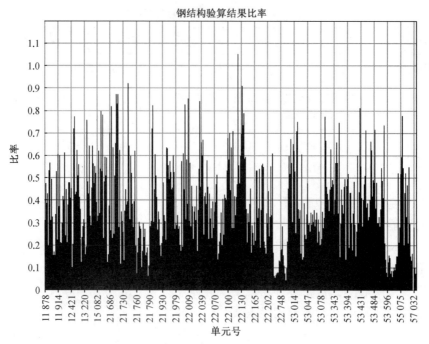

图 2-45　大震下大悬挑区域弧形桁架应力比

中震下大悬挑区域楼屋面双向桁架应力比如图 2-46 所示,最大应力比为 0.921,满足中震弹性的性能要求,大震下(有分项系数组合)的应力比如图 2-47 所示,最大应力比为 1.207,除以分项系数,并考虑材料强度屈服强度,能够满足大震不屈服的性能要求。

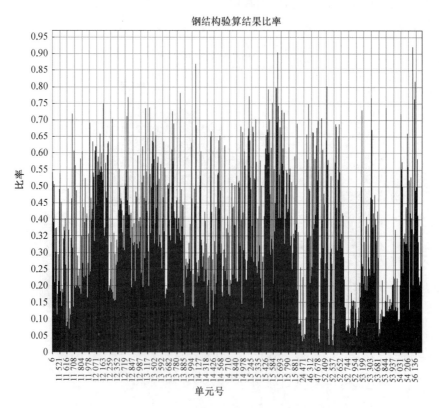

图 2-46　中震下大悬挑区域楼屋面双向桁架应力比

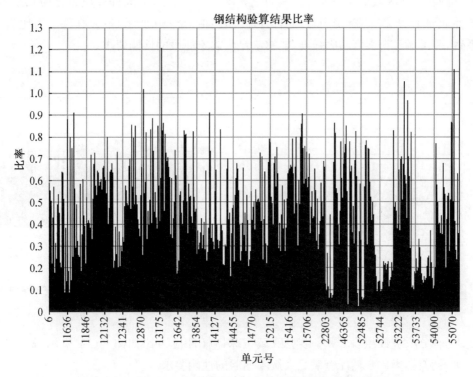

图 2-47　大震下(有分项系数组合)大悬挑楼屋面双向桁架应力比

大震下(有分项系数组合)倒转穹顶区域旋转步道应力比如图 2-48 所示,最大应力比为0.708,为大震弹性,因此自然能够满足大震不屈服的性能要求。

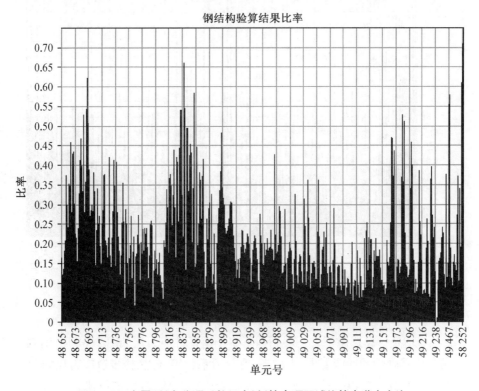

图 2-48　大震下(有分项系数组合)倒转穹顶区域旋转步道应力比

中震下倒转穹顶区域铝合壳体杆件应力比如图 2-49 所示,最大杆件应力比为 0.911,满足中震弹性的性能要求,大震下(标准组合)的杆件应力比如图 2-50 所示,最大杆件应力比为 1.22,除以分项系数,并考虑材料强度屈服强度,能够满足大震不屈服的性能要求。

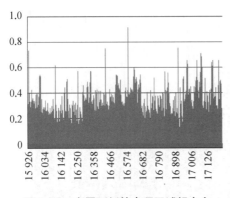 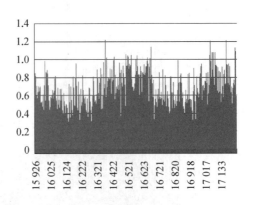

图 2-49　中震下倒转穹顶区域铝合金　　　　图 2-50　大震下(标准组合)倒转穹顶区域铝合
壳体杆件应力比　　　　　　　　　　　　　金壳体壳体杆件应力比

大震下(有分项系数组合)球幕影院区域钢球体杆件应力比如图 2-51 所示,最大应力比为 0.896,为大震弹性,因此自然能够满足大震不屈服的性能要求。

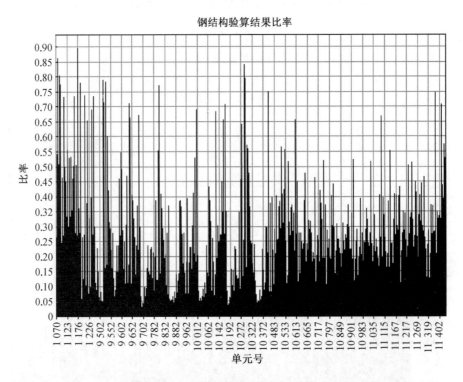

图 2-51　大震下(有分项系数组合)球幕影院区域钢球体杆件应力比

中震下悬挂步道及球幕影院下方一层到地下室步道杆件应力比如图 2-52 所示,最大杆件应力比为 0.783,满足中震弹性的性能要求,大震下(有分项系数组合)悬挂步道应力比如图 2-53 所示,最大杆件应力比为 1.143,除以分项系数,并考虑材料强度屈服强度,能够满足大震不屈服的性能要求。

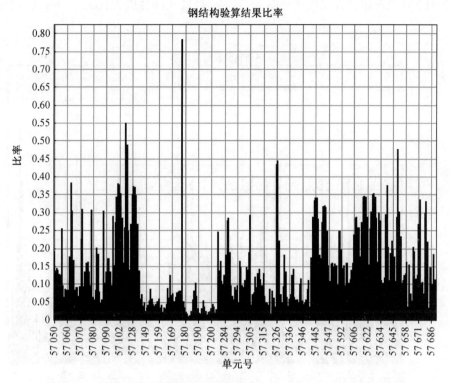

图 2-52 中震下悬挂步道及球幕影院下方一层到地下室步道杆件应力比

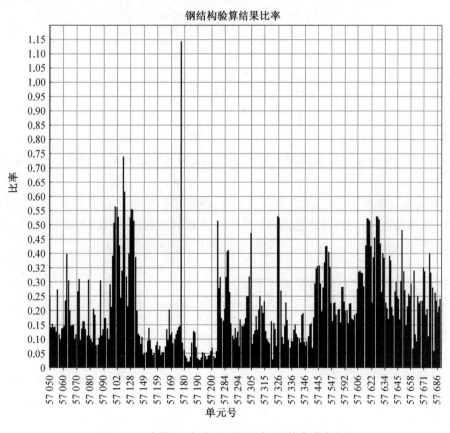

图 2-53 大震下(有分项系数组合)悬挂步道应力比

中震下钢立柱及斜撑杆件应力比如图 2-54 所示,最大杆件应力比为 1.075,满足中震弹性的性能要求。

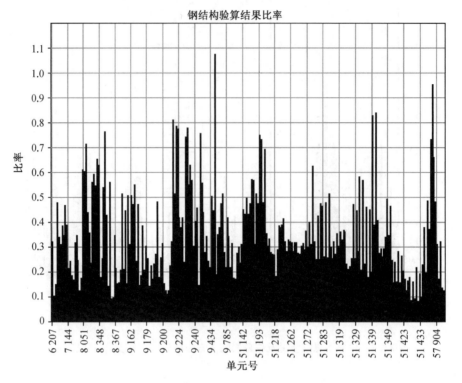

图 2-54　中震下钢柱及斜撑杆件应力比

2.2.3　小结

经过结构整体设计分析研究,可以得出以下一些结论:

(1) 本研究结构属于规范未包含的特殊类型复杂结构,其抗震各项指标无法按照常规建筑进行超限判定,但是由于结构高度较低(不超过 24 m),控制工况是常规荷载,并不是地震工况。

(2) 通过对整体模型和独立模型的分析可知,结构具有较高的冗余度,具有良好的防倒塌性能。

(3) 在多遇地震作用下,结构的绝对位移较小,在全楼弹性板计算条件下,最大顶层位移角及层间位移角(按照柱端节点统计)均满足规范 1/800 的限值要求,结构具有良好的抗侧刚度。

(4) 通过计算分析,结构各部位抗震性能可以满足设定的性能目标。

2.3　结构舒适度控制技术研究

2.3.1　研究背景

上海天文馆建筑存在 40 m 长大悬挑、60 m 大跨度、“悬浮”于混凝土壳体上方 29 m 直径的球体、40 m 直径倒转穹顶、少量点支撑的 200 多米长旋转步道等多处振动敏感部位,同时存在部分对振动要求较高的设备。为了满足人流舒适度和设备运行要求,需采用振动控制技术,控制结构竖向振动的周期和加速度,同时通过该技术优化结构体系,使结构尽可能轻巧,最大限度实现建筑创意。

2.3.2 结构振动控制研究现状

结构振动控制就是在结构的某些部位设置一些控制装置,在结构振动时,可以施加一组控制力或调整结构的动力特性从而减小或抑制结构在地震、强风及其他动力荷载作用下的动力反应,增强结构的动力稳定性,提高结构抵抗外界振动的能力,以满足结构安全性、适用性、舒适性的要求。

结构振动控制的方法很多,大致分为主动控制、被动控制、混合控制及半主动控制(Tuned Mass Damper, TMD)。

1. 主动控制措施

主动控制就是通过施加外部的能量来抵消和消耗地震作用,控制力可以持续地变化,从而有效地降低地震对结构的破坏。现在应用于高层结构中的主动控制系统主要有以下几种:

(1) 主动调谐质量阻尼器(Active Mass Damper, AMD),它是将调谐质量阻尼器与电液伺服助动器连接,构成一个有源质量阻尼器,其质量运动所产生的主动控制力和惯性力都能有效地减小结构的振动反应;

(2) 主动拉索控制装置,它是利用拉索分别连接着伺服机构和结构的适当位置,伺服机构产生的控制力由拉索实施于结构上以减小结构的振动反应。

主动控制效果较好,但需要从外部输入能量,加上主动控制装置十分复杂,需要经常维护,其经济因素和可靠性有待于接受更多的实践检验,无论从经济还是技术上来看,主动控制用于实际工程目前还存在较大困难。但随着科技的进步和实验手段的更新,主动控制在结构工程中的应用将得到进一步发展。

2. 被动控制措施

被动控制用于实际的工程技术及其设计理论均趋于成熟。理论研究和实际经验已经相互证实,对不同的结构,如果能选择适当的被动控制装置及其相应的参数取值,往往可以使其控制效果与采用相应的主动控制效果等效。因此,目前采用被动控制作为主要手段是有效而可行的。

被动控制中具有代表性的装置有:耗能器(Dissipaters)、被动拉索(Passive Tendo)、被动调频质量阻尼器(Passive Tuned Mass Damper, PTMD)、调频液体阻尼器(Tuned Liquid Damper, TLD)等。

3. TMD 振动控制的研究现状

根据文献,TMD 的演化可以分为以下三个阶段。

第一阶段主要是对单个 TMD 系统的研究。决定 TMD 的设计参数是设计者首先面临的问题。研究多集中于 TMD 最优控制参数和对结构控制效果的理论研究。为使主结构能量耗散越大、TMD 的控制效果达到最佳,重要的是把 TMD 自身的频率调至结构固有振动频率附近,并且 TMD 选用适当的阻尼。Den Hartog 建立了无阻尼系统 TMD 最优参数原则并导出了无阻尼系统 TMD 的最优参数表达式,对于有阻尼结构则情况比较复杂,没有闭合的公式,通常可以利用数值分析去确定 TMD 的最优参数的近似表达式。Tsai 和 Lin 给出了单自由度结构在简谐支承激励下 TMD 的最优参数并进一步提供了计算 TMD 最优参数的回归分析公式。Thompson 和 Warburton 分别以图表形式给出了 TMD 适用于主结构受简谐激动情况下的最优控制参数。Arfiadi 和 Hadi 基于主动控制理论提出了不指定受控振型的 TMD 参数优化准则。TMD 的最优参数也可以采用遗传算法来搜寻,其搜优的值非常接近于 Den Hartog 参数优化方法得出的值。

我们知道 TMD 控制结构某特定振型反应是相当有效的。但 TMD 的减振也存在着缺点,结构所受的外激振力频带非常窄时 TMD 的减振效果很好,而当外激振力频带较宽时,减振效果就会不明显,即 TMD 的有效性对结构自振频率的波动很敏感,一旦偏离 TMD 的最优参数,TMD 的有效性会很快下降。有文献曾提出了 TMD 参数有效域的概念,采用此法进行设计可以提高系统设计的可靠性,有效解决上述问题。基于 TMD 用于结构振动控制时具有有效频带较窄、控制效果不稳定的缺点,后来的研究者提出了用多个调谐质量阻尼器(Multiple Tuned Mass Dampers, MTMD)通过并联形式与主结构相连的方法进行减振控制以改善单个 TMD 的有效性和鲁棒性。

第二阶段是对多重调谐质量阻尼器(MTMD)的研究。1988 年,Clark 提出了 MTMD 的新思想及其参数优化方法。为改善 TMD 的有效性和鲁棒性,Xu 和 Igusa 又进一步提出了具有多个不同动力特性且频率呈浅性分布的 MTMD 新思想。此后,众多学者纷纷开始了对 MTMD 的理论和应用研究。武定一等采用 MTMD 对人行天桥进行了人致振动控制研究,得出了采用 MTMD 比使用单个 TMD 对天桥的控制效果要好,并且还得出了采用 5 个 TMD 对天桥进行人致振动控制可以达到最优控制效果的结论。

第三阶段是关于 TMD 概念的扩展,目前这方面的研究尚处于起步阶段。如有文献进行了一种新型减震结构系统的试验研究,将顶层楼梯间与主结构(也就是房屋主体结构)通过叠层橡胶支座连接,形成一个大型的悬浮于顶层的 TMD 减振系统。研究结果表明了只要对这种新型的减震结构系统的吸震体进行适当的参数选择,可以使主结构顶层的加速度相应减少 25% 以上。还有文献提出了把结构内部质量体作为减振质量的扩展质量的新概念,此时不需要增加额外质量,减轻了系统承载负担,其优点是调谐质量与平台的剩余质量之比可达 200% 以上,是普通 TMD 系统的几十倍,因此在适当的时候减振效果会更好。此外,Pallazzo 和 Petti 提出了将基底隔震结构和 TMD 系统合二为一的新设想。

2.3.3 人致振动舒适度评价方法

1. 人致振动舒适度评价指标

人对振动反应的评价指标是建立在大量实验室试验和现场实验的研究基础上的,一般情况下最为常用的是采用加速度指标 a_k 作为判断依据,根据 a_k 来确定人对环境振动的感受:

$$a_k \in [\bar{a}_k] \tag{2-1}$$

式中,$[\bar{a}_k]$ 是对应于不同振感的振动加速度指标取值范围,是由大量实验提供的。

通常在实际中加速度指标也有很多种形式,常见的有均方根加速度 a_{RMS}(也称加速度有效值)、峰值加速度 a_{lim}、振动剂量 VDV。峰值加速度即加速度的最大值,而均方根加速度 a_{RMS} 定义为:

$$a_{RMS} = \sqrt{\frac{1}{T}\int_0^T a_w^2(t)\,dt} \tag{2-2}$$

振动剂量 VDV 定义为:

$$VDV = \sqrt[4]{\int_0^T a_w^2(t)\,dt} \tag{2-3}$$

式中,$a_w(t)$ 为经过频率计权后的振动信号加速度;T 为振动持续时间(s)。

国际标准化组织 ISO 和美国的标准采用均方根加速度 a_{RMS} 作为主要的评价指标,而英国 BSI 建筑标准则采用振动剂量 VDV 作为评价指标。在实践中除加速度指标之外,也有其他指标,例如,德国建筑标准采用了 K 值和 KB 值作为评价指标,而日本和中国的建筑标准则采用分贝作为评价指标。采用 K 值评价指标可以判别人体对结构物振动具有良好的感觉限界，表 2-3、表 2-4 列出了 K 值的计算公式及评定标准。

表 2-3 K 值的计算公式

振动方向	计算公式
竖向振动	$f < 5 \text{ Hz}, K = Df^2$ $5 \text{ Hz} \leqslant f \leqslant 40 \text{ Hz}, K = Df$ $f > 40 \text{ Hz}, K = 200D$
侧向振动	$f < 2 \text{ Hz}, K = 2Df^2$ $2 \text{ Hz} \leqslant f \leqslant 25 \text{ Hz}, K = 4Df$ $f > 25 \text{ Hz}, K = 100D$

表 2-3 中，f 为激励频率；D 为结构振动峰值(mm)，即梁体振动相对位移的时程函数最大值。

表 2-4 K 值的评定标准

K	人体对振动敏感度区域
0.1	能轻微感受到振动的下限
0.1~1.0	能忍受任意长时间的振动
1.0~10	仅能忍受短期的振动
10~100	短期振动下会感到疲劳
100	人对振动感受到过分疲劳的上限

目前，关于行人对结构的振动响应评价指标主要有两类：峰值加速度和均方根加速度。和建筑或铁路列车中采用加速度响应逐级递增的舒适度评价指标不同，人行桥采用峰值加速度和均方根加速度的上限值作为行人舒适度评价指标。

2. 国外规范中人致振动舒适度评价标准

1）英国规范 BS5400

英国规范 BS5400(1978)是最早提出如何进行人行桥振动分析的规范之一。该规范规定，无活载状态下，当人行天桥竖向基本自振频率 $f > 5$ Hz 时，自然可以满足桥梁结构的振动使用性要求，当 $f < 5$ Hz 时，需要验算行人荷载作用下此人行桥结构的最大振动响应是否满足舒适度标准。

（1）行人荷载模型标准。

英国规范 BS5400(1978)是假设行人荷载为一个沿着桥梁纵向以 $v_t = 0.9 f_0$(m/s)匀速作用在桥梁结构上的动荷载，规定了单个人行竖向荷载 $F_p(t)$ (N)为：

$$F_p(t) = \begin{cases} 180\sin(2\pi f_0 t) & f_0 < 4 \text{ Hz} \\ [1 - 0.3(f_0 - 4)] \times 180\sin(2\pi f_0 t) & 4 \text{ Hz} < f_0 \leqslant 5 \text{ Hz} \end{cases} \tag{2-4}$$

式(2-4)中，假定人行步幅为 0.9 m，分析中偏安全地将行人步频 f_0 取无活载时的桥梁竖弯基频 f，没有考虑人群荷载的影响。式(2-4)中的系数 180 是由人的体重(70 kg)乘以动载因子0.257 得到的。加拿大规范 OHBDC(1991)也采用了类似的方法。

（2）舒适度指标标准。

英国规范 BS5400(1978)采用结构振动响应的峰值加速度作为人行桥的舒适度评价指标。英国规范 BS5400(1978)中满足振动舒适度的加速度峰值上限指标是按式(2-5)计算得到的：

$$a_{\lim} = 0.5 \sqrt{f_v} \tag{2-5}$$

该式是由人体运动测试实验得出的,式中 f_v 为结构的竖向基频。通过式(2-4)中的人行荷载模型求出桥梁结构的峰值加速度响应值,将其与式(2-5)计算出的人体舒适度指标值进行比较可以评估人行桥的舒适度性能。

2) 瑞典规范 Bro 2004

瑞典规范 Bro 2004 为瑞典国家道路管理部门颁布实施的用于桥梁设计施工的通用技术规范,该规范规定人行桥的第一阶竖向自振频率须大于 3.5 Hz,否则需要验算人行天桥最大振动响应是否满足舒适度标准。

(1) 行人荷载模型标准。

瑞典规范 Bro 2004 将行人荷载假定为一个固定的脉冲正弦荷载,其表达式为:

$$F_p(t) = k_1 k_2 \sin(2\pi f_p t) \tag{2-6}$$

式中,$k_1 = \sqrt{0.1BL}$,B 为桥面宽度,L 为人行桥净跨径;$k_2 = 150 \text{ N}$;f_p 为行人荷载的频率。实际上式(2-6)中系数 k_1 考虑了人行桥上的人数,人群密度取 0.1 人/m^2,平方根考虑了人群步伐不一致的影响。

(2) 舒适度指标标准。

瑞典规范 Bro 2004 采用均方根加速度 a_{RMS} 作为人行桥的舒适性评价指标。按照该规范,在式(2-6)的行人荷载激励下人行桥产生的竖向均方根加速度(加速度有效值 $a_{RMS} \leqslant 0.5 \text{ m/s}^2$)时人行天桥满足振动舒适性要求。

3) 欧洲规范 Eurocode

欧洲规范 Eurocode 是欧洲的结构设计基本规范,关于人行桥的舒适性方面该规范做了如下规定:无活载状态下的结构竖向基本固有频率 $f > 5 \text{ Hz}$、横向基本固有频率 $f < 2.5 \text{ Hz}$ 时,人行桥的结构振动舒适性要求自然能得到满足,否则需要进行相应的验算。

欧洲规范 Eurocode 只是简要说明了当行人激励荷载频率与桥梁结构的某阶自振频率一致时,容易发生人桥共振现象,此时必须要确认桥梁的振动响应,但是并没有对行人激励荷载模型作详细规定,具体可以由设计者自行把握。

但是,欧洲规范 Eurocode 对人行桥的舒适度评价标准做了全面的规定,既有竖向振动又有侧向振动方面的评价标准。该规范和英国规范 BS5400 一样使用结构振动响应的峰值加速度作为人行桥的舒适度评价指标。该规范规定在行人荷载作用下,人行桥的竖向振动加速度和侧向振动加速度的容许限值应符合表2-5的规定。

表 2-5　欧洲规范 Eurocode 舒适度指标

天桥振动方式	峰值加速度/($\text{m} \cdot \text{s}^{-2}$)
竖向振动	0.7
一般情况时的侧向振动	0.2
人群荷载满布下的侧向振动	0.4

4) 国际标准化组织 ISO 规范

国际标准化组织 ISO 规范要求设计者分别分析人行桥结构在单个行人或人群激励下的加速度响应,将求出的加速度响应与规范中的振动舒适度曲线进行比较,从而判别结构的振动舒适性是否能够达到要求。

(1) 单个行人的荷载标准。

根据国际标准化组织 ISO 规范第 10137 条,单个行人荷载模式也是采用周期性荷载模式,单个行人自重取为 750 N,竖向荷载的第一阶谐波因子 a_{1v} 取为 0.4,侧向荷载的第一阶谐波因子 a_{1h} 取 0.1。

单个行人的竖向荷载模型为

$$F_{pv}(t) = 0.4 \times 750 \sin(2\pi f_{p,v} t) \tag{2-7}$$

单个行人的侧向荷载模型为

$$F_{ph}(t) = 0.1 \times 750 \sin(2\pi f_{p,h} t) \tag{2-8}$$

上面两式中,$f_{p,v}$ 和 $f_{p,h}$ 分别代表行人的竖向步频和侧向步频,规范中偏安全地取用人行天桥的一阶竖弯自振频率和一阶侧弯自振频率。

国际标准化组织 ISO 规范第 10137 条规定,求解单个行人荷载激励下人行桥的振动响应时,单个行人荷载将作为集中荷载作用在容易引起最大响应的位置处。

(2) 人群的荷载标准。

国际标准化组织 ISO 规范对于人群荷载也做了相应规定,它和瑞典规范一样也是以人群密度来考虑人数 N。考虑桥上人群以非一致性步伐行走时,行人引起的部分振动效应会相互抵消,因此规范通过非一致调整系数 $C(N)$ 来考虑步伐非一致对振动响应的影响,调整系数为

$$C(N) = \sqrt{N}/N \tag{2-9}$$

式中,N 为人群数量,实质上该规范中采用的非一致调整系数与 Matsumoto 所提出的人群的影响倍增因子一致,人数 N 可以由下式得出:

$$N = B \times L \times S \tag{2-10}$$

式中,B 为人行桥的宽度;L 为人行桥计算跨径;S 为人群密度,其在 0.1~0.5 人/m² 的范围内取值。

人群作用的竖向荷载模型为

$$F_{pv}(t) = \begin{cases} \sqrt{N} 0.4 \times 750 \sin(2\pi f_{p,v} t) \\ v = 0.75 f_{p,v} \end{cases} \tag{2-11}$$

人群作用的侧向荷载模型为

$$F_{ph}(t) = \begin{cases} \sqrt{N} 0.1 \times 750 \sin(2\pi f_{p,h} t) \\ v = 0.75 f_{p,h} \end{cases} \tag{2-12}$$

因此,国际标准化组织 ISO 规范采用上面式(2-11)和式(2-12)作为人群作用的竖向和侧向荷载模型,假定人的步幅为 0.75 m,而荷载是以 $0.75 f_{p,v}$(m/s)的速度在天桥上移动的。

5) 各规范的行人荷载标准和舒适度指标标准比较

(1) 行人荷载标准的比较。

通过对英国规范 BS5400、瑞典规范 Bro 2004 及国际标准化组织 ISO 规范中的行人荷载标准进行比较,我们可以发现以下几点差异:

① 各规范的荷载模型不相同:英国规范 BS5400 只考虑了单人激励下的竖向荷载模型;瑞典规范 Bro 2004 只考虑了人群非一致步伐激励下的竖向荷载模型,没有考虑侧向荷载模型;而国际标准化组织 ISO 规范的荷载模型则考虑全面一些,既有单人荷载模型和人群荷载模型,又有横向荷载模型和竖向荷载模型,同时也考虑了人群的非一致步伐情况,因此国际标准化组织 ISO 规范中的行人荷载模型是较为全面的。

② 各规范的荷载谐波的动载因子取值不相同：虽然两种规范的行人荷载模型均是以傅立叶级数来表示，但是英国规范 BS5400 和瑞典规范 Bro 2004 中竖向荷载动载因子的取值分别是 0.256 和 0.2，而国际标准化组织 ISO 规范竖向荷载动载因子为 0.4，侧向荷载动载因子均为 0.1；但是各规范能够达到一致的是所有荷载的谐波相位角均为 0。

③ 在分析结构振动响应时各规范采用的荷载作用方式不同：英国规范 BS5400 采用简谐荷载沿桥梁纵向移动；瑞典规范 Bro 2004 人群荷载采用固定简谐荷载作用在引起结构最大响应的位置；国际标准化组织 ISO 规范中单人荷载采用固定简谐荷载作用在引起结构最大响应的位置，人群荷载的作用方式和 BS5400 规范一致，采用简谐荷载沿桥梁纵向移动。

④ 各规范对单个行人的重量，人群密度和行人步距的取值有所不同：英国规范 BS5400 对单人重量的取值为 700 N，而国际标准化组织 ISO 规范对单人重量的取值为 750 N；瑞典规范 Bro 2004 中人群密度的取值为 0.1 人/m²，而国际标准化组织 ISO 规范中人群密度的取值范围为 0.1～0.15 人/m²；英国规范 BS5400 取步距 0.9 m，而国际标准化组织 ISO 规范取步距为 0.75 m。

（2）舒适度指标标准的比较。

表 2-6 为上述四种规范规定的人行桥舒适度指标标准的比较情况，我们知道英国规范 BS5400 和欧洲规范 Eurocode 采用峰值加速度指标标准，而国际标准化组织 ISO 和瑞典规范 Bro 2004 中则采用均方根加速度指标标准，国际标准化组织 ISO 第 10137 条和瑞典规范 Bro 2004 中的有效加速度（即均方根加速度）与峰值加速度之间近似成倍数关系。从比较结果可以看出，4 个规范规定的加速度指标标准均比较接近，另外只有国际标准化组织 ISO 规定了静止行人的舒适度指标值，并明确其应降为行人运动中舒适度指标值的一半。

表 2-6　各规范之间的加速度指标标准比较

规范类型	竖向加速度	水平加速度
英国规范 BS5400	$a_{max} \leqslant 0.5\sqrt{f}$ （m/s²）	无要求
瑞典规范 Bro 2004	$a_{RMS} \leqslant 0.5$（m/s²）	无要求
欧洲规范 Eurocode	$a_{max} \leqslant 0.7$（m/s²）	$a_{max} \leqslant 0.2$（m/s²）
国际标准组织 ISO 规范	$a_{RMS} \leqslant 0.3\sim0.6$（m/s²）	$a_{RMS} \leqslant 0.3\sim0.7$（m/s²）

根据以上对于国外关于人行荷载模型以及大跨度结构的竖向和侧向振动舒适度评价的已有研究成果，并对国外的几个规范关于行人荷载标准的选取和振动舒适度评价指标标准进行了比较，得出了各规范在行人荷载标准的选取上还存在很大的差异，没有统一的定论，而舒适度评价指标标准相对来说比较接近。

2.3.4　天文馆结构关键部位舒适度计算

天文馆项目中存在多处大跨度区域，其竖向振动频率在 2～3 Hz 之间，按照《高层建筑混凝土结构技术规程》（JGJ—2010）第 3.7.7 条的规定，楼盖结构应具有适宜的舒适度，楼盖结构的竖向振动频率不宜小于 3 Hz，竖向振动加速度峰值按照 0.15 m/s² 进行限制。

为了分析与预测楼面在行人通过时的振动特性，需要对楼板在行人激励下的响应进行数值仿真。垂直方向的人行激励时程曲线采用《结构设计基础　建筑物和人行道抗振的适用性》（ISO 10137—2007）连续步行的荷载模式，这一荷载模式考虑了步行力幅值随步频增大而增大的特点，计算公式为：

$$F_v(t) = P\left[1 + \sum_{t=1}^{3}\alpha_i \sin(2\pi i f_s t - \varphi_i)\right] \tag{2-13}$$

式中　$F_v(t)$——垂直方向的步行激励力；

　　　P——体重；

　　　α_i——第 i 阶谐波分量的动力系数，$\alpha_i = 0.4 + 0.25(f_s - 2)$，$\alpha_2 = \alpha_3 = 0.1$；

　　　f_s——步行频率；

　　　t——时间；

　　　φ_i——第 i 阶谐波分量的相位角，$\varphi_1 = 0$，$\varphi_2 = \varphi_3 = \pi/2$。

假设单人质量 70 kg，当行进频率为 2.0 Hz 时，则单人垂直方向的步行激励荷载如图 2-55 所示。

参考国内外的研究成果，对步行荷载所做的进一步假设如下：

（1）楼面上人员的密度为 1.0 人/m²；

（2）楼面上行人和某阶固有频率同步的人数为：$n' = 1.85\sqrt{n}$，n 为楼面上人数。

大悬挑区域结构主要固有频率如表 2-7 所示。

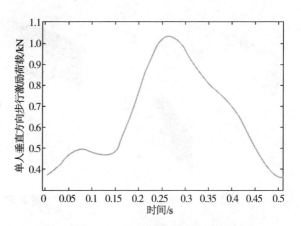

图 2-55　单人 2.0 Hz 步行 1 步激励示意图

表 2-7　结构自振特性

模态号	频率/Hz	振型参与质量					
		TRAN-X		TRAN-Y		TRAN-Z	
		质量(%)	合计(%)	质量(%)	合计(%)	质量(%)	合计(%)
1	1.83	0.04	0.04	0.02	0.02	15.17	15.17
2	2.35	0.00	0.04	0.00	0.02	0.00	15.17
3	2.35	0.00	0.04	0.00	0.02	0.00	15.17
4	3.32	0.01	0.05	0.01	0.03	2.26	17.43
5	3.69	0.78	0.83	0.72	0.74	3.09	20.53
6	4.20	2.69	3.52	1.57	2.31	0.01	20.53
7	4.54	8.07	11.59	6.96	9.28	0.27	20.80
8	4.82	10.83	22.43	12.37	21.65	0.00	20.81
9	5.18	1.70	24.12	2.08	23.72	2.90	23.71
10	5.30	0.23	24.35	0.00	23.72	2.38	26.09

大悬挑楼面的面积约为 2 500 m²，桥面上共有 $n = 2\,500$ 人，楼面行人和某阶固有频率同步的人数 $n' \approx 93$ 人。

1. 结构在步行激励下的响应

1）荷载工况

主结构竖向振动频率在 1.6～2.4 Hz 范围之内时要考虑步行荷载振动的影响，大悬挑部分主要固有频率为第 1，3，4 阶，共分析了以下三种工况：

工况 1：激励频率 1.7 Hz，竖向；

工况 2：激励频率 1.9 Hz，竖向；

工况 3：激励频率 2.3 Hz，竖向。

2）加速度云图

各工况激励下的加速度响应见图2-56—图2-58。

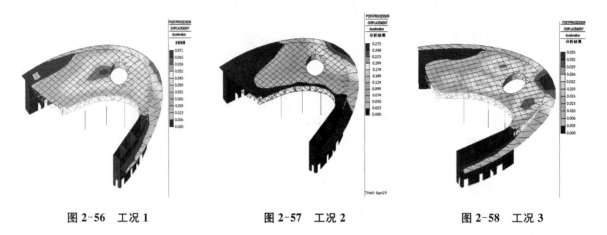

| 图2-56　工况1 | 图2-57　工况2 | 图2-58　工况3 |

3）加速度时程曲线

结构主要节点分布如图2-59所示，为便于了解节点的具体振动情况，导出了节点9365的振动加速度曲线（图2-60）。

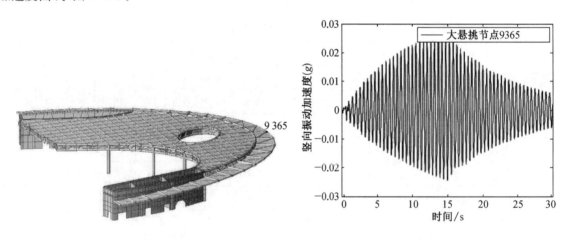

图2-59　主要节点位置　　　　图2-60　工况2作用下节点9365竖向振动加速度时程曲线

4）结果汇总

各工况下的振动加速度峰值汇总如表2-8所示。

表2-8　不同激励下结构的振动响应　　　　　　　单位：m/s²

工况	加速度峰值	备注	方向
工况1	0.071	<0.15	竖向
工况2	0.273	>0.15	竖向
工况3	0.035	<0.15	竖向

从上述图表可以看出，工况2竖向激励荷载作用下，竖向振动加速度均超出加速度限值（0.15 m/s²），需要采取减振措施。

2. TMD参数设计

根据结构的模态参数及动态计算结果，设计了相应型号的竖向TMD，其参数如表2-9所示。TMD在结构上的布置位置示意图如图2-61所示。

表 2-9　TMD 参数

TMD 型号	单个 TMD 质量/t	TMD 数量/个	TMD 总质量/t	TMD 频率/Hz	阻尼比
A	2	5	10	1.88	0.1

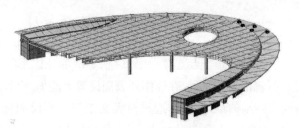

图 2-61　TMD 布置示意图

3. 设置 TMD 后的减震效果

1）加速度云图

安装 TMD 阻尼器后,工况 2 情况下结构的振动有明显减弱的趋势,其加速度云图如图 2-62 所示。

2）加速度时程曲线

设置 TMD 后,工况 2 情况下主要节点 9365 的加速度时程曲线如图 2-63 所示。

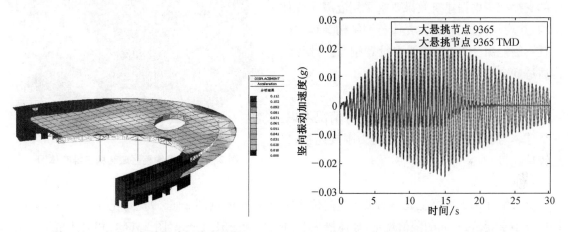

图 2-62　工况 2 竖向振动加速度云图

图 2-63　设置 TMD 后工况 2 节点 9365 竖向振动加速度时程曲线

3）减震效果分析

各工况下,有无 TMD 情况的振动加速度峰值汇总如表 2-10 所示。

表 2-10　不同激励下结构的振动响应

工况	无 TMD 加速度峰值	有 TMD 加速度峰值	减震效果（%）
工况 1	0.071	—	—
工况 2	0.273	0.112	59
工况 3	0.035	—	—

4. 小结

结构在相应步行激励下的竖向振动加速度超出了标准的要求,需采取措施。安装 10 t 1.88 Hz 的竖向 TMD(共 5 个)后,结构在步行激励下的振动加速度峰值有很大程度的降低,可有效提高结构的舒适性,满足我国规范的限值规定。

2.4 混凝土壳体结构的设计

2.4.1 研究背景

上海天文馆中的球体影院的底座为一个曲面混凝土壳体,混凝土壳体为接近半球形的混凝土薄壳(直径 50 m,一端开口),顶部通过 6 个点支撑一个直径 29 m 的球体影院,达到悬浮星球的建筑效果。为了减小壳体的厚度,减轻混凝土重量,在壳体外表面设置上翻加劲肋,保证壳体内表面的光滑。

本节将研究异形曲面混凝土的设计方法,通过对天文馆球体影院曲面混凝土壳体底座的分析计算,把握壳体结构的受力性能、内力分布及传力路径,优化结构的构造做法。

2.4.2 天文馆混凝土壳体结构设计

1. 球幕影院区域结构布置

球幕影院区域所在位置如图 2-64 所示,球幕影院球体采用钢结构单层网壳结构,其内部观众看台结构采用钢梁+组合楼板的结构形式。球体底部支撑结构根据建筑效果要求采用混凝土壳体结构,并均匀设置加劲肋,壳体与钢结构球体之间设置钢筋混凝土环梁,环梁内设置钢骨。球体结构通过 6 个点与混凝土环梁连接。

2. 球幕影院区域结构静力分析

球幕影院区域静力分析时按两种情况考虑:一是球体与下部混凝土壳体之间为刚接连接;二是铰接连接。

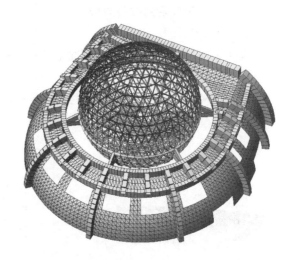

图 2-64 球幕影院区域结构三维实体图

1) 刚接模型

恒+活作用下混凝土壳体的最大竖向位移为−38.6 mm(图 2-65),挠跨比为 41 500÷38.6＝1 075,小于规范1/400的限值规定,球体最大竖向位移为−51.1 mm(图 2-66),相对于混凝土壳体的变形只有 12.5 mm。

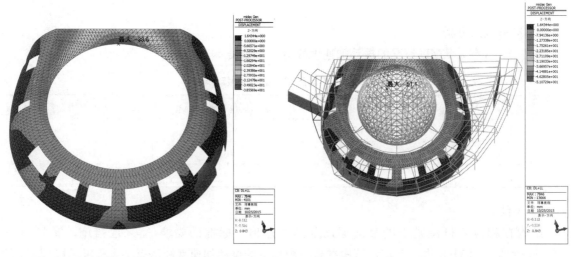

图 2-65 恒+活作用下壳体结构的竖向位移   图 2-66 恒+活作用下球幕结构的竖向位移

恒+活作用下混凝土壳体最大水平位移为 7.0 mm（图 2-67），球体的最大水平位移为 27.2 mm（图 2-68），其变形是由于下部混凝土壳体一侧开口导致刚度不对称而产生的。

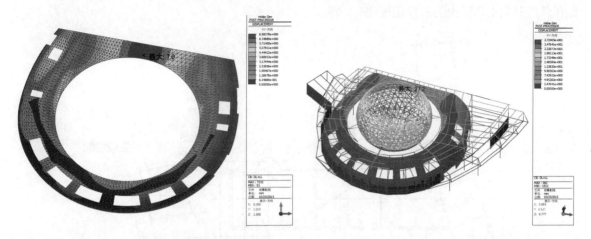

图 2-67 恒十活作用下壳体结构的水平位移　　　图 2-68 恒十活作用下球幕结构的水平位移

在升温 30℃作用下最大水平位移为 10.8 mm（图 2-69），主要表现为球体的内外膨胀。壳体位移约为 7 mm。

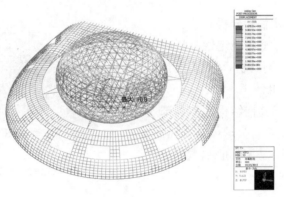

图 2-69 升温 30℃作用下结构的水平位移

2）铰接模型

恒十活作用下混凝土壳体的最大竖向位移为 -37.8 mm（图 2-70），球体最大竖向位移为 -55.4 mm（图 2-71），相对于刚接模型位移变化不大。

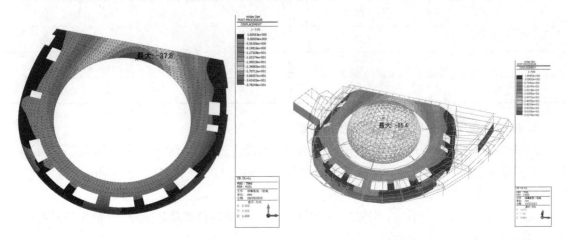

图 2-70 恒十活作用下壳体结构的竖向位移　　　图 2-71 恒十活作用下球幕结构的竖向位移

3. 球体与混凝土壳体节点连接构造

钢结构球体与混凝土壳体底座之间设置钢筋混凝土环梁,环梁内设置钢骨。球体结构通过6个点与混凝土环梁中的钢骨连接(图 2-72)。

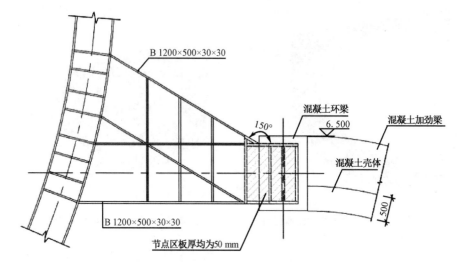

图 2-72　球体与混凝土壳体连接构造(单位:mm)

4. 球幕结构整体稳定性能分析

对球幕影院区域进行整体稳定性分析时只取关键部位的独立模型进行分析,荷载工况选取(1.0 恒+1.0 活)的标准组合。

第一阶屈曲模态为球幕钢结构顶部局部屈曲(图 2-73),结构前 12 阶均为球体结构屈曲,其荷载因子如表 2-11 所示,由此可见,混凝土壳体无稳定问题。

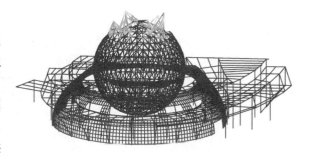

图 2-73　第一阶屈曲模态

表 2-11　结构前 12 阶屈曲荷载因子

阶数	荷载因子	阶数	荷载因子
1	24	7	27
2	25	8	27
3	26	9	29
4	26	10	29
5	27	11	29
6	27	12	30

5. 多遇地震作用下球幕结构抗震性能分析

球幕影院区域在多遇地震作用下的独立模型采用反应谱法进行计算,并考虑时程分析结果乘以 1.3 的放大系数。球幕影院区域最不利地震作用方向为 172°和 82°(图 2-74 和图 2-75)。竖向地震作用下球幕影院区域的最大竖向位移为 2.8 mm(图 2-76)。

从以上计算结果可以看出,多遇地震作用下球幕区域结构位移值远远小于(恒+活)标准组合下的位移,因此地震工况不起控制作用。

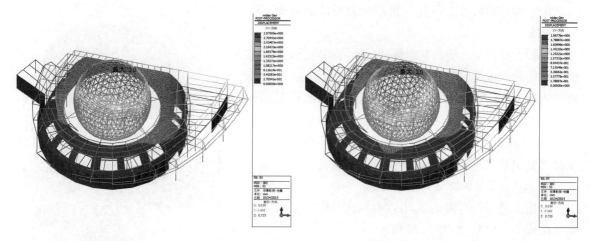

图 2-74　172°地震作用下的水平位移(最大值为 3 mm)　　图 2-75　82°地震作用下的水平位移(最大值为 2 mm)

球幕区域结构的振动分析结果如表 2-12 所示。

6. 罕遇地震作用下结构抗震性能分析

大震下球体影院区域结构性能采用 ABAQUS 对天文馆整体结构建模,进行弹塑性时程分析。

1) 大震弹塑性时程分析参数及材料本构

大震弹塑性时程分析时主要对整体结构中几个关键部位提取结果,包括混凝土筒体、大悬挑钢桁架部分及球幕影院部分,从而判断大震下构件性能。1 000 mm 厚外筒体配筋为 Φ5@150,500 mm 内墙配筋为 Φ20@150,均双层双向。主筋等级均为 HRB400,箍筋等级均为 HRB400。

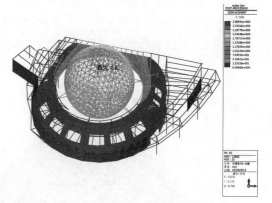

图 2-76　竖向地震作用下的竖向位移
(最大值为 2.8 mm)

表 2-12　结构前三阶振型

振型	周期/s	质量参与系数(%)			
		X 向	Y 向	Z 向	扭转
1	0.34	0.03	1.39	19.2	0.18
2	0.3	12.7	6.3	0.28	13.8
3	0.27	12.3	2.1	0.2	6.7

根据上海地区《建筑抗震设计规范》(GB 50011—2010)的规定,地震波峰值加速度采用 200 Gal(1 Gal＝1 cm/s²)。根据小震弹性时程分析可知,SHW3 波作用下结构响应最大,因此在大震弹塑性时程分析时地震波采用 SHW3 波。弹塑性时程分析采用三向地震波输入,主次向地震波加速度峰值比为 1:0.85:0.65,时间间隔 0.01 s,地震波持续时间为 30 s,主方向地震波峰值为 200 Gal。

钢材采用随动硬化模型。考虑包辛格效应,在循环过程中,无刚度退化。结构第一阶振型如图 2-77 所示。

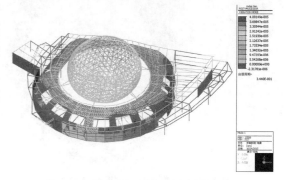

图 2-77　结构第一阶振型(竖向振动)

设定钢材的强屈比为 1.2，极限应力对应的应变为 0.025。

混凝土材料进入塑性状态伴随着刚度的降低，其刚度损伤分别由受拉损伤参数 d_t 和受压损伤参数 d_c 来表达，d_t 和 d_c 由混凝土材料进入塑性状态的程度决定。当荷载从受拉变为受压时，混凝土材料的裂缝闭合，抗压刚度恢复至原有的抗压刚度，当荷载从受压变为受拉时，混凝土材料的抗拉刚度不恢复。

2）ABAQUS 计算几何整体模型

采用前述材料本构关系，在 ABAQUS 中建立天文馆结构整体模型，如图 2-78 所示。

3）球幕区域 ABAQUS 大震计算结果

大震作用下球幕影院混凝土壳体采用 ABAQUS 进行弹塑性时程分析，参数及时程波等均与整体模型计算时相同。具体参数计算结果如图 2-79—图 2-82 所示。

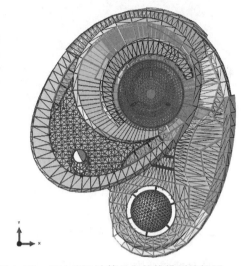

图 2-78　ABAQUS 计算几何整体模型俯视图

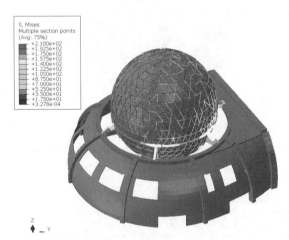

图 2-79　大震时程分析结构应力（最大值为 210 MPa，钢材处于弹性状态）

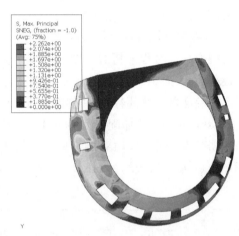

图 2-80　大震混凝土最大主拉应力（最大值为 2.26 MPa）

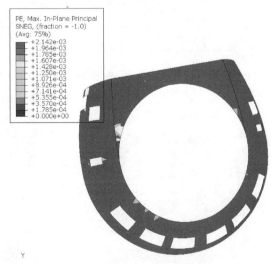

图 2-81　大震混凝土内钢筋塑性拉应变（最大值为 0.002 1）

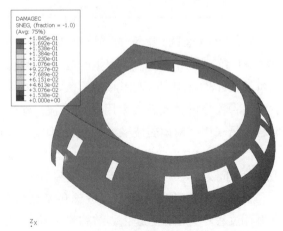

图 2-82　大震时程分析混凝土受压损伤因子（最大值为 0.18）

从以上分析可知,大震下球幕影院壳体混凝土仅少数几个单元有受压损伤,单元内配筋进入塑性,可以通过增大边梁配筋解决,大部分区域钢筋未屈服,混凝土受压未损伤,因此可以认为大震下壳体整体不屈服。

2.5 节点构造设计研究

2.5.1 研究背景

虽然日常生活中常见的建筑物从表面上看是一个整体,但它是由许许多多的小部件连接而成的,尤其是钢结构建筑物。为了保证钢结构建筑物的承载力和整体刚度,需将许多小部件有效地连接起来。要想保证工程质量,保证钢结构建筑物各部件连接的牢固性,节点的连接强度要与构件的自身强度保持一致。在施工过程中,节点所采用的施工工艺和连接方法是重点。本着安全、可靠、经济和方便的原则,施工时采用的连接方法也不相同。在钢结构连接节点中,焊缝连接是最常见的,而螺栓连接的利用率也比较高。铆钉连接不仅对施工工艺有较高的要求,而且施工工序也比较复杂,所以应用得比较少。

而当钢结构与混凝土结构、铝合金结构等其他结构形式组合后,连接节点将更加复杂,形式更加多样。本课题所研究的上海天文馆项目存在多处钢结构与混凝土结构相连接节点,40 m 大悬挑结构及 60 m 大跨度结构与混凝土筒体之间、200 m 长旋转步道与"三脚架"立柱之间等,尤其是直径 29 m 的球幕影院球体与下部混凝土壳体结构之间仅通过 6 个节点连接,在室内形成环形的光圈,以达到球体悬浮于空中的效果。因此,节点形式的分析与选择、节点构造设计研究是本课题的研究重点,既要保证结构的安全,同时还需满足建筑效果的要求。

2.5.2 节点形式

1. 根据施工方法划分

根据施工方法的不同可以把钢结构节点分成焊接连接、螺栓连接和铆钉连接三种形式。

1) 焊接连接

焊接连接在工程中的利用率比较高,基本所有的钢结构构件都可以采用这种方法。采用这种连接方法时,不仅对钢结构构造的要求少,而且施工工艺也简单,不会因为焊缝的存在而削弱截面强度,结构整体不会发生大的变形,刚度也比较强。焊接连接与其他连接方法相比更为经济,其操作过程也已经实现了自动化。但是,这种连接方法的缺点也比较明显。由于局部受热,钢材的化学构造有所变化,许多元素的含量也发生了变化,导致结构容易受到脆性破坏。在施工过程中,要保证焊接后节点处没有裂缝。因为裂缝的存在会使节点承受较大的力而产生新的裂缝,它会沿着之前的裂缝迅速蔓延。在焊接的过程中,加热、散热不均匀,残余应力和残余应变的存在都会导致结构在受到荷载时断裂。

2) 螺栓连接

螺栓是一种机械零件,将其与螺母配套使用是一种有效的连接方式。利用它可以紧固 2 个带有通孔的构件。螺栓连接是一种可拆卸、重复使用的连接方式。螺栓连接的应用范围比较广——在建筑、铁道、车辆等工业工程中,螺栓连接的使用率较高。因为它具有施工方便、施工效率高、强度大、循环利用率高和造价低等优点,所以受到了各行各业施工人员的青睐。

3）铆钉连接

铆钉是由头部和钉杆构成的一类紧构件,它主要通过自身变形产生的摩擦力完成连接工作,具体的连接方法有冷铆法和热铆法。现在的建筑主要采用的是热铆法,即先给铆钉加热,使其高温膨胀,然后迅速将铆钉打入铆孔。铆钉冷却后会收缩,但是收缩变形过程会被两侧的钢板阻止。铆钉连接的特点是工艺简单、连接可靠、抗冲击性强,与焊接相比,它的缺点是噪声大、生产效率低,能削弱15%～20%的被连接构件等。与焊接相比,铆钉连接的经济性不强。

2. 复杂空间结构常用节点形式

造型复杂的、大跨度空间钢结构中,一般采用的节点形式是球节点、板节点、相贯节点等。但对于一个节点汇交连接8根及以上的三维空间杆件,且有少数杆件汇交的角度偏小(30°以下)时,制作、安装施工工艺要求高,难度大,采用常规成熟的节点难以保证节点的安全可靠、施工简便、美观以及特定的设计要求,而此时采用铸钢节点是个不错的选择。它既具有相贯节点的省材和美观的特点,又避免了多杆相贯焊接连接中节点内存在残余焊接应力的问题。

1）球节点

（1）焊接空心球节点

焊接空心球节点是我国网架结构中最常用的节点形式之一。空心球可由工厂铸造,大批量生产。钢管和空心球通常等强度焊接,现场焊接杆件的空间位置难以控制,现场工作量大。目前,对焊接空心球节点已进入了深入的研究并取得了一定的发展。起初,学者对圆钢管焊接空心球节点在轴力作用下的静力性能进行了试验研究,随着计算机技术的发展,学者通过有限元分析对焊接空心球节点在荷载作用下的应力分布、受力机理和破坏准则的研究,找出影响空心球节点承载力的因素,并提出更加合理的承载力设计公式。

（2）螺栓球节点

螺栓球节点是在设有螺纹孔的钢球体上,通过高强螺栓将交汇于节点处的焊有锥头或封板的圆钢管杆件链接起来的节点。一般是由设有螺栓孔的钢球、高强度螺栓、长形六角套筒、锥头或封板、销子等零件组成。螺栓球节点具有连接节点对空间交汇的圆钢管杆件连接适应性强和杆件连接不会发生偏心的优点,在平板网架中得到广泛应用,现场焊接工作量小,并且运输和安装方便。

2）板式节点

板式节点又分为法兰节点、外加劲板连接节点、内加劲板连接节点、节点板连接等。

3）相贯节点

相贯节点具有受力合理、外形简洁、加工制作方便和节约材料等优点,在工程中得到了广泛的应用。相贯节点又称为简单节点、无加劲节点或直接焊接节点。节点中只有在同一轴线上的两个直径最大的相邻杆件(称为弦杆或主管)处贯通,其余杆件(称为腹杆或支管)通过端部相贯线加工后,直接焊接在贯通杆件上,非贯通杆件根据位置关系分为间隙或搭接杆件。

4）铸钢节点

建筑用铸钢节点由于其整体浇注成型,避免了复杂节点的制作难、交汇焊缝的高残余应力等问题,是近年来应用较为广泛的新型节点形式之一,已在广州会展中心、重庆江北机场等大跨空间结构中被广泛应用。它是将各杆件相互交汇部位浇铸成任意空间形状的节点。节点具有良好的适应性,并在局部应力集中区域形成圆滑过渡截面,避免应力集中,且造型美观。但铸钢节点也有耗钢量大,受力不够明确的缺点。目前,国内对铸钢节点的研究尚处于起步阶段,铸钢节点已成为空间结构的研究热点。

2.5.3　节点设计研究

1. 球幕影院球体与混凝土壳体连接节点

球幕影院钢结构球体与下部混凝土壳体结构之间仅通过 6 个节点连接,如何保证其传力的有效性和安全性是该节点设计的重中之重。设计时,在下部混凝土壳体顶部环梁内设置型钢,保证球体钢结构与混凝土壳体之间力的传递,如图 2-83 所示。

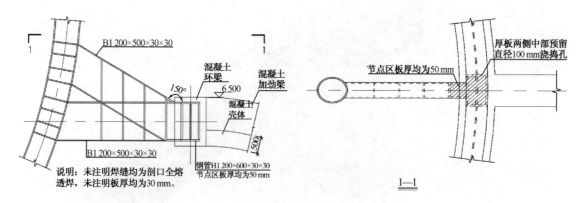

图 2-83　节点设计图(单位:mm)

节点分析采用 ANSYS 软件进行计算,控制工况为 1.2 恒载+0.98 活载+1.4 温度(降温),该荷载工况内力乘以 1.5 倍的荷载如图 2-84 所示,计算时对选取的壳体模型底部及两个侧面采取了刚性约束。计算结果如图 2-85—图 2-87 所示。

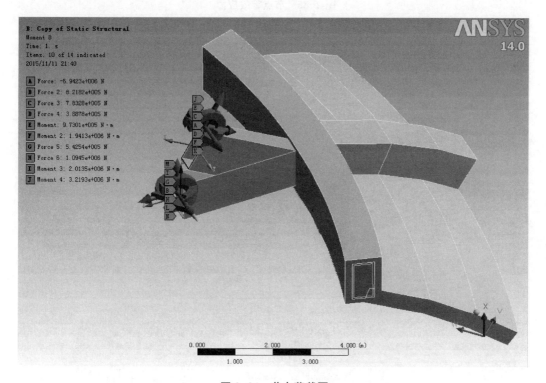

图 2-84　节点荷载图

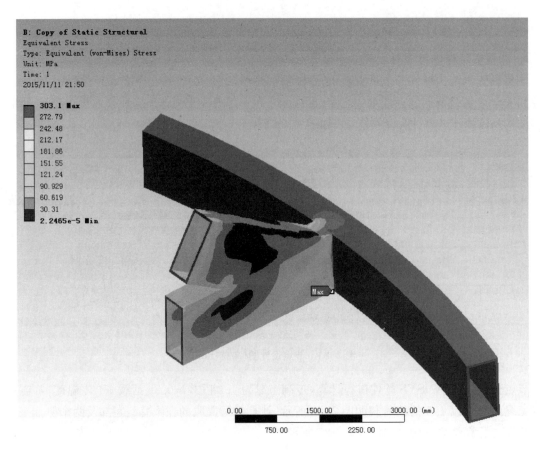

图 2-85　节点等效应力

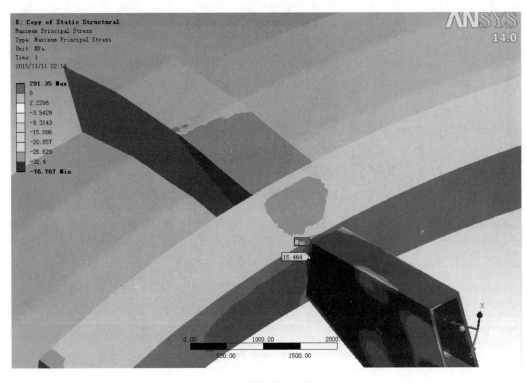

图 2-86　节点最大主拉应力

图 2-87　节点最大主压应力

从上述图示可以看出,在荷载作用下节点钢构件最大应力为 303.1 MPa,处于弹性状态,混凝土最大主拉应力除与钢构件交界处应力集中区域超过 8 MPa 以外,其余区域均小于 8 MPa,按此配筋能保证钢筋处于弹性状态,混凝土最大主压应力除与钢构件交界处的应力集中区域超过 32.4 MPa 以外,其余均处于弹性状态,因此节点在 1.5 倍设计荷载作用下应力较小,保持为弹性。

2. 大悬挑区域弧形桁架相贯节点

大悬挑区域结构采用管桁架结构,杆件之间均采用相贯焊接节点,选取杆件内力最大的两个节点进行有限元分析计算。

1)节点 1

节点 1 所在位置如图 2-88 所示,与节点 1 相连的杆件编号见图 2-89,各杆件的内力情况如表 2-13 所示。节点 1 的有限元模型如图 2-90 所示,节点 1 的荷载工况如图 2-91 所示。节点 1 的等效应力见图 2-92,其中,节点等效应力最大值为 297.59 MPa,强度满足要求。

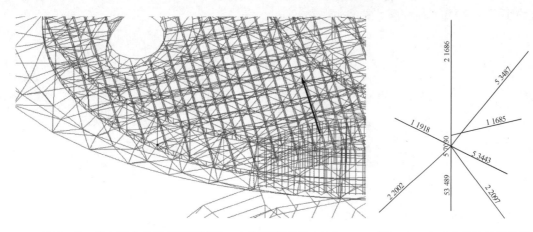

图 2-88　节点所在位置(弧形桁架与二层楼面桁架相交处)　　图 2-89　与节点连接杆件编号

表 2-13 杆件内力表

杆件编号	轴力/kN	剪力-y/kN	剪力-z/kN	扭矩/(kN·m)	弯矩-y/(kN·m)	弯矩-z/(kN·m)
11685	−353.4	21.8	−184.5	−47.7	−259.9	22.9
11918	1 079.9	111.4	−1 226.6	548.9	−2 012.4	95.9
21686	−145.3	264.5	−471.3	18.4	2 060.5	−1 229.9
22002	−3 749.2	−32.8	−1 737.9	−191.1	−4 334.2	1.1
22097	−623.8	−0.4	−15.7	12.1	−63.2	−1.4
53443	−2 169.5	−35.3	197.8	−362.9	−387.7	46.3
53487	2 896.4	−61.9	−77.6	74.6	−343.4	−281.6
53489	3 748.2	−2 843.0	534.7	14.4	1 285.5	−4 689.5
57030	−6 292.9	0	0	0	0	0

图 2-90 节点有限元模型

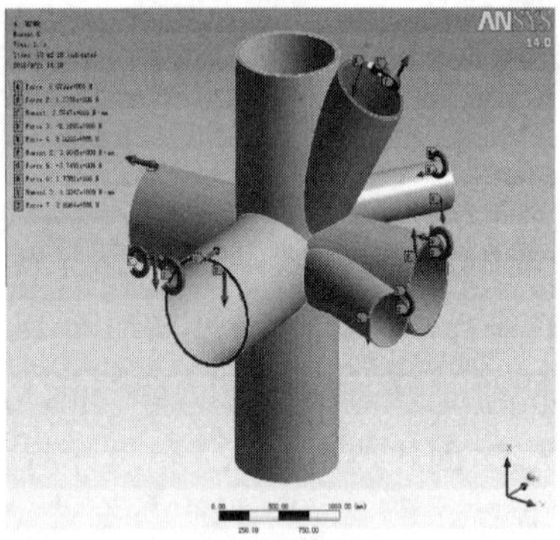

图 2-91 节点荷载

图 2-92 节点等效应力

2) 节点 2

节点 2 所在位置如图 2-93 所示,与带点连接的杆件编号如图 2-94 所示,杆件内力情况如表 2-14 所示。对节点 2 进行了有限元模型分析(图 2-95),节点 2 的荷载情况如图 2-96 所示。节点的等效应力如图 2-97 所示,其中节点等效应力最大值为 373.62 MPa,位于应力集中区域,其他区域均小于 345 MPa,强度满足要求。

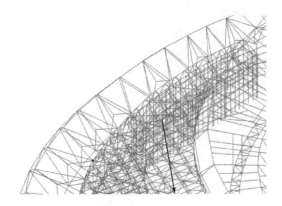

图 2-93 节点所在位置(弧形桁架与屋面桁架相交处)

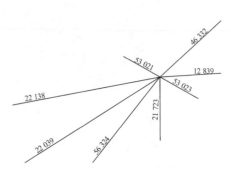

图 2-94 与节点连接杆件编号

表 2-14　杆件内力表

杆件编号	轴力/kN	剪力-y/kN	剪力-z/kN	扭矩/(kN·m)	弯矩-y/(kN·m)	弯矩-z/(kN·m)
12839	490.1	−6.1	48.3	2.8	−90.1	2.3
21723	−3 219.3	−276.1	−692.0	37.3	−873.4	−451.2
22039	−455.9	6.4	194.5	69.7	−851.7	−110.0
22138	−472.2	−1.3	20.6	9.8	−85.0	1.9
46332	33.6	1.0	4.0	0.1	−7.1	−1.9
53021	9 733.7	−689.5	−545.8	62.7	−1 927.5	−596.1
53023	8 774.9	322.8	1 104.5	−232.6	−2 586.9	−453.0
56324	2 303.6	18.1	104.0	36.2	−370.2	−124.7

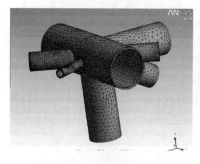

图 2-95　节点有限元模型

图 2-96　节点荷载

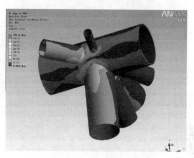

图 2-97　节点等效应力

3. 弧形桁架与混凝土筒体之间连接节点

大悬挑区域钢结构与混凝土筒体之间通过在混凝土筒体内设置钢骨来保证荷载的传递。

1）计算模型

选取计算模型时忽略桁架腹杆等次要构件，建立主要构件与混凝土筒体之间的模型，计算模型如图 2-98 所示。在进行节点分析时，保守地假定桁架弦杆只与筒体内钢骨连接，与混凝土不连接，因此有限元划分时钢骨与混凝土墙体一起划分，而弦杆与混凝土墙体之间不共用节点（图 2-99）。

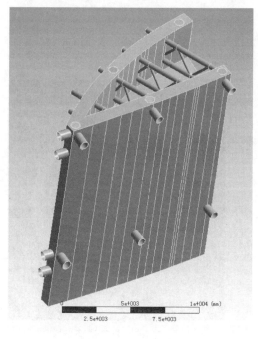

图 2-98　节点模型

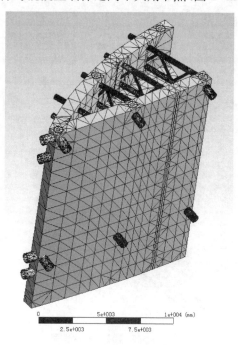

图 2-99　节点模型有限元划分

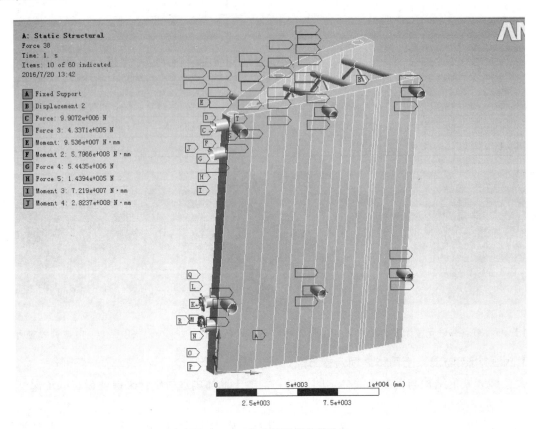

节点分析时对墙体底部施加固定约束,节点荷载施加于弦杆杆端,节点有限元划分及荷载施加如图 2-100 所示。杆件编号如图 2-101 所示,杆端局部坐标如图 2-102 所示,相应的杆端节点荷载详见表 2-15。

图 2-100　节点最不利荷载施加

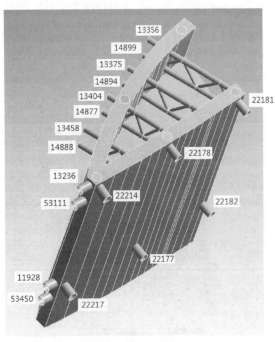

图 2-101　杆件编号

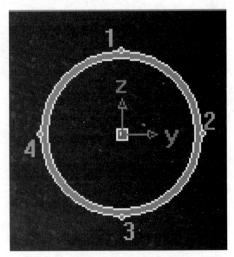

图 2-102　杆端局部坐标

表 2-15 杆端节点荷载

杆件号	轴向力/kN	剪力- y/kN	剪力- z/kN	扭矩/(kN·m)	弯矩- y/(kN·m)	弯矩- z/(kN·m)
13356	970.52	93.41	−38.67	1.2	−82.16	82.63
14899	−888.15	152.7	−96.93	7.94	−161	135.41
13375	990.6	164.52	−54.31	0.85	−88.8	118.71
14894	−808.83	205.11	−95.92	0.95	−153.35	162.47
13404	869.85	166.2	−30.84	−5.34	−73.32	129.75
14877	−904.46	205.53	−77.66	−6.33	−138.41	174.54
13458	794.66	111.13	−23.13	−5.5	−62.77	115.54
14888	−836.54	106.32	−110.95	−12.25	−198.9	122.93
13236	9 907.22	−160.7	−402.84	95.36	−574.34	−78.32
53111	5 443.5	48.35	135.58	72.19	−248.72	−133.69
11928	−1 959.79	−16.68	55.98	257.47	−253.36	−67.46
53450	−9 290.41	550.03	508.66	369.16	−1 047.32	−816.06
22214	−321.84	−13.56	219.39	0.71	−713.03	22.55
22217	714.35	23.66	−576.79	1.96	−1371.11	41.38
22178	−197.32	−7.4	100.02	0.91	−315.78	20.28
22177	318.04	6.42	−200.3	−3.5	−522.28	10.55
22181	−267.26	−6.11	107.25	2.24	−337	19.06
22182	208.22	3.33	−206.66	−2.11	−523.12	6.84

2) 计算结果

从图 2-103 中可以看出，节点区钢构件最大等效应力为 240.42 MPa，位于杆件加载端，核心筒内钢骨应力均在 100 MPa 以内，具有很高的安全度。

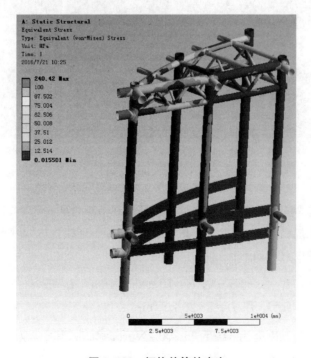

图 2-103 钢构件等效应力

从图 2-104 中可以看出,节点区混凝土拉应力除局部应力集中区域较大(最大 10.14 MPa)外,大部分区域均小于 2.6 MPa,而压应力均很小(最大 -6.8567 MPa),如图 2-105 所示,混凝土应力均较小,满足要求。

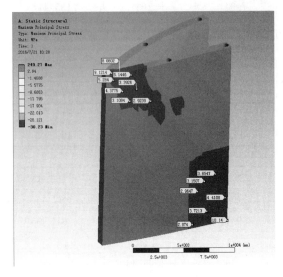

图 2-104　节点区混凝土最大拉应力　　　图 2-105　节点区混凝土最大压应力

因此,在最不利荷载作用下,节点区保持为弹性,且应力较小,具有很高的安全度。

4. 铝合金网壳结构杆件连接节点

铝合金网壳结构杆件之间连接节点采用板式节点,节点板与杆件之间采用螺栓连接。

有限元模型考察荷载最大一根杆件所在节点在荷载作用下的受力及变形情况,同节点上的其他构件作为节点板的约束条件,考察节点的刚度情况。有限元模型如图 2-106 所示。

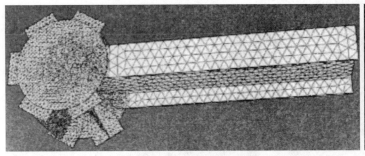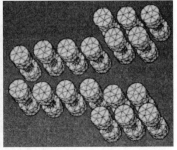

(a) 节点模型　　　　　　　　　(b) 螺栓单元(单个翼缘共18颗螺栓)

图 2-106　节点模型

图 2-107 为节点的弯矩转角曲线,其中弯矩为杆件在节点处所受弯矩,其值等于梁端所施加荷载×梁端到节点中心距离;转角为节点区转角大小,其值等于连接板边缘变形量/连接板半径。

杆件强轴方向线刚度计算如下:

$$I_x=2.89\times10^8,\ E=70\ 000\ N/mm^2,\ L=3\ 000\ mm$$
$$I=ExI_x/L=7\ 225\ kN/m$$

计算得到节点弹性转动刚度为 $M/\theta=25\ 700\ kN\cdot m\approx3.6i$,其中 i 为杆件线刚度,可以认为节点刚度满足结构计算模型中刚接的假定。节点连接弯矩承载力约为 250 kN·m,大于构件弯矩 241 kN·m,因而满足"强节点、弱构件"的要求。

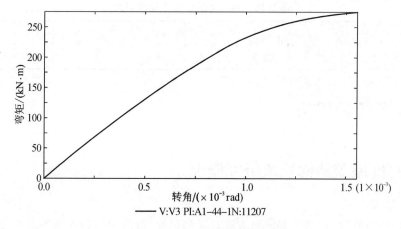

图 2-107　节点弯矩转角曲线

当达到极限荷载时,除局部应力集中区域外,节点区铝合金板件的等效应力均小于铝合金名义屈服强度 200 MPa,满足铝合金材料强度要求,节点应力分布如图 2-108 所示。螺栓最大等效应力为 447.3 MPa(图 2-109),略大于 440 MPa,可以认为满足其强度要求。螺栓最大应力分布与普通梁柱节点不同,工字铝构件伸入连接板部分腹板受力很小,剪力主要通过连接板传递给杆件。可以看出,在极限荷载作用下,构件上下翼缘与节点板之间未发生明显的分离,仍然保持接触,变形基本一致,说明节点具有较好的整体性。

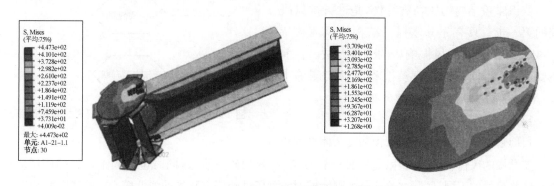

图 2-108　极限荷载下节点应力分布

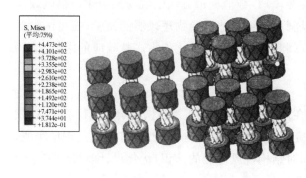

图 2-109　极限荷载下螺栓群等效应力

图 2-110　螺栓编号图

将节点板下翼缘(受压翼缘)对称一半的螺栓从外到内分别编号为 1～9 号(图 2-110),表 2-16 为极限弯矩作用下螺栓剪力值。从表中数值可以看出,当节点达到极限弯矩时,螺栓群受力较均匀,且每个螺栓实际剪力值均小于单个螺栓设计抗剪承载力 23.2 kN。

表 2-16　极限弯矩作用下螺栓剪力

螺栓编号	1	2	3	4	5	6	7	8	9
螺栓剪力/kN	20.7	21.7	22.3	20.3	20.6	20.4	20.1	20.7	21.5

2.6　结构风荷载研究

2.6.1　大跨度屋盖结构抗风研究概况

1. 研究思路

大跨度屋盖抗风研究,目前主要研究方法有风洞试验、数值模拟和现场实测。大跨度屋盖的抗风研究是一个系统过程,图 2-111 是传统屋盖结构抗风研究的基本思路。在大跨度屋盖结构的抗风研究中,风工程研究人员的主要任务就是通过各种方法从外形迥异的建筑形式中归纳出结构表面风压分布的规律,解释风压分布的机理,通过结构风致响应的分析获得等效静风荷载。

2. 研究手段

认识屋盖结构的风荷载特性,是进行抗风研究的第一步。只有充分掌握了结构的风荷载特性,才能建立合理的风振响应的分析方法。目前主要通过风洞试验、数值模拟和现场实测等手段,来研究屋盖结构的风荷载分布特性。

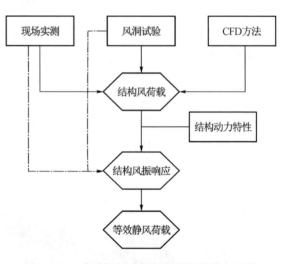

图 2-111　传统屋盖结构抗风研究的基本思路

1) 风洞试验

目前来说,运用风洞试验来预测复杂体型大跨度屋盖结构的风荷载分布特性,是一种比较直接、有效的研究手段,同时也得到工程界的广泛应用。根据试验目的的不同,风洞试验又分为刚性模型的测压试验研究和气动弹性模型试验研究两种。

2) 数值模拟

随着近年来计算机技术和数值方法的迅速发展,CFD 数值模拟方法已成为预测建筑物风载及风环境的一种重要且有效的方法。一方面数值风洞可以更好地辅导物理风洞的试验,缩短试验费用及周期;另一方面数值风洞可以弥补物理风洞试验上的一些局限,比如雷诺数效应的限值、流场细部构造的显示等。

3) 现场实测

现场实测一般利用风速仪、加速度计等仪器在现场对实际风环境及结构风响应进行测量,以获得风特性和结构响应的第一手资料,是风工程研究中一项非常重要的基础性工作。通过现场实测,可以获得详细全面、可信度较高的数据资料,加深对结构抗风性能的认识,优化设计阶段所采用的试验模型和计算模型,为制定建筑荷载规范提供依据。

2.6.2　研究项目简介

1. 研究对象

本文的研究对象为上海天文馆,它是一个复杂体型大跨度屋盖结构,3D 模型如图 2-112 所示。

上海天文馆建筑面积 38 000 m²，建成后将成为全球建筑面积最大的天文馆。对于这种体量大且外形复杂的空间大跨结构，风荷载是其结构设计的控制荷载，而现有的结构风荷载规范显然无法满足此类结构的风荷载计算，因此通过物理风洞试验和数值风洞模拟方法来研究该建筑物的风荷载分布特性，这对其结构抗风设计具有十分重要的指导意义。

图 2-112 上海天文馆 3D 模型

2. 研究内容

通过前面的综述，可以发现目前国内外对大跨度建筑结构的抗风研究还没有形成一套系统的研究方法。尤其是对于结构形式复杂且带有悬挑的结构的抗风研究极为有限。本文的主要目的是结合数值模拟方法和刚性风洞测压试验，深入研究上海天文馆屋盖结构的风荷载分布特性，总结共性的规律，规范同类结构抗风设计方法。具体的研究内容如下：

（1）通过上海天文馆刚性模型测压风洞试验，研究各典型风向角下的平均风压系数、脉动风压系数和体型系数的总体分布情况；在刚性模型风洞试验数据的基础上，研究主场馆上屋面典型测点在不同风向角下平均风压和脉动风压的分布特性。

（2）着重研究上海天文馆悬挑结构，把上海天文馆的悬挑部分表面分为上平屋面、边缘斜上坡屋面、边缘斜下坡屋面和下平屋面四个部分，分别研究其上测点的平均风压系数在不同风向角下的变化规律，预测最不利负风压可能出现的位置。

（3）通过数值模拟方法建立上海天文馆建筑的几何模型并对建筑及其周边建立空间的流场区域划分网格，从而数值求解不同风向角下建筑周围的流场分布。此研究中共模拟了 12 个不同风向角工况，并分别给出每个风向角下空间结构表面的分块体型系数，供结构的整体风荷载计算采用，以及流场对应的速度场、压力场分布图。

（4）对风洞试验结果和数值模拟结果进行分析比较，印证了对天文馆风压分布规律总结的准确性，讨论了两者的差异，为提高同类结构风荷载研究的准确性和精度提供了相关的数据依据。

2.6.3 刚性模型风洞测压试验

1. 风洞试验设备

1) 风洞

此次风洞试验是在边界层风洞中进行的,该大气边界层风洞是一座竖向回流式低速风洞,试验段尺寸为 4 m 宽、3 m 高、14 m 长。在试验段底板上的大转盘直径为 3.8 m。试验风速范围从 1.0~35 m/s 连续可调。流场性能良好,试验区流场的速度不均匀性小于 2%、湍流度小于 2%、平均气流偏角小于 0.50。

2) 测量系统

此次风洞试验使用了两套测量系统,风速测量系统和风压测量、记录及数据处理系统。

(1) 风速测量系统。

试验流场的参考风速是用皮托管和微压计来测量和监控的。大气边界层模拟风场的调试和测定是用丹麦 DANTEC 公司的 streamline 热线/热膜风速仪、A/D 板、PC 机和专用软件组成的系统来测量。热膜探头事先已在空风洞中仔细标定。该系统可以用来测量风洞流场的平均风速、风速剖面、湍流度以及脉动风功率谱等数据。

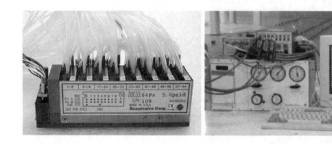

图 2-113 测压试验仪器及数据采集系统

(2) 风压测量、记录及数据处理系统。

由美国 Scanivalve 扫描阀公司的量程分别为 254 mm 和 508 mm 水柱的 DSM3000 电子式压力扫描阀系统、PC 机以及自编的信号采集及数据处理软件组成风压测量、记录及数据处理系统(图 2-113)。

2. 试验概况

1) 试验模型

考虑实际建筑物和风场模拟情况,刚体测压模型的几何缩尺比确定为 1:150。模型与实物在外形上保持几何相似,主体结构用有机玻璃板和 ABS 板制成,具有足够的强度和刚度,在试验风速下不发生变形,并且不出现明显的振动现象,以保证压力测量的精度。周边建筑通过塑料 ABS 板等材料制作实现。风洞试验模型如图 2-114 所示。

2) 测点布置

上海天文馆建筑外形复杂,大致可以按空间曲面分成 10 个分区,分区编号基本按从上到下。先主馆再副馆的原则,如 1~5 号分区依次代表主馆

图 2-114 风洞试验模型

的倒置穹顶和新月形凸起外表面、圆形凸起上表面、主场馆其余上表面、主场馆外檐下表面和悬挑部分下表面及基座立面;6 号分区代表圆洞天窗表面;7～10 号分区则依次为副馆上表面、副馆上层外檐表面、副馆步行道和下层外檐表面及球幕影院及附属立面。

根据分区表面变化情况,整个模型按一定密度布置了 435 个测点,保证各立面不同位置,尤其是拐角、形状突变处的表面风压的测取。图 2-115 给出了 1～3 号分区及其测点布置图。

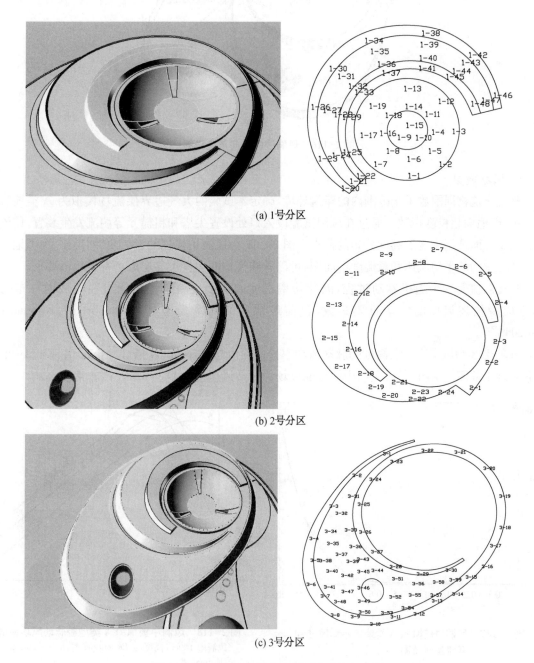

(a) 1号分区

(b) 2号分区

(c) 3号分区

图 2-115　上海天文馆分区及测点布置示意图

3) 试验工况

在刚性模型风洞测压试验中,每个风向角对应一个工况。风向角沿主场馆的长轴方向,大致从北往南吹定义为 0°,风向角的按顺时针方向增加,试验风向角的间隔取为 15°,从 0°～360°共 24 个方向角,即 24 个工况。试验的方位及风向角定义见图 2-116。

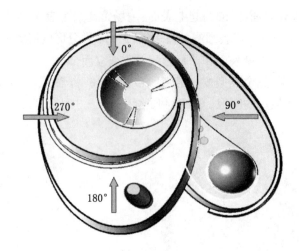

图 2-116 风洞试验风向角定义图

3. 风场模拟

根据建筑物周围数千米范围内的建筑环境,确定本试验的大气边界层流场模拟为 A 类地貌风场,并确定地面粗糙度指数。通过在风洞试验段入口处设置尖塔和粗糙元等湍流发生装置,使流场满足风速剖面及湍流度沿高度分布的要求。图 2-117 为风洞中模拟的 1:150 缩尺比、A 类地貌大气边界层流场的平均风速和湍流度剖面图,可以看到模拟的大气边界层流场符合规范要求。

大气湍流是一个随机脉动过程,因此功率密度谱这个反映来流风能量在频域内分布的函数,就成为描述风场的一个重要参数,目前最常用的几个模型是 Davenport 谱、Karman 谱、Kaimal 谱等。

图 2-118 为风洞边界层高度的脉动风功率谱实测值与 Davenport 谱、Karman 谱、Kaimal 谱的理论谱值比较图。由图可知,风洞中模拟的风场的脉动风速谱与 Davenport 谱非常吻合。

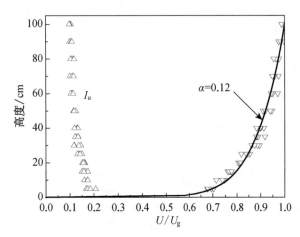

图 2-117 风洞中模拟的 A 类地貌平均风速和
湍流度剖面图

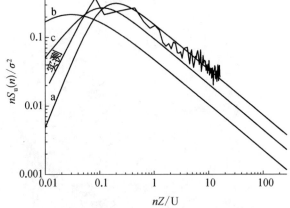

图 2-118 风洞中模拟的 A 类地貌脉动风功率谱
(风洞中 100cm 高度,a:Davenport 谱;b:Karman 谱;
c:Kaimal 谱)

4. 试验数据处理方法

此次测压试验风速为 12 m/s。测压信号采样频率为 300 Hz,每个测点采样样本总长度为 9 000 个数据。本次试验采样时间设为 20 s,对每个测点在每个风向角下都记录了 6 000 个数据的风压时域信号,加上所采集的参考点总压和静压的数据,共记录了约 1 亿个数据。

试验中风压符号约定为压力作用向测量表面(压力)为正,而作用离测量表面(吸力)为负。各测点的风压系数计算方法按下列公式给出：

$$C_{Pi} = \frac{P_i - P_\infty}{P_0 - P}$$

（2-14）

式中　　C_{Pi} ——测点 i 处的压力系数；

　　　　P_i ——作用在测点 i 处的压力；

　　　　P_0，P_∞ ——试验时参考高度处的总压和静压。

按式（2-15）把所有直接测得的风压系数 C_{Pi} 换算成以参考高度处的风压为参考风压的风压系数 C_P，即

$$C_P = (Z_i/H_G)^{2a} C_{Pi} = (Z_i/350)^{0.32} C_{Pi}$$

（2-15）

式中，Z_i 为第 i 个测点对应的实际结构的高度。C_P 可以是平均风压系数，也可以是极大或极小风压系数。

本试验报告的风压系数参考高度取为梯度风高度，参考风压为梯度高度处的风压。50 年重现期下基本风压取为 0.55 kPa，梯度风高度风压对应为 1.716 kPa；100 年重现期下基本风压取为 0.60 kPa，梯度风高度风压对应为 1.872 kPa。

对试验数据进行统计分析，可以获得各测点在 24 个风向角下对应的平均风压系数和脉动风压系数的根方差 $C_{P\text{mean}, i}$，$C_{P\text{rms}, i}$ 和极值风压系数 $C_{P\text{max}, i}$，$C_{P\text{min}, i}$。极值风压系数 $C_{P\text{max}, i}$，$C_{P\text{min}, i}$ 和平均风压系数 $C_{P\text{mean}, i}$ 一般有如下关系：

$$C_{P, \max} = C_{P\text{mean}} + k C_{P\text{rms}}, \quad C_{P, \min} = C_{P\text{mean}} - k C_{P\text{rms}}$$

（2-16）

式中，$C_{P\text{mean}}$ 为测点的平均风压系数；$C_{P\text{rms}}$ 为测点脉动风压根方差系数；k 为峰值因子。

在本试验中取 $k=3.5$，这样，根据概率统计理论，在正态分布假设下瞬时风压系数介于 $C_{P\text{max}, i}$ 和 $C_{P\text{min}, i}$ 之间的保证率约为 99.95%。

最后，为了便于结构设计并与现行规范进行比较，可将风洞试验所得的风压系数转换为相应的体型系数。由于上海天文馆的表面形状过于复杂多变，因此直接以测点的点体型系数代替分块体型系数。

根据《建筑结构荷载规范》（GB 50009—2012）和试验测得的各测点的平均风压系数 $C_{P\text{mean}, i}$，较易换算得到各测点的点体型系数 μ_{si} 为

$$\mu_{si} = C_{P\text{mean}, i} \times \left(\frac{300}{z_i}\right)^{0.24}$$

（2-17）

2.6.4　风洞试验结果分析

1. 风压系数分布特性

1）平均风压系数分析

对数据处理后的试验结果进行分析，发现上海天文馆表面结构主要受负风压，1，2，3，7，10 号分区（对应主副馆上表面和球幕影院表面）的整体负风压明显偏大，通常的屋盖破坏形式可知，屋盖破坏常为屋面板被吸起或卷走，因此屋盖在风荷载下的负风压分布是研究的重点。

表 2-17 列出了各测点的最大平均负风压系数。各分块中最大平均负风压系数或风压系数超过 -0.7 的还注明了风向角。

表 2-17　各测点最大平均负风压系数统计

点号	块　号									
	1	2	3	4	5	6	7	8	9	10
1	−0.49	−0.65	−0.49	−0.57	−0.19	−0.46	−0.46	−0.34	−0.46	−0.85 (165°)
2	−0.45	−0.70 (300°)	−0.41	−0.52	−0.24	−0.45	−0.52	−0.34	−0.50	−0.81
3	−0.09	−0.69 (315°)	−0.34	−0.47	−0.34	−0.51	−0.65 (150°)	−0.37	−0.49	−0.72
4	−0.51	−0.60	−0.38	−0.44	−0.39	−0.49	−0.55	−0.36	−0.56	−0.75
5	−0.39	−0.68	−0.39	−0.50	−0.33	−0.41	−0.59	−0.35	−0.52	−0.83
6	−0.43	−0.65	−0.41	−0.52	−0.32	−0.44	−0.44	−0.35	−0.49	−0.85
7	−0.38	−0.59	−0.30	−0.61	−0.45	−0.45	−0.45	−0.35	−0.43	−0.96 (150°)
8	−0.37	−0.68	−0.37	−0.58	−0.39	−0.39	−0.45	−0.35	−0.43	−0.91 (150°)
9	−0.38	−0.60	−0.30	−0.52	−0.45	−0.36	−0.48	−0.44	−0.48	−0.85
10	−0.47	−0.67	−0.32	−0.51	−0.37	−0.38	−0.57	−0.48	−0.51	−0.74
11	−0.42	−0.62	−0.39	−0.48	−0.39	−0.36	−0.50	−0.50	−0.49	−0.55
12	−0.50	−0.67	−0.42	−0.46	−0.37	−0.39	−0.57	−0.55	−0.50	−0.65
13	−0.40	−0.67	−0.28	−0.60	−0.36	−0.41	−0.55	−0.53	−0.59	−0.79
14	−0.45	−0.55	−0.34	−0.58	−0.41	−0.39	−0.46	−0.54	−0.63	−0.88 (165°)
15	−0.40	0.57	−0.37	−0.58	−0.35	—	−0.45	−0.53	−0.56	−0.60
16	−0.31	−0.48	−0.37	−0.60	−0.26	—	−0.46	−0.45	−0.52	−0.77
17	−0.32	−0.55	−0.32	−0.54	−0.34	—	−0.51	−0.46	−0.49	−0.88 (165°)
18	−0.35	−0.43	−0.51	−0.55	−0.31	—	−0.45	−0.41	−0.50	−0.69
19	−0.33	−0.47	−0.50	−0.50	−0.50	—	−0.47	−0.41	−0.55	−0.56
20	−0.45	−0.52	−0.51	−0.49	−0.31	—	−0.47	−0.43	−0.56	−0.58
21	−0.40	−0.54	−0.40	−0.46	−0.42	—	−0.46	−0.46	−0.47	−0.76
22	−0.56	−0.55	−0.50	−0.43	−0.36	—	−0.49	−0.45	−0.44	−0.68
23	−0.59	−0.55	−0.52	−0.45	−0.36	—	−0.49	−0.46	−0.54	−0.55
24	−0.46	−0.50	−0.45	−0.41	−0.32	—	−0.48	—	−0.47	−0.74
25	−0.46	—	−0.47	−0.48	−0.42	—	−0.47	—	−0.51	−0.84
26	−0.73 (255°)	—	−0.28	−0.41	−0.28	—	−0.44	—	−0.47	−0.64
27	−0.74 (105°)	—	−0.49	−0.50	−0.39	—	−0.42	—	−0.51	−0.51
28	−0.47	—	−0.37	−0.39	−0.50	—	−0.38	—	−0.50	−0.55

（续表）

点号	块　号									
	1	2	3	4	5	6	7	8	9	10
29	−0.50	—	−0.33	−0.51	−0.33	—	−0.43	—	−0.46	−0.78
30	−0.69 (315°)	—	0.06	−0.42	−0.36	—	−0.46	—	−0.44	−0.57
31	−0.75 (105°)	—	−0.26	−0.43	−0.48	—	−0.45	—	−0.46	−0.53
32	−0.48	—	−0.50	−0.41	−0.48	—	−0.42	—	−0.41	−0.70
33	−0.41	—	−0.34	−0.40	−0.41	—	−0.45	—	−0.40	−0.77
34	−0.78 (300°)	—	−0.37	−0.39	−0.11	—	−0.51	—	−0.40	−0.56
35	−0.76 (60°)	—	−0.60	−0.42	−0.19	—	−0.39	—	−0.40	−0.50
36	−0.46	—	−0.25	−0.35	−0.21	—	−0.43	—	−0.45	−0.52
37	−0.36	—	−0.47	−0.55	−0.22	—	−0.46	—	−0.43	−0.62
38	−0.68 (300°)	—	−0.57	−0.41	−0.22	—	−0.49	—	−0.45	−0.41
39	−0.79 (60°)	—	−0.14	−0.63	−0.32	—	−0.43	—	−0.46	−0.48
40	−0.44	—	−0.53	−0.54	−0.43	—	−0.45	—	−0.48	−0.68
41	−0.45	—	−0.42	−0.47	−0.53	—	−0.50	—	−0.46	−0.65
42	−0.39	—	−0.36	−0.50	−0.36	—	−0.55	—	−0.45	−0.54
	−0.74 (0°)	—	−0.34	−0.45	−0.31	—	−0.49	—	−0.46	−0.39
44	−0.49	—	−0.47	−0.43	−0.35	—	−0.58	—	−0.46	−0.38
45	−0.45	—	−0.43	−0.43	−0.46	—	—	—	−0.48	−0.44
46	−0.50	—	−0.30	−0.45	−0.51	—	—	—	−0.47	−0.54
47	−0.71 (315°)	—	−0.49	−0.46	—	—	—	—	−0.48	−0.57
48	−0.59	—	−0.58	−0.50	−0.45	—	—	—	−0.49	—
49	—	—	−0.38	−0.55	−0.38	—	—	—	−0.48	—
50	—	—	−0.64 (195°)	−0.52	−0.38	—	—	—	−0.46	—
51	—	—	−0.43	−0.59	−0.47	—	—	—	−0.47	—
52	—	—	−0.26	−0.64	−0.37	—	—	—	−0.47	—
53	—	—	−0.64 (240°)	−0.66	−0.47	—	—	—	−0.54	—
54	—	—	−0.62 (240°)	−0.60	−0.43	—	—	—	−0.55	—
55	—	—	−0.52	−0.58	−0.49	—	—	—	−0.48	—

(续表)

点号	块 号									
	1	2	3	4	5	6	7	8	9	10
56	—	—	−0.39	−0.56	−0.53	—	—	—	−0.51	—
57	—	—	−0.56	−0.50	−0.53	—	—	—	−0.53	—
58	—	—	−0.34		−0.48	—	—	—	−0.53	—
59	—	—		−0.46	−0.48	—	—	—	−0.55	—
60	—	—			−0.51	—	—	—	—	—

由上表可知,1 号分区最大负风压主要出现在月牙形凸起表面迎风边缘,对应的风向角恰好是迎流方向,说明风压在建筑表面角点和外形突变处具有较大分布。2 号分区的最大负风压值出现在测点 2～3 附近,对应风向角为 −300°,不是迎流面方向,说明该测点前的复杂外形对气流产生了影响,使其在测点 2～3 附近发生了漩涡的脱落。3 号分区由于在 −60°～+60° 风向角范围内有 1 号和 2 号分区的遮挡,故最不利风向角一般出现在 150°～240° 风向角之间,最大负风压位置出现在边缘位置,其规律与 1 号分区相似。5 号分区的负风压明显偏小,因为有一部分测点迎风面接近垂直,来流作用下会产生正压。3 号、7 号分区内部测点风压系数变化平缓,说明风压在建筑表面变化平缓的地方分布较为均匀。10 号区域对应天文馆的球幕影院部分,从试验结果看,这部分的负风压系数远远超过了其他分区,这提醒我们在设计该部分时应格外注意负风压对其结构表面的影响;10 号分区的最不利风向角出现在 150° 附近。

2)脉动风压系数分析

脉动风压系数反映紊流的分布情况,一般在外形突变处,如角点,迎风面边缘等部分具有较大值,这与平均风压系数的分布特性相似,在这里就不加赘述。

试验结果表明,10 号分区和 1 号分区屋面边缘等处脉动风压系数较大,也证明了前面的观点。

由脉动风压系数和平均风压系数可以得到各测点在 24 个风向角下的极值风压系数。对于每个测点的极值风压值,找出 24 个风向角中的一个最大值和一个最小值,分别称为该测点的最大极值风压和最小极值风压,可用于玻璃幕墙等围护结构设计。在 50 年重现期下,24 个风向角下建筑表面测点的前 20 个最小极值风压值、最大极值风压值分别列于表 2-18 和表 2-19 中。

表 2-18　24 个风向角下上海天文馆表面的前 20 个最小极值风压值　(kPa,A 类风场)

序号	工况	风场类型	测点号	50 年重现期
1	150°	A	10_007	−2.52
2	150°	A	10_008	−2.39
3	30°	A	01_039	−2.31
4	165°	A	10_017	−2.29
5	165°	A	10_005	−2.28
6	105°	A	01_031	−2.27
7	165°	A	10_001	−2.27
8	165°	A	10_014	−2.26
9	60°	A	01_035	−2.24
10	105°	A	01_027	−2.22

（续表）

序号	工况	风场类型	测点号	50 年重现期
11	165°	A	10_002	−2.22
12	165°	A	10_009	−2.20
13	165°	A	10_006	−2.20
14	195°	A	03_050	−2.13
15	300°	A	01_034	−2.13
16	165°	A	10_025	−2.13
17	165°	A	10_013	−2.12
18	165°	A	10_004	−2.10
19	165°	A	10_029	−2.09
20	150°	A	10_003	−2.02

表 2-19　24 个风向角下上海天文馆表面的前 20 个最大极值风压值　（kPa，A 类风场）

序号	工况	风场类型	测点号	50 年重现期
1	180°	A	09_006	1.28
2	240°	A	03_013	1.01
3	75°	A	05_054	0.88
4	105°	A	05_049	0.86
5	240°	A	03_012	0.86
6	135°	A	04_030	0.85
7	135°	A	04_028	0.84
8	285°	A	10_026	0.83
9	60°	A	04_009	0.81
10	90°	A	05_052	0.80
11	60°	A	04_018	0.80
12	165°	A	04_032	0.80
13	195°	A	03_030	0.79
14	105°	A	04_026	0.79
15	195°	A	10_040	0.79
16	15°	A	10_028	0.78
17	255°	A	03_014	0.78
18	240°	A	04_001	0.78
19	135°	A	05_048	0.78
20	180°	A	04_024	0.77

　　通过表 2-18 和表 2-19 对比就可以发现，平均风压系数中的最大值往往就是最大极值风压系数。

2. 上表面典型测点的风压系数随风向角的变化

1) 典型测点布置

大量研究表明,大跨度屋盖结构的上表面往往受到较大的负压力作用,在极端条件下屋面由于吸力而被掀起。因此在天文馆上表面布置了沿主场馆长、短轴的典型测点(图2-119),用以研究结构上表面风压系数的分布特性。图2-120为典型测点的平均风压系数随风向角的变化曲线。图2-121为典型测点脉动风压系数根方差随风向角的变化曲线。

2) 上表面风压系数分布规律

从图2-120我们可以看到屋面上的风荷载以吸力为主,最大负风压系数接近-0.8,较大的吸力主要分布在迎风的边缘位置,如长轴上的a2,a3点在0°角下和短轴上的b3,b5,b8在90°或270°角下均有较大的负风压系数。由图2-120中的风压分布规律可知,这是由于来流在这些位置发生了分离,在其上表面形成漩涡脱落,从而产生了较大负压。而如a5,a6,a7,b7这些内部点由于来流方向结构遮挡和外形变化平缓等原因,风压系数普遍偏小。

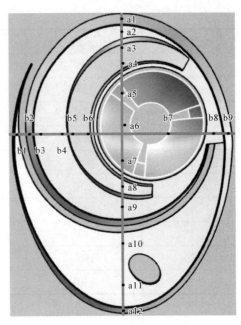

图 2-119　典型测点示意图

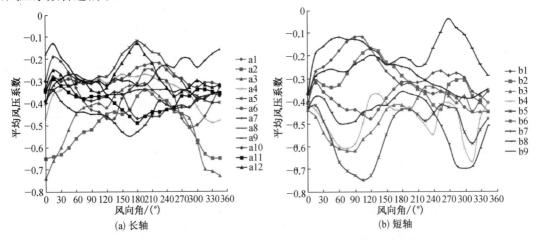

图 2-120　上表面典型测点的平均风压系数随风向角的变化

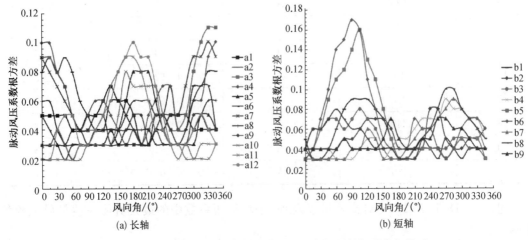

图 2-121　上表面典型测点的脉动风压均方根系数与风向角关系

由图2-121则可以发现天文馆上表面外形变化剧烈的测点在迎风角下(如a2,a3,a12在0°或180°迎风角下,b5,b6,b8在90°或270°迎风角下)具有明显较大的脉动风压值,这说明在气流分离区的风压脉动非常剧烈。因此,在平均风压系数较大的位置脉动风压往往也比较大。这说明脉动风压系数和平均风压系数的分布规律具有相似性,故平均风压的分布特性往往也能体现出极值风压系数分布的一些规律。

3. 体型系数分析

利用前述2.6.3节中的方法,我们可以得到各测点在24个风向角下的体型系数。对这些体型系数进行极大极小值统计发现,极小体型系数主要分布在屋面突起、形状突变处(如10号分区顶部、1号分区屋面边缘),上表面的体型系数比下表面的大;极大体型系数则主要分布在倾角较大的立面上(如4,5号分区)。最小体型系数出现在10−7测点(球幕影院顶部),为−1.52;最大体型系数出现在9−6测点(侧边坡道),为+0.8,与风压系数分布具有相似性。根据《建筑结构荷载规范》(GB 50009—2012)中表8.3.1第36项可知,对于球形屋盖顶部体型系数的规范取值为−1.0,可见最小体型系数已远超规范取值;又根据最接近侧边坡道类型的第24项知,坡道迎风面的体型系数规范取值为0.9,可见最大体型系数满足规范要求。

表2-20列出了上海天文馆各测点在所有风向角中的最大体型系数。

表2-20　上海天文馆各测点的点体型系数在所有风向角中的最大值

点号	块号									
	1	2	3	4	5	6	7	8	9	10
1	−0.26	−0.52	−0.16	−0.08	0.1	−0.1	−0.38	−0.02	−0.19	−0.85
2	−0.31	−0.56	−0.2	−0.07	0.07	−0.17	−0.32	−0.02	−0.16	−0.75
3	0.11	−0.56	−0.16	−0.17	0.07	−0.49	−0.15	0.02	−0.14	−0.77
4	−0.47	−0.54	−0.34	−0.04	−0.11	−0.49	−0.27	−0.03	−0.18	−0.65
5	−0.19	−0.54	−0.43	−0.05	0.18	−0.52	−0.38	−0.06	−0.18	−0.65
6	−0.24	−0.53	−0.42	−0.01	0.1	−0.54	−0.18	0.8	−0.72	
7	−0.09	−0.55	−0.23	0.02	0.02	−0.54	−0.4	−0.12	−0.3	−0.88
8	−0.18	−0.54	−0.21	0	−0.02	−0.29	−0.14	−0.16	−0.4	−0.84
9	−0.3	−0.52	−0.27	0.03	−0.06		−0.39	−0.12	−0.48	−0.83
10	−0.45	−0.58	0	−0.19	0	0.04	−0.04	−0.13	−0.46	−0.56
11	−0.27	−0.54	−0.28	−0.47	0.01	−0.1	−0.34	−0.09	−0.36	−0.65
12	−0.35	−0.58	0.07	−0.26	−0.05	0.03	−0.4	−0.11	−0.22	−0.4
13	−0.19	−0.57	0.13	−0.04	0.02	−0.37	−0.29	−0.13	−0.19	−0.25
14	−0.37	−0.4	0	0.01	−0.16	−0.29	−0.16	−0.13	−0.22	−0.46
15	−0.37	−0.53	−0.28	−0.05	−0.06	—	−0.2	−0.1	−0.17	−0.6
16	−0.27	−0.39	−0.06	0.04	0.08		−0.29	−0.14	−0.19	−0.58
17	−0.21	−0.54	−0.24	−0.04	0.03		−0.34	−0.19	−0.34	−0.55
18	−0.35	−0.43	−0.51	0.06	0.17		−0.2	−0.16	−0.56	−0.26
19	−0.21	−0.55	−0.41	−0.06	−0.18		−0.29	−0.23	−0.53	−0.24
20	−0.33	−0.49	−0.3	0.04	0.08		−0.31	−0.32	−0.35	−0.17

点号	块　号									
	1	2	3	4	5	6	7	8	9	10
21	−0.42	−0.53	−0.1	−0.06	0.13	—	−0.23	−0.43	−0.34	−0.09
22	−0.61	−0.5	−0.14	0.05	0.05	—	−0.42	−0.42	−0.51	−0.22
23	−0.43	−0.59	−0.14	−0.06	−0.05	—	−0.33	−0.46	−0.47	−0.39
24	−0.39	−0.37	−0.26	0.02	−0.1	—	−0.47	—	−0.46	−0.28
25	−0.41	—	−0.33	−0.06	−0.4	—	−0.38	—	−0.47	−0.22
26	−0.21	—	0.01	0.03	−0.03	—	−0.33	—	−0.22	0.05
27	−0.52	—	−0.43	−0.02	−0.11	—	−0.49	—	−0.19	−0.05
28	−0.39	—	−0.09	0.09	−0.11	—	−0.47	—	−0.15	0.01
29	−0.48	—	−0.04	−0.02	0.12	—	−0.41	—	−0.18	−0.45
30	−0.42	—	0.52	0.11	0.14	—	−0.31	—	−0.16	−0.36
31	−0.67	—	−0.13	−0.01	−0.05	—	−0.36	—	−0.18	−0.13
32	−0.51	—	−0.34	0.1	0.01	—	−0.45	—	−0.15	−0.03
33	−0.41	—	−0.3	−0.05	0.18	—	−0.47	—	−0.16	0.03
34	−0.52	—	−0.21	0.07	0.28	—	−0.47	—	−0.16	−0.12
35	−0.52	—	−0.58	−0.07	0.1	—	−0.38	—	−0.16	−0.22
36	−0.55	—	−0.14	0.02	0.16	—	−0.17	—	−0.18	−0.12
37	−0.23	—	−0.48	−0.1	0.1	—	−0.3	—	−0.17	−0.46
38	−0.5	—	−0.44	−0.06	0.1	—	−0.29	—	−0.12	−0.21
39	−0.46	—	0.03	−0.19	0.17	—	−0.39	—	−0.15	−0.04
40	−0.44	—	−0.33	−0.32	0.18	—	−0.27	—	−0.16	−0.05
41	−0.46	—	−0.1	−0.14	−0.15	—	−0.27	—	−0.1	−0.07
42	−0.23	—	−0.31	−0.21	0.09	—	−0.12	—	−0.12	−0.18
43	−0.5	—	−0.28	−0.22	0.2	—	−0.32	—	−0.08	−0.29
44	−0.43	—	−0.5	−0.21	0.1	—	−0.26	—	−0.08	−0.35
45	−0.37	—	−0.32	−0.11	0.11	—	—	—	−0.09	−0.31
46	−0.35	—	−0.14	−0.12	0.13	—	—	—	−0.09	−0.31
47	−0.47	—	−0.45	−0.13	−0.11	—	—	—	−0.07	−0.37
48	−0.56	—	−0.19	−0.1	0.15	—	—	—	−0.1	—
49	—	—	−0.22	−0.09	0.2	—	—	—	−0.12	—
50	—	—	−0.42	−0.13	0.14	—	—	—	−0.1	—
51	—	—	−0.52	−0.09	0.08	—	—	—	−0.14	—
52	—	—	−0.12	−0.05	0.15	—	—	—	−0.1	—
53	—	—	−0.48	−0.06	0.06	—	—	—	−0.13	—
54	—	—	−0.45	−0.07	0.23	—	—	—	−0.09	—

点号	块 号									
	1	2	3	4	5	6	7	8	9	10
55	—	—	−0.54	−0.06	0.06	—	—	—	−0.1	—
56	—	—	−0.37	−0.13	0.05	—	—	—	−0.07	—
57	—	—	−0.42	−0.17	0.12	—	—	—	−0.04	—
58	—	—	−0.13	—	0.21	—	—	—	−0.04	—
59	—	—	−0.14	—	0.08	—	—	—	−0.04	—
60	—	—	—	—	0.07	—	—	—	—	—

最大值: 0.80 (测点号: 9−6,风向角: 180 度,风场类型: A)。

4. 悬挑部分平均风压系数分析

考虑上海天文馆存在大规模悬挑结构,在结构抗风设计时应格外引起关注,故对其进行了平均风压系数分布特性的研究。按其曲面形状,又可将悬挑结构分为上平屋面、边缘斜上坡屋面、边缘斜下坡屋面和下平屋面 4 个部分,如图 2-122 所示。

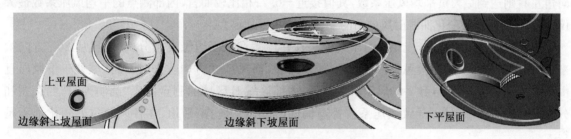

图 2-122 按曲面形状将悬挑结构分为 4 个部分

1) 上平屋面测点平均风压系数特性

对上平屋面典型测点在 24 个风向角下的平均风压系数进行分析,可以发现测点根据其位置可以明显地划分为两类。如图 2-123—图 2-125 所示。

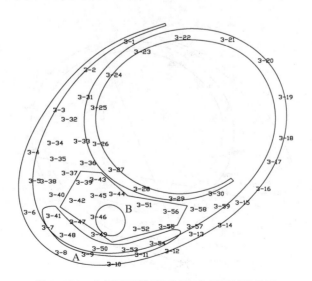

图 2-123 上平屋面边缘区域和内部区域的差异

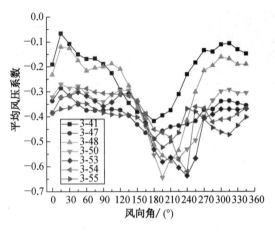

图 2-124　边缘(A)区域平均风压系数变化

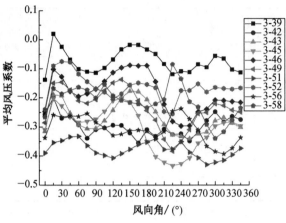

图 2-125　内部(B)区域平均风压系数变化

从图 2-124 和图 2-125 中可以发现,上平屋面边缘区域各测点随风向角的变化差异较大,且各测点的变化曲线具有一定规律性,即在 0°风向角下平均风压系数最小(绝对值,下同),而在 200°风向角左右则达到最大负平均风压系数,其值接近－0.7;相比较而言,内部测点的平均风压系数最大仅为－0.4 左右,且变化曲线随风向角的变化差异并不是很大。

造成上述现象的原因,应该是由于气流往往在屋盖迎风面边缘发生分离,当风从 200°方向吹来时,在屋盖边缘处产生漩涡脱落,从而形成负高压,而风从 0°方向吹来时,A 区域处于下风向且由于上风向结构遮挡,导致平均风压系数较低;内部区域 B 区域的测点由于"圆洞天窗"的存在和分离气流再附着等现象,导致风压系数普遍偏低,且由于"地势"平坦,在各风向角下变化都不是很大。

通过以上比较,我们得出的结论是对于上平屋面,需注意其边缘处的负风压,防止其值过大。

2) 边缘斜上下坡屋面测点平均风压系数特性

边缘斜上下坡屋面测点的平均风压系数分布规律相似,都是当与风向角呈垂直时风压系数较小,故把两者放在一起讨论。为了简化,只取 0°,90°,180°,270°风向角,这样得出的曲线吻合度更好,更能体现其分布特性。如图 2-126—图 2-130 所示即为边缘斜下坡屋面测点的种类划分和风压系数变化规律。

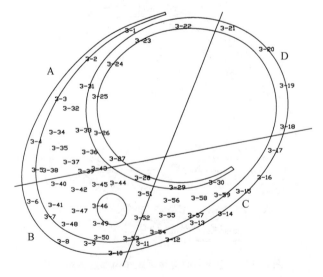

图 2-126　斜坡屋面按 0°,90°,180°,270°迎风角大致划分的 4 个区域

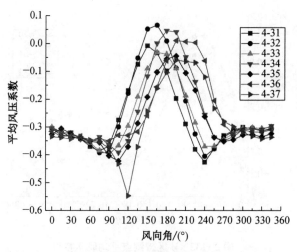

图 2-127　边缘斜下坡屋面 A 区域测点平均风压系数变化

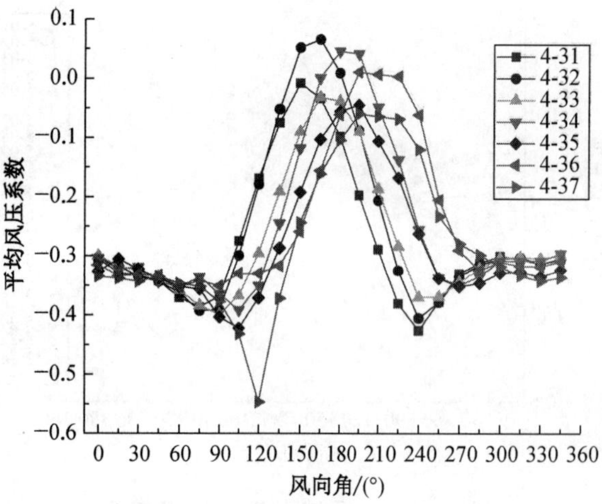

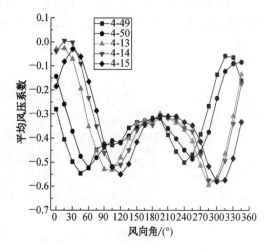

图 2-128　边缘斜下坡屋面 B 区域测点平均风压系数变化

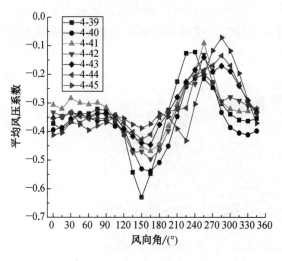

图 2-129　边缘斜下坡屋面 C 区域测点平均风压系数变化

图 2-130　边缘斜下坡屋面 D 区域测点平均风压系数变化

由以上这些图可以发现,坡屋面整体平均风压系数较低,这是由于当风吹向迎风面时,由于坡屋面倾角使得风对坡屋面产生一个正向的压力,从而减小了负压,从上图中我们也可以看到当风垂直吹向迎风面时,其平均风压系数绝对值最小。

3)下平屋面测点平均风压系数特性

下平屋面各测点的平均风压系数变化规律最为一致。根据变化规律相似性可分为两个区域(图2-131),A 区域和 B 区域的各测点的平均风压系数变化情况如图2-132 和图2-133 所示。

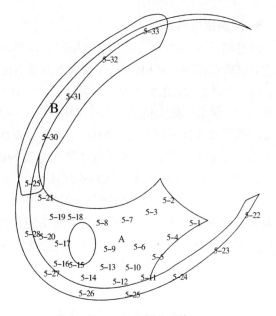

图 2-131　下平屋面分区情况

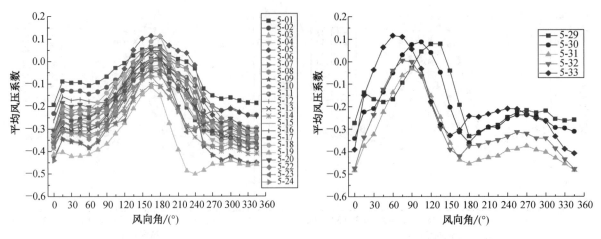

图 2-132　A 区域测点平均风压特性　　　　　图 2-133　B 区域测点平均风压特性

如图 2-134 所示,产生这种结果的原因是悬挑下表面及旁边的结构基座及地面相当于形成了一个半封闭区域,当风从 180°方向吹来时,风在这个区域里压缩,使得区域里的空气对下平屋面产生正压,从而导致除了左侧外边缘的测点外,其余测点普遍在 180°时平均风压系数最小,甚至出现正值。

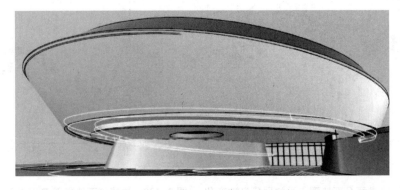

图 2-134　悬挑下表面和旁边的结构基座及地面形成了半封闭区域

5. 风洞试验小结

通过制作 1∶150 的上海天文馆缩尺比模型,并对该模型进行了刚性模型风洞测压试验研究,通过对试验数据的处理和分析,得到如下主要结论:

(1)上海天文馆表面主要以负风压为主。在球幕影院和建筑上表面迎风边缘、形状突变处的负风压明显较大。最大负风压出现在球幕影院顶部附近,对应的体型系数达到了-1.52,远超《建筑结构荷载规范》(GB 50009—2012)中球形屋顶面的-1.0 的规范值,在设计时应特别注意。

(2)脉动风压系数根方差体现了风压脉动的剧烈程度,往往平均风压较大的地方是气流分离区,故其脉动风压也较大,易出现极小风压。

(3)通过对上海天文馆悬挑部分的平均风压系数特性分析,得到了上平屋面、边缘上下斜坡屋面和下平屋面的平均风压系数随风向角变化的规律,可以得知在何种风向角下哪个位置易出现最不利负风压。另外,从整体上来看,边缘上下斜坡屋面和下平屋面的平均风压系数普遍较小,而上平屋面则会在 200°左右风向角作用下在其边缘区域出现较大的负风压系数,需引起格外重视。

2.6.5 数值模拟研究

1. 流场数值模拟方法

流场的数值模拟是以 Navier-Stokes 方程(绕流风的连续性方程及动量守恒方程)为基本控制方程,采用离散化的数值模拟方法求解流场。在 Navier-Stokes 方程求解过程中,采用直接数值求解(DNS)可精确描述绕流流动,但对高雷诺数绕流流动,这种数值模拟的计算量是难以承受的,在工程上常采用湍流模型来计算。湍流模型是模拟均值化的流场,对于难以分辨的小尺度涡在均值化过程时加以忽略,而被忽略的小尺度涡在湍流模型中却得以体现。

本研究报告采用基于时间平均的雷诺均值 Navier-Stokes 方程(RANS)模型中使用最广泛的 Realize 双方程湍流模型,数值模拟的计算方法及参数见表 2-21,其中扩散项、对流项的离散计算采用二阶离散格式来提高数值求解的精度,同时保证计算过程各变量最终的收敛残差达到 10^5 量级,以保证流场求解结果的准确与精度。

表 2-21 计算方法及参数

计算方法	有限体积法(FVM)
对流项离散格式	二阶迎风差分
扩散项离散格式	二阶中心差分
压力、速度耦合	Simple 算法
湍流模型	Realize k-ε 模型
网格数量	约 800 万

2. 边界条件设置及网格划分

1) 边界条件设置

流体入口边界条件:采用了来流 A 类风场的速度入口,风剖面指数取为 0.15,10 m 高度处的风速取为 50 年重现期对应的基本风压 0.55 kPa,出口边界条件为远场压力出口,建筑及周边均采用无滑移固壁条件,如图 2-135 所示。湍流强度 I_u 的取值如下:

$$I_u = \begin{cases} 1.249\ 6 \cdot z & z \leqslant 0.2\ \text{m} \\ 0.217 - 0.21 \cdot \ln(z + 0.014) & z > 0.2\ \text{m} \end{cases} \tag{2-18}$$

流场计算中在入口处以直接给定的湍动能 k 和湍流耗散率 ε 的形式给定入口湍流参数如式(2-19)所示:

$$k = \frac{3}{2}(u \cdot I_u)^2, \varepsilon = C_u^{3/4}\frac{k^{3/2}}{l} \tag{2-19}$$

式中,$C_u = 0.09$,$l = 0.07\ L$ 代表湍流积分尺度(L 为建筑物的特征尺寸)。

2) 流场域网格划分

上海天文馆空间几何模型的建立结合建筑的三维模型生成。网格采用由密至疏的渐变式

图 2-135 计算区域边界条件设置

网格,在计算结构处采用加密网格,向外围逐渐扩散,这样既保证了计算精度,又有效减少了网格数量,提高计算效率,体育馆表面网格细部如图 2-136 所示。

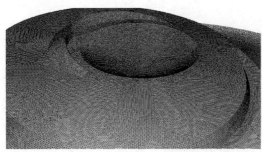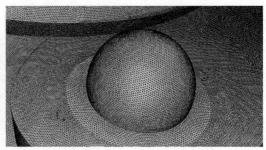

图 2-136　上海天文馆表面网格划分

3. 天文馆风荷载参数数值模拟

1) 风向角定义及结构分块

将风正对着从北往南方向定义为 0°风向角,风向角间隔 30°,顺时针旋转方向定义,共模拟了 12 个工况下的空间流场分布。

为了后续结果处理的方便,对每个区域的空间表面进行了分块处理,如图 2-137 所示。其中重点选取了主体结构的三个特征区域分别进行定义,分别为 A 区域、B 区域、C 区域及 D 区域。A 区域对应主体结构的最上部,B 区域对应大悬臂结构的上部、C 区域对应大悬臂结构的侧边,D 区域对应大悬臂结构的底部。

图 2-137　上海天文馆数值模拟分块布置示意图

2) 各风向角分块体型系数及风压

通过数值求解主体空间结构在不同风向角下的三维绕流场即可得到空间的流场分布,从而可评估各分块结构表面的风荷载参数分布,本书直接模拟得到的风荷载参数为结构的分块体型系数。

分块体型系数 μ_s 定义为风荷载大小与来流风速和参考面积的比值,如式(2-20)所示。

$$\mu_s = \frac{F}{\frac{1}{2}\rho u^2 A} \qquad (2-20)$$

式中　μ_s——对应分块的分块体型系数;

　　　F——该分块所受的风荷载;

　　　ρ——空气密度;

　　　u——来流风速;

　　　A——该分块的参考面积。

μ_s 方向的定义正值代表该风压垂直作用于结构表面,负值代表风压作用方向为垂直远离结构表面。0°风向角下结构各分块体型系数及流场如图 2-138 和图 2-139 所示。

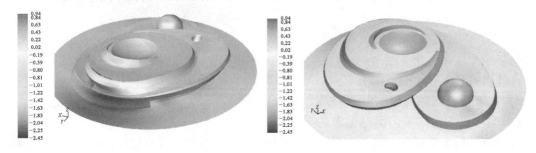

(a) 迎风侧　　　　　　　　　　　　(b) 背风侧

图 2-138　0°风向角下天文馆表面压力系数云图

图 2-139　0°风向角下天文馆整体流场

2.6.6　数值模拟与风洞试验对比分析

1. CFD 方法得到的结构表面风荷载分布特点

通过综合分析各个风向角下天文馆表面的风压分布,可以得到其分布的主要规律:

（1）结构整体表面的风压分布以不大负压为主,其中在迎风面会形成局部的正压区,最大负压区通常位于迎风面的结构表面,外形呈现台阶式变化区域。主要原因在于,在该区域气流绕流通过时会产生较为强烈的漩涡脱落,从而产生较小的负压,如图 2-140 所示。

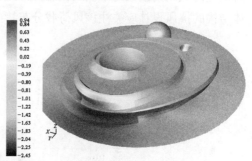

图 2-140　天文馆表面风压分布规律

（2）主体结构顶部的 a 区域的风压分布如图 2-141 所示,可以看出:在所有风向角下该区域风压都呈现出负压的分布,通常情况下的整体负风压都不强烈;在局部风向角下,靠侧边的分块会出现较为强烈的负压分布,主体结构的抗风设计对此应引起足够的重视。

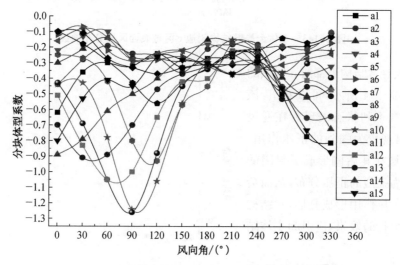

图 2-141　天文馆主体结构顶部 a 区域表面风压分布曲线

（3）主体大悬臂结构顶部的 b 区域的风压分布如图 2-142 所示,可以看出:在所有风向角下该区域风压都呈现出负压的分布,该区域风压较 a 区域风压数值上更大;在局部风向角下,靠侧边的分块会出现较为强烈的负压分布,主体结构的抗风设计应引起足够的重视。

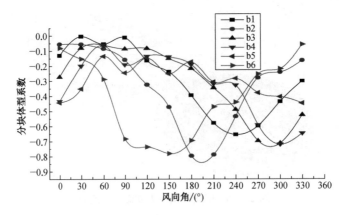

图 2-142　天文馆主体大悬臂结构顶部的 b 区域表面风压分布曲线

（4）主体大悬臂结构侧边的 c 区域的风压分布如图 2-143 所示，可以看出：该区域结构表面在迎风状态时，结构表现为较为强烈的正压作用，而在背风状态时表现为不明显的负压作用，负压较为强烈的风向角区域处于侧风状态时，即最大正压和最大负压的作用风向角为靠近的交替作用，主体结构的抗风设计应关注该风荷载分布特点。

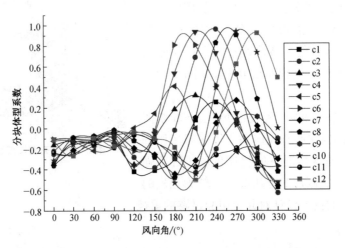

图 2-143　主体大悬臂结构侧边 c 区域表面风压分布曲线

（5）主体大悬臂结构下部的 d 区域的风压分布如图 2-144 所示，可以看出：该区域结构风荷载不利状态表现为在迎风状态时，结构出现较为强烈的正压作用，主要是下部区域在其后侧形成了封闭的状态而产生较为强烈的正压分布，从而会与顶部区域的负压作用形成叠加，对结构形成整体的向上抬的效果，应引起主体结构设计的重视。

2. 数值模拟与试验结果对比分析

选取主体结构顶部的 a，b，c，d 区域的特征位置分别进行表面风压分布对比，如图 2-145—图 2-148 所示。从数值模拟

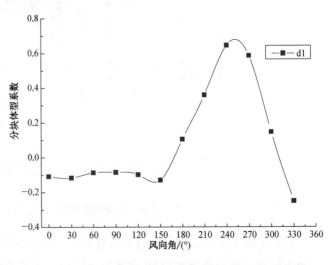

图 2-144　主体大悬臂结构下部 d 区域表面风压分布曲线

与风洞试验结果的对比可以看出：

（1）数值模拟与风洞试验结果的整体规律性是趋于一致的，且不同风向角下的极值相差不大，说明数值风洞模拟结果是可以被应用于复杂空间结构的抗风荷载设计工作当中。尤其是在项目方案确定阶段，可以借助数值风洞模拟工作来进一步优化空间结构的外形布置。

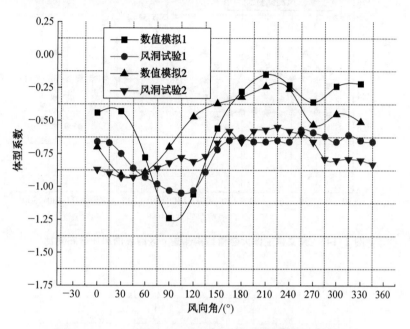

图 2-145　天文馆主体结构顶部 a 区域表面风压分布对比

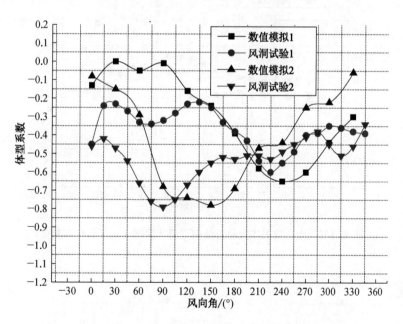

图 2-146　天文馆主体大悬臂结构顶部 b 区域表面风压分布对比

（2）本研究数值风洞模拟结果与风洞试验结果存在一定的差异性，其差异来源可能有：①数值模拟误差，尤其是针对空间复杂结构，网格划分的质量很难达到非常好的效果，因而数值风洞模拟的精度还有待于进一步提高；②数值模拟结果选取的是分块结果，而风洞试验选取的是测点结果，两者本身有一定的差异。

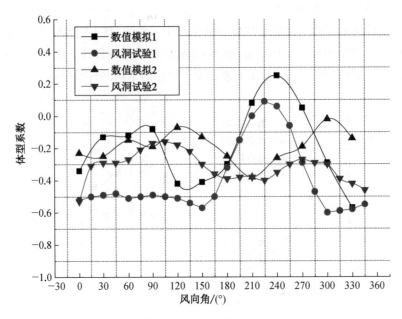

图 2-147　天文馆主体大悬臂结构侧边 c 区域表面风压分布对比

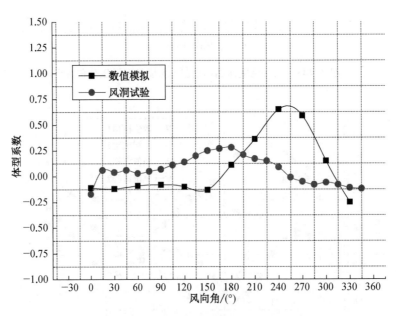

图 2-148　天文馆主体大悬臂结构下部 d 区域表面风压分布对比

2.7　结论

本章利用刚性模型风洞测压试验、BP 神经网络模拟方法和 CFD 数值模拟方法对上海天文馆表面结构风荷载分布特性进行研究,得到了以下主要结论:

(1) 上海天文馆表面总体以负风压为主,在外形突变处,如结构表面角点处和正对来流的迎风边缘处尤为明显,而在表面平缓处分布较为均匀。球幕影院部分的负风压明显高于其他位置,在进行抗风设计时应格外重视,其中最大负风压出现在球顶附近,对应的体型系数达到了 -1.52,超过了一般球形屋顶 -1.0 的规范值。

（2）天文馆表面平均风压和脉动风压的分布规律具有相似性，平均风压系数的最大值往往就是迎风面边缘气流分离所产生的极大负风压。

（3）对上海天文馆悬挑部分的研究表明，当风从 180°左右吹来时，会在悬挑部分下表面产生极大值正压，在上表面边缘区域产生极小值负压，因此可认为 150°～210°风向角范围为悬挑部分最不利工况状态。

（4）通过 BP 神经网络模拟方法可以将经风洞试验得到的有限的离散的风压信息泛化到整个结构表面。本文以天文馆 1 号分区的月牙形凸起表面为例，对其上测点进行了"已知风向角未知测点"和"已知测点未知风向角"两种情况的风压信息模拟，结果神经网络模拟对复杂体型建筑表面的模拟存在一定误差，但是预测的总体趋势与实际相近，可以用来在测点和风向角有限的情况下预测最不利负风压出现的位置和对应的最不利风向角。

（5）数值风洞模拟结果显示：结构整体表面的风压分布以不大负压为主，其中在迎风面会形成局部的正压区，最大负压区通常位于迎风面的结构表面外形呈现台阶式变化区域。主要原因在于，在该区域气流绕流通过时会产生较为强烈的旋涡脱落，从而产生较大的负压。

（6）数值模拟与风洞试验结果的整体规律性是趋于一致的，且不同风向角下的极值相差不大，说明数值风洞模拟结果可以应用于复杂空间结构的抗风荷载设计工作当中。尤其是在项目方案确定阶段，可以借助数值风洞模拟工作来进一步优化空间结构的外形布置。

参考文献

［1］隋伟宁，陈以一，王占飞. 鞍形垫板加强 T 形相贯节点极限承载力分析[J]. 同济大学学报（自然科学版），2012（07）：977-981.

［2］童乐为，陈苗，陈以一，等. 不同焊接方式下圆钢管节点力学性能的试验比较[J]. 结构工程师，2006（02）：57-62.

［3］周光毅，刘进贵，刘桂新，等. 大连国际会议中心关键施工技术[J]. 施工技术，2011（04）：32-36.

［4］张其林. 大型建筑结构健康监测和基于监测的性态研究[J]. 建筑结构，2011（12）：68-75.

［5］胡海岩，田强，张伟，等. 大型网架式可展开空间结构的非线性动力学与控制[J]. 力学进展，2013（04）：390-414.

［6］杜纯领，王伟，陈以一，等. 单层网壳 X 型圆管节点平面外抗弯刚度的参数分析与计算公式[J]. 建筑结构，2009（05）：45-48.

［7］赵宪忠，王帅，陈以一，等. 单向载荷作用下向心关节轴承球铰节点的受力性能[J]. 轴承，2009（09）：27-31.

［8］隋伟宁，陈以一，王占飞，等. 垫板加强圆主管和支管 T 形相贯节点抗拉性能研究[J]. 土木工程学报，2013（05）：22-30.

［9］李志强，陈以一. 方、矩形钢管混凝土剪切性能研究现状[J]. 建筑科学与工程学报，2013（03）：62-70.

［10］张梁，陈以一. 方钢管柱与 H 型钢梁连接形式评述[J]. 结构工程师，2009（04）：129-137.

［11］卞若宁，陈以一. 非贯通式铸钢节点应力分析和设计原则[J]. 建筑结构，2004（11）：34-36.

［12］瞿伟廉，滕军，项海帆，等. 风力作用下深圳市民中心屋顶网架结构的智能健康监测[J]. 建筑结构学报，2006（01）：1-8.

［13］赵必大，王伟，陈以一，等. 钢管混凝土柱-箱梁内加劲节点的性能研究[J]. 西安建筑科技大学学报（自然科学版），2010（01）：15-21.

［14］王伟，陈以一，赵宪忠. 钢管节点性能化设计的研究现状与关键问题[J]. 土木工程学报，2007（11）：1-8.

［15］李革，高海龙，侯先芹. 钢管相贯线焊接残余应力的有限元计算[J]. 兰州理工大学学报，2011（06）：116-119.

［16］李志强，王伟，陈以一. 钢桁架-圆钢管混凝土柱连接区段抗震性能试验研究与承载机理分析[J]. 建筑结构学

报,2013(07):47-55.

[17] 张其林,李晗,杨晖柱,等.钢结构健康监测技术的发展和研究[J].施工技术.2012(14):13-19.

[18] 陈自全,彭修宁,林海.钢结构节点抗震措施研究[J].广西大学学报(自然科学版),2008(S1):11-14.

[19] 陈以一,王伟,赵宪忠.钢结构体系中节点耗能能力研究进展与关键技术[J].建筑结构学报,2010(06):81-88.

[20] 楼瑜杰,童乐为,谢恩,等.高铁虹桥站钢桁架-钢管混凝土柱节点性能试验研究[J].建筑钢结构进展,2010(06):19-24.

[21] 孙伟,王飞,王伟,等.广西体育场空间相贯节点试验研究[J].钢结构,2009(10):1-5.

[22] 梁志.广州新白云国际机场航站楼主楼钢结构节点设计[J].钢结构,2001(06):5-8.

[23] 陈高峰,区彤,李红波,等.广州亚运城台球壁球综合馆结构设计[J].建筑结构学报,2010(03):97-104.

[24] 范重,彭翼,李鸣,等.国家体育场焊接方管桁架双弦杆KK节点设计研究[J].建筑结构学报,2007(02):41-48.

[25] 范重,胡纯炀,彭翼,等.国家体育场桁架柱内柱节点设计研究[J].建筑结构学报,2007(02):59-65.

[26] 范重,胡纯炀,彭翼,等.国家体育场桁架柱外柱节点设计研究[J].建筑结构学报,2007(02):73-80.

[27] 陈志华,吴锋,闫翔宇.国内空间结构节点综述[J].建筑科学,2007(09):93-97.

[28] 朱鸣,戴夫聪,张玉峰,等.哈尔滨大剧院结构设计研究[J].建筑结构,2013(17):39-47.

[29] 郑鸿志,童乐为,陈以一,等.哈尔滨会展体育中心屋架铸钢节点性能研究[J].工业建筑,2005(11):35-38.

[30] 王亚琴,宋杰,倪佳女,等.杭州国会中心焊接节点试验的设计与分析[J].结构工程师,2008(05):105-111.

[31] 宋杰,李阳,张其林,等.杭州国际会议中心巨型铸钢节点试验研究[J].建筑结构学报,2007(S1):98-103.

[32] 倪佳女,宋杰,王亚琴,等.杭州国际会议中心梁柱节点性能研究[J].钢结构,2008(06):12-17.

[33] 陈海洲,张其林,靳慧.杭州湾观光塔铸钢节点疲劳性能试验研究[J].建筑结构学报,2009(05):149-154.

[34] 宋继.基于试验研究基础上的复杂钢结构节点设计[J].山西建筑,2008(20):24-25.

[35] 马昕煦,陈以一.基于塑性铰线方法的主圆支方T形节点研究[J].力学季刊,2012(04):620-627.

[36] 李静斌,张其林,丁洁民.铝合金焊接节点力学性能的试验研究[J].土木工程学报,2007(02):25-32.

[37] 杨联萍,韦申,张其林.铝合金空间网格结构研究现状及关键问题[J].建筑结构学报,2013(02):1-19.

[38] 李静斌,张其林,丁洁民.铝合金栓接节点承载性能研究[J].建筑钢结构进展,2008(01):15-21.

[39] 蒋建平,李东旭.柔性空间结构高阶有限元模型与主动振动控制研究[J].宇航学报,2007(02):419-422.

[40] 陈以一,赵必大,王伟,等.三种构造型式的箱形截面梁与圆管连接节点受弯性能[J].建筑结构学报,2009(05):132-139.

[41] 王伟,陈以一,杜纯领,等.上海光源工程屋盖钢管节点平面外受弯性能试验研究[J].建筑结构学报,2009(01):75-81.

[42] 周春,曹国峰,顾嗣淳,等.上海国际赛车场巨型桁架结构设计与研究[J].空间结构,2005(01):18-23.

[43] 童乐为,周丽瑛,陈以一,等.上海旗忠网球中心屋盖支座圆管节点强度研究[J].建筑结构学报,2007(01):35-42.

[44] 汪大绥,周建龙,李时.上海铁路南站钢屋盖结构设计[J].土木工程学报,2006(05):1-8.

[45] 王朝波,赵宪忠,陈以一,等.上海铁路南站外柱异形铸钢节点承载性能研究[J].土木工程学报,2008(01):18-23.

[46] 郭宇飞,陈彬磊,张勇.深圳湾体育中心钢结构关键节点设计[J].建筑结构,2013(17):71-74.

[47] 王文渊,张松,张同亿,等.神农大剧院钢结构节点设计与研究[J].建筑结构,2013(03):16-20.

[48] 王洪军,张安安,张皓涵,等.世博轴阳光谷单层网壳钢节点承载性能研究[J].施工技术,2009(08):31-34.

[49] 张皓涵,张其林.世博轴阳光谷单层网壳栓接节点刚度简化计算[J].施工技术,2009(08):28-30.

[50] 徐正安.特殊钢结构节点在安徽省国际会议展览中心的应用[J].安徽建筑工业学院学报(自然科学版),2004(05):44-46.

[51] 张聿,刘明国,芮明倬,等.天津大剧院结构设计[J].建筑结构,2012(05):119-124.

[52] 李志强,王伟,陈以一,等.铁路客站钢桁架-方钢管混凝土柱节点构造优化与试验研究[J].建筑结构,2013(13):63-66.

[53] 李宏男,高东伟,伊廷华.土木工程结构健康监测系统的研究状况与进展[J].力学进展,2008(02):151-166.

[54] 童乐为,王斌,陈苗,等.弯曲弦杆的圆钢管节点静力性能研究[J].建筑结构学报,2007(01):28-34.

[55] 邵铁峰,王伟,陈以一.网壳结构复杂多支管连接的试验研究[J].工程力学,2012(S2):144-148.

[56] 董石麟,赵阳,周岱.我国空间钢结构发展中的新技术、新结构[J].土木工程学报,1998(06):3-14.

[57] 赵基达,钱基宏,宋涛,等.我国空间结构技术进展与关键技术研究[J].建筑结构,2011(11):57-63.

[58] 汪菁,瞿伟廉,黎洪生,等.屋顶网架结构监测系统硬件安装关键技术研究[J].武汉理工大学学报,2007(01):132-134.

[59] 沈世钊.现代空间结构与奥运场馆建设[J].中国工程科学,2008(08):12-21.

[60] 周黎光,章梓茂.新型钢结构节点抗震性能有限元分析比较[J].建材技术与应用,2004(01):3-6.

[61] 徐网生,李晋昌.新型空间结构与网格结构在实际应用中的比较[J].空间结构,2000(04):53-57.

[62] 李黎明,陈以一,李宁,等.新型外套管式梁柱节点多因素分析研究[J].工程力学,2009(11):60-67.

[63] 张慎伟,张其林,周向阳,等.中国航海博物馆关节轴承节点承载力试验研究[J].建筑结构,2009(09):80-83.

[64] 陈鲁,李亚明,张其林,等.中国航海博物馆双曲面索网缩尺模型试验研究[J].施工技术,2008(11):8-10.

[65] 欧进萍.重大工程结构智能传感网络与健康监测系统的研究与应用[J].中国科学基金,2005(01):10-14.

[66] 黄鹏,顾明.天气边界层风场模拟及测试技术的研究[J].同济大学学报,1999,29(6):40-44.

[67] 中华人民共和国住房和城乡建设部.建筑结构荷载规范:GB 50009—2012[S].北京:中国建筑工业出版社,2012.

[68] 中国工程建设标准化协会.点支式玻璃幕墙工程技术规程:CECS127[R].2001.

[69] 石启印,李爱群,李培彬,等.北京机场新塔台结构风洞试验研究[J].土木工程学报,2004,37(8):28-32.

[70] 朱川海,顾明.大型体育场主看台挑蓬抗风研究现状及展望[J].空间结构,2005,11(2):27-33.

[71] 日本建筑协会(AIJ).房屋荷载建议[R].1995.

[72] 程志军,楼文娟,孔炳楠,等.屋面风荷载及风致破坏机理[J],建筑结构学报,2000,21(4):39-47.

[73] Cook N J. The designer's guide to wind loading of building structures[J]. General Information, 1985.

[74] 周暄毅.大跨度屋盖结构的风荷载及风致响应研究[D].上海:同济大学,2001.

[75] 丁洁民,方江生,王田友.复杂体型大跨屋盖结构的抗风研究[J].建筑结构(增刊),2006:290-295.

[76] 周暄毅,顾明.大跨度屋盖表面风压系数的试验研究[J].同济大学学报(自然科学版),2002,30(12):1423-1428.

[77] 黄鹏.高层建筑风致干扰效应研究[D].上海:同济大学,2001.

[78] 傅继阳,谢壮宁,倪振华.大跨屋盖结构风压分布特性的模糊神经网络预测[J].建筑结构学报,2002,23(1):62-67.

[79] 高隽.人工神经网络原理及仿真实例[M].北京:机械工业出版社,2003.

[80] 石启印,李爱群,李培彬,等.北京机场新塔台结构风洞试验研究[J].土木工程学报,2004,37(8):28-32.

[81] 王承启.复杂体型建筑风荷载数值模拟及试验研究[D].重庆:重庆大学,2006.

[82] 刘娟.大跨屋盖结构风荷载特性及抗风设计研究[D].成都:西南交通大学,2011.

[83] Wind tunnel studies of buildings and structures, ASCE manuals and reports on engineering practice No. 67, Task committee on wind tunnel testing of buildings and structures [R]. Aerodynamics committee aerospace division, American Society of Civil Engineers, 1999.

[84] Davenport A G, Isyumov N, Jandali T. A Study of wind effects for the sears project [R]. University of Western Ontario, Engineering Science Report, 1971.

[85] 董聪,郦正能,夏人伟,等.多层前向神经网络研究进展及若干问题[J].力学进展,1995,25(2):186-196.

第 2 篇

大型公共建筑节能技术集成应用和展示

本课题拟通过国内外文献调研及国内相关天文馆建筑建设经验分析，以上海科技馆新馆天文台项目为载体，针对上海天文馆的展示区多为高大空间，解决建筑能耗高、节能困难大的特点，将地源热泵空调、雨水回收、绿色生态的节能技术整合应用到此项目中，打造绿色天文馆，发挥好大型科普建筑的节能示范作用。

绿色建筑涉及许多不同的技术，一个项目同时使用多个绿色节能技术，其效果会产生相互影响。如何实现多项绿色节能技术的集成运用是本研究致力的要点之一。本课题通过系统的风险识别、风险分析与风险控制措施分析，结合文献研究和上海天文馆项目特征，采用层次分析法对上海天文馆项目绿色节能技术风险开展专业性研究。

据统计，中国建筑能耗总量逐年上升，近年来在能源消费总量中所占比例已上升到27.8%，成为未来我国能源消费的主要增长点。利用上海天文馆的自然条件，研究岩土体热物性参数原位测试方法、地下水渗流对地埋管换热器换热能力的影响、地埋管换热系统施工问题总结和施工质量检验等关键技术，实现地热能高效转化，降低不可再生资源的消耗量，减少对环境的污染，打造绿色建筑。

第3章

大型公共建筑节能技术风险控制研究

3.1 绪论

3.1.1 研究背景

建筑节能是当今全世界建筑行业共同面对的重要技术领域,而绿色节能技术发展应用中各种不完善问题为其各项技术应用带来了众多潜在的风险因素,科学系统地进行风险管理、提出合理的风险应对措施、全面开展风险控制,是进一步优化绿色节能技术实施、提高绿色节能技术应用成功率和有效性的核心之一。

上海天文馆项目设计方案的先进性与高标准的建设目标令其与国内同类工程相比面临着更多挑战,在配套绿色节能技术的应用风险控制与管理方面更需要深入研究。

3.1.2 研究方法

综合采用文献分析、考察调研、专家访谈等方法开展研究。结合上海天文馆项目的实际特征和所采用的主要绿色节能技术特点,依据风险识别、风险分析与评估、风险应对与控制的理论思路进行系统性研究,如图 3-1 所示。

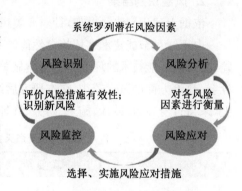

图 3-1 风险管理研究流程示意图

3.2 绿色节能技术风险控制研究

3.2.1 上海天文馆项目绿色节能技术风险识别

1. 风险识别路径

在风险项目上,针对本项目采用的主要绿色节能技术进行风险识别,主要包括地源热泵、太阳能光热光电系统、种植屋面与导光管系统,同时,亦对包括其他绿色节能技术在内的所有技术集成应用风险进行综合识别。

在风险要素上,可以从项目内部风险和外部风险两方面进行考量。其中,外部风险主要包括与各风险项目相关的自然环境风险、经济风险、社会风险、政策风险等;内部风险则主要包括自身技术风险、设计风险、施工风险、财务风险、管理风险等。以此构建本项目绿色节能技术风险的识别路径结构如图 3-2 所示。

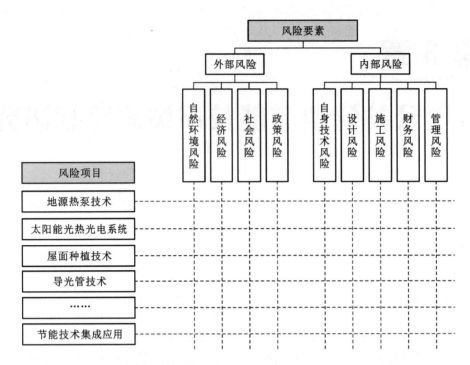

图 3-2　上海天文馆项目绿色节能技术风险识别路径结构示意图

2. 风险识别结果

依据上述识别路径框架,针对 5 类风险项目进行逐一识别,风险识别结果汇总如表 3-1 所示。

由于绿色节能技术多依赖自然能源和新能源,因此在外部风险方面主要集中于自然环境的风险,而绿色节能技术的环保节能效益显著,目前多受到国家政府和人民的大力支持,因此其在经济、社会、政治方面的风险较小,在本研究后续讨论中对此方面问题也将不再予以考虑。但在内部风险上,来自自身技术、设计、施工、财务、管理等各方面的风险大多普遍存在。

表 3-1　上海天文馆项目绿色节能技术风险识别汇总

风险项目	风险要素		风险事件
地源热泵技术	外部风险	自然环境风险	地基适宜性不确定
			造成地下环境恶化
	内部风险	技术风险	场地受限难以实现能量交换
			岩土热物性勘探准确性不足
			换热器与热泵系统不匹配
		设计风险	设计资料获取准确性与真实性不足
			热源井/埋管的选择确定不合理
		施工风险	地下隐蔽工程施工质量欠缺
			地源井/地埋管施工工艺不合理
			复杂系统安装能力不到位
		管理风险	维护困难
		财务风险	初期投资过大

（续表）

风险项目	风险要素		风险事件
太阳能光热光电技术	外部风险	自然环境风险	太阳能源不足
			引起周边环境污染
	内部风险	技术风险	太阳能产品安全隐患
			太阳能组件能源转化率不足
		设计风险	建筑布局与朝向不合理
			屋面、建筑设计与太阳能系统匹配不当
		施工风险	高空施工安全隐患
			通电调试安全隐患
			太阳能系统外部接收装置安装朝向不正确
		管理风险	系统组件与设备运维难度大
			高空运维安全隐患
屋面种植技术	外部风险	自然环境风险	极端不可抗力天气影响
	内部风险	技术风险	种植植物配置不合理
			防水材料选择不当
		设计风险	结构安全存在隐患
			系统功能欠缺
		管理风险	屋面植物养护不当
			屋面种植维护不当
		财务风险	维保费用意外增加
导光管技术	外部风险	自然环境风险	外部自然光源不足
	内部风险	技术风险	导光筒反射材料与集光器材料选择不当
		设计风险	与人工光源无法合理集成
			系统设备布置点设计不合理
多技术集成	外部风险	自然环境风险	自然条件不确定性
	内部风险	技术风险	不同技术系统间匹配不当或冲突
		设计风险	基础调研信息可靠性不足
			不同技术专业设计冲突
		施工风险	施工安全隐患
			施工顺序与流程不合理
		管理风险	综合运维专业知识水平不足
		财务风险	增量投资成本高

3.2.2　上海天文馆项目绿色节能技术风险分析

1. 风险分析路径

基于风险识别结果设计专家调研表，针对各风险事件发生概率和风险事件后果严重性分别向本项目相关的业主单位、设计单位、监理单位和施工单位相关人员进行调研与打分，综合得出各风险事件的风险等级。在此基础上通过层次分析法计算得出各风险事件与风险要素的权重,从而对各风险项目和绿色节能技术整体应用风险水平等级进行综合判定,如图 3-3 所示。

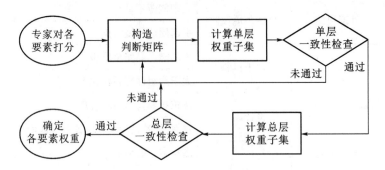

图 3-3　利用层次分析法进行风险分析流程示意图

2. 风险分析过程

以"地源热泵技术"的风险分析过程为例进行示意说明。

对地源热泵技术风险项目编码为"A",形成递阶层次结构,如图 3-4 所示。

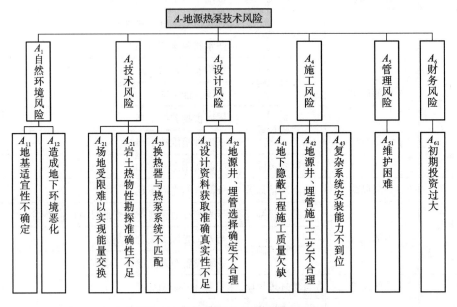

图 3-4　地源热泵技术风险层次结构

1) 风险事件相对权重计算

根据专家打分结果,对地源热泵技术各风险因素下的各风险事件构建判断矩阵并计算得到对应的相对权重。

以"自然环境风险"为例,其相对权重计算如表 3-2 所示。

表 3-2　地源热泵技术"自然环境风险"权重计算

A_1	A_{11}	A_{12}	按行相乘	n 次方	权重 W_{1i}
A_{11}	1	2	2.000 0	1.414 2	0.67
A_{12}	0.5	1	0.500 0	0.707 1	0.33
合计	1.5	3	2.500 0	2.121 3	1.00

综合计算得出地源热泵技术"自然环境风险"因素(A_1)的概率水平为

$$P(A_1) = \sum_{i=1}^{2} p(Al_i)w_{1i} = 0.20$$

同理,可依次计算得出地源热泵技术的"技术风险""设计风险""施工风险""管理风险"和"财务风险"各因素的概率水平及各风险事件的相对权重。

2) 主要风险因素与主要风险事件分析

(1) 风险因素相对权重计算。

根据专家打分结果,对地源热泵技术各风险因素构建判断矩阵并计算得到对应的相对权重,如图 3-5 所示。

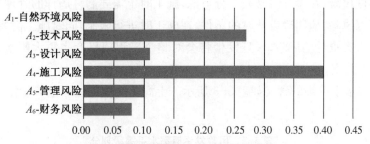

图 3-5　地源热泵技术风险因素权重分布

由此可知,在上海天文馆项目地源热泵技术的各项风险因素中,施工风险(A_4)与技术风险(A_2)具有相对较高的风险等级,在项目进行过程中应予以重点关注和控制。

(2) 主要风险事件分析。

结合上述各风险因素和风险事件的相对权重,可计算得到地源热泵技术各风险事件的绝对权重 $P'(A_{ij}) = P(W_i) \times P(W_{ij})$,结果如图 3-6 所示。

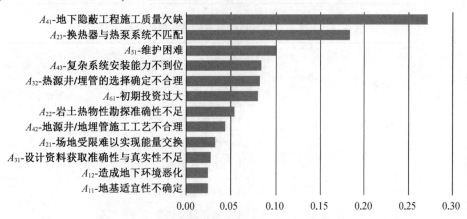

图 3-6　地源热泵技术风险事件绝对权重分布

由此可知,在上海天文馆项目地源热泵技术的各项风险事件中,地下隐蔽工程施工质量欠缺(A_{41})和换热器与热泵系统不匹配(A_{23})具有相对较高的风险等级,在项目进行过程中应予以重点关注和控制。

3) 风险项目水平

结合上述地源热泵技术各风险因素的概率水平和权重值,可综合计算得出地源热泵技术(A)的总风险概率水平为

$$P(A) = \sum_{i=1}^{6} P(A_i)W_i = 0.47$$

该风险水平为三级,即在上海天文馆项目中,地源热泵技术风险属于偶尔发生的中度风险,是基本可控的。

3. 风险分析结果汇总

同理,可对"太阳能光热光电技术""屋面种植技术""导光管技术"和"多技术集成"其他 4 类风险项目进行逐一分析。

针对上海天文馆项目绿色节能技术的风险分析结果汇总如表 3-4 所示。其中,各风险等级的内涵如下:

(1)R_1 为可接受风险,基本上可以不予考虑;

(2)R_2 为轻度风险,通过设计上的注意及施工时的日常管理可以消除;

(3)R_3 为中度风险,在设计时必须充分考虑,施工时也需要制订周详的管理计划;

(4)R_4 为重度风险,应明确设计时的条件,在施工时进行限制,同时施工需要进行集中管理;

(5)R_5 为极大灾难性的风险,一旦发生将会对整个工程项目产生重大影响,不得采用导致该结果的设计与施工方案。

风险发生概率水平等级的含义如表 3-3 所示。上海天文馆项目绿色节能技术风险分析汇总表如表 3-4 所示。

表 3-3　风险发生概率水平等级划分

风险概率水平等级	P 值	发生频率
一级	≥0.8	很频繁
二级	0.6~0.8	频繁
三级	0.4~0.6	偶尔
四级	0.2~0.4	较少
五级	0~0.2	非常少

表 3-4　上海天文馆项目绿色节能技术风险分析汇总

风险项目		风险要素			风险事件			
项目	风险水平	要素	风险权重	风险水平	事件	风险等级	相对权重	绝对权重
A-地源热泵技术	0.47（三级）	A_1-自然环境风险	0.05	0.20	A_{11}-地基适宜性不确定	R_2	0.67	0.03
					A_{12}-造成地下环境恶化	R_2	0.33	0.02
		A_2-技术风险	0.27	0.47	A_{21}-场地受限难以实现能量交换	R_1	0.12	0.03
					A_{22}-岩土热物性勘探准确性不足	R_1	0.20	0.05
					A_{23}-换热器与热泵系统不匹配	R_4	0.68	0.18
		A_3-设计风险	0.11	0.40	A_{31}-设计资料获取准确性与真实性不足	R_2	0.25	0.03
					A_{32}-热源井/埋管的选择确定不合理	R_3	0.75	0.08
		A_4-施工风险	0.40	0.54	A_{41}-地下隐蔽工程施工质量欠缺	R_4	0.68	0.27
					A_{42}-地源井/地埋管施工工艺不合理	R_2	0.11	0.04
					A_{43}-复杂系统安装能力不到位	R_2	0.21	0.08
		A_5-管理风险	0.10	0.40	A_{51}-维护困难	R_2	1.00	0.10
		A_6-财务风险	0.08	0.40	A_{61}-初期投资过大	R_2	1.00	0.08

（续表）

风险项目		风险要素			风险事件			
项目	风险水平	要素	风险权重	风险水平	事件	风险等级	相对权重	绝对权重
B-太阳能光热光电技术	0.48（三级）	B_1-自然环境风险	0.15	0.55	B_{11}-太阳能源不足	R_3	0.75	0.11
					B_{12}-引起周边环境污染	R_1	0.25	0.04
		B_2-技术风险	0.26	0.50	B_{21}-太阳能产品安全隐患	R_3	0.75	0.20
					B_{22}-太阳能组件能源转化率不足	R_1	0.25	0.07
		B_3-设计风险	0.11	0.20	B_{31}-建筑布局与朝向不合理	R_1	0.33	0.04
					B_{32}-屋面、建筑设计与太阳能系统匹配不当	R_1	0.67	0.07
		B_4-施工风险	0.39	0.51	B_{41}-高空施工安全隐患	R_3	0.64	0.25
					B_{42}-通电调试安全隐患	R_2	0.26	0.10
					B_{43}-太阳能系统外部接收装置安装朝向不正确	R_2	0.10	0.04
		B_5-管理风险	0.09	0.53	B_{51}-系统组件与设备运维难度大	R_2	0.33	0.03
					B_{52}-高空运维安全隐患	R_3	0.67	0.06
C-种植屋面技术	0.37（四级）	C_1-自然环境风险	0.11	0.40	C_{11}-极端不可抗力天气影响	R_3	1.00	0.11
		C_2-技术风险	0.41	0.35	C_{21}-种植植物配置不合理	R_2	0.75	0.31
					C_{22}-防水材料选择不当	R_1	0.25	0.10
		C_3-设计风险	0.18	0.33	C_{31}-结构安全存在隐患	R_3	0.67	0.12
					C_{32}-系统功能欠缺	R_2	0.33	0.06
		C_4-管理风险	0.21	0.40	C_{41}-屋面植物养护不当	R_2	0.50	0.11
					C_{42}-屋面种植维护不当	R_2	0.50	0.11
		C_5-财务风险	0.09	0.40	C_{51}-维保费用意外增加	R_2	1.00	0.09
D-导光管技术	0.45（三级）	D_1-自然环境风险	0.30	0.60	D_{11}-外部自然光源不足	R_3	1.00	0.30
		D_2-技术风险	0.54	0.40	D_{21}-导光筒反射材料与集光器材料选择不当	R_3	1.00	0.54
		D_3-设计风险	0.16	0.33	D_{31}-与人工光源无法合理集成	R_1	0.33	0.05
					D_{32}-系统设备布置点设计不合理	R_2	0.67	0.11
E-多技术集成	0.55（三级）	E_1-自然环境风险	0.10	0.60	E_{11}-自然条件不确定性	R_3	1.00	0.10
		E_2-技术风险	0.38	0.60	E_{21}-不同技术系统间匹配不当或冲突	R_4	1.00	0.38
		E_3-设计风险	0.15	0.50	E_{31}-基础调研信息可靠性不足	R_1	0.25	0.04
					E_{32}-不同技术专业设计冲突	R_3	0.75	0.11
		E_4-施工风险	0.25	0.53	E_{41}-施工安全隐患	R_4	0.67	0.17
					E_{42}-施工顺序与流程不合理	R_2	0.33	0.08
		E_5-管理风险	0.08	0.40	E_{51}-综合运维专业知识水平不足	R_2	1.00	0.08
		E_6-财务风险	0.05	0.40	E_{61}-增量投资成本高	R_1	1.00	0.05

3.2.3 上海天文馆项目绿色节能技术风险应对

根据各种技术风险的不同特征,可以从接受风险、风险规避、降低风险、风险转移或分担等不同角度分别提出主要的风险应对措施。

1. 地源热泵技术风险应对措施

(1)前期要进行完备的准备工作和可行性分析,准确做好岩土分析、导热测试等工作。一般情况下在项目设计前要进行热物性测试实验和地质检测报告等,通过热物性测试得出平均单位管长吸热量从而通过软件计算得出室外管长,且可以根据地质检测报告选择室外地埋管的深度和地源热泵技术的应用类型及形式等。根据项目规模和项目的建筑类型以及建筑的冷热平衡度选择不同类型的地源热泵技术。同时应准确考察周边环境包括邻近工程场区的建筑情况、土壤源地源热泵系统使用情况、埋管场地、市政管线走向等基础设施情况,以对本项目地源热泵系统设备进行统筹规划。

(2)在进行岩土层热物性测试前,对于测试仪器、测试内容、测试方法与操作步骤等制定统一的使用规程和标准,以减少热物性测试对地埋管设计计算的差异性影响。

(3)在地源热泵地埋管水平埋管与垂直埋管方式选择上,综合考虑项目占地面积、维护费用、工程量、前期投入、应用效果、换热性能等因素,结合上海市人口密集的特点、夏热冬冷需要和冬夏联动应用的气候环境条件,本项目应选择垂直埋管方式更为合适,风险相对更小。

(4)在开展地源热泵地埋管设计工作之前,应结合项目基地实际情况合理选择地源热泵埋管管材材质。目前,市面上比较常见的管材是由乙烯、聚丁烯材质制作而成的,因为它们在工作的时候即使弯曲也不会改变工作效率,同时因为这些材质是由热熔形成的,所以形状和状态的保持也更加稳定,不容易发生变形、变质,因此选用这些材质的地埋管会有更长的使用寿命。

(5)每年委托有资质的管理检测单位定期对项目使用的地源热泵系统各项参数进行标定与检验,并出具书面检验报告书,以便及时发现系统本身可能出现的漏洞或老化等问题,排除非人为操作因素带来的隐患。

2. 太阳能光热光电技术风险应对措施

(1)在保证太阳能系统组件与支架连接可靠的基础上,可在楼顶组件间专门设计"维修及清洗通道",以方便后续对太阳能热水系统组件进行维修、更换及清洗工作。针对太阳能热水系统的用水用能情况应设置独立的仪表进行计量以反映系统的节效能果和具体运行情况。

(2)强化对于太阳能产品的全面比选,结合项目实际使用要求对其强度、硬度、供水范围、保证率等指标进行严格考察,并应通过历史数据系统分析备选产品的系统稳定性与可靠性,综合选取最优化的太阳能产品组合。

(3)太阳能热水系统的温度监测和控制系统对保证太阳能热水系统的稳定运行,提高太阳能热水系统的节效能果有很好的作用,建议在进行太阳能热水系统设计时配备控制系统。

(4)在那些利用太阳能光热光电系统提供电源的场所加设人工光源或应急光源,以应对在太阳光源匮乏导致电力不足的情况下,仍能保持上海天文馆内光照强度和光照时间的稳定性。

3. 屋面种植技术风险应对措施

(1)屋面种植工程设计应遵循"防、排、蓄植并重,安全、环保、节能、经济,因地制宜"的原则,并考虑施工环境和工艺的可操作性。在进行结构承载力设计时必须包括种植荷载。

(2)应结合上海的气候环境、天文馆的景观与美化要求、植物的生长特征、滞尘降温能力和维护便利性等因素综合选取适宜的植被种类。

(3)应特别重视屋面种植防水层的设计,防水层的合理使用年限应≥15年。应采用二道或二道以上防水层设防,最上道防水层必须采用耐根穿刺防水材料,且防水层的材料应相容。

(4) 定期查看植物的生长情况,着重检查植物根系对防水层结构是否存在威胁以便及时采取相应措施。

4. 导光管技术风险应对措施

(1) 在对导光管系统进行布置的过程中,要注意将其与建筑本身所设置的采光门窗之间保持相当的距离,两者不得互相干扰。

(2) 在对坡屋面上阴面的系统进行布置的过程中,应将集光器尽可能布置在较高的位置处,而且要与其他设备保持相对较远的距离,可将集光器设置在屋脊的上部位置,以保障光线收集的有效性。

(3) 在对集光器进行设置时,要将其与女儿墙之间的距离进行适当拉远,两者之间的距离最好保持在 2 m 以上,这样才能够有效地进行采光。

(4) 选用具有高反射比的材料是提高导光筒效率的关键,通常要求导光筒反射材料的反射比高于 0.95。同时应注意合理选用气密性能、水密性能、抗风压性能和抗冲击性能较好的集光器材料。

(5) 在利用导光管系统提供电源的场所加设人工光源或应急光源,以应对在自然光源匮乏导致电力不足的情况下,仍能保持上海天文馆内光照强度和时间的稳定性。

5. 绿色节能技术集成风险应对措施

(1) 应针对绿色节能技术系统的集成设计做好前期的充分可行性调研与研究,结合上海天文馆项目的实际情况选择合理的材料与设施设备,保证最佳可用性与使用效率。

(2) 对于具有共通性的技术系统可以考虑统筹设计与施工,从而简化流程,同时降低重复成本。

(3) 在多项绿色节能技术的集成设计过程中,尽可能对于不同的技术专业采取集成共同工作机制,及时沟通、交流问题,减少设计信息的冲突与碰撞。

(4) 在充分利用自然能源的同时,合理加设人工能源设备,以应对天气或气候条件不佳状况下,或出现不可抗力时仍能保证上海天文馆项目的正常稳定运行。

6. 其他通用性风险应对措施

(1) 应选择经验丰富、技术到位的施工与安装企业,保证系统的施工安装质量。

(2) 项目施工前加强人员技能培训和风险意识,强调高空施工等极端工作环境的危险性,做好完备的特殊施工安全措施。

(3) 在工程进行过程中应根据各风险点建立完备的设备维护与应急预案,一旦出现问题或事故及时应对,降低风险发生带来的损害。

(4) 在项目进行过程中应制定严格的投资控制措施,合理分配资金投入,保证项目资金的合理供应分配并尽力做到控制总成本不超额。

(5) 重视专业人员的培训和运维知识的普及,尽早组建专业与杂学兼备的维护管理人才队伍,应对不同技术系统的运维要求。

(6) 可以根据需要委托专业的第三方维保进行托管,定期对各技术系统的运行现状情况进行检查并及时采取相应措施。同时应从业主角度制定完善的监管制度,及时对第三方维保的质量和效果进行检验和管理。

3.2.4　上海天文馆项目绿色节能技术风险监控

有了前期的节能建筑的风险识别、分析与评估及制定应对措施后,便可根据项目的具体情况对各风险进行实施与监控。

但风险管理是动态与循环的过程,风险应对计划在其实施过程中随着建设项目的不断推进会出现许多难以预料的情况,需要通过风险监控环节动态地进行风险防范和管理,并根据项目反馈信息随时制定并实施新的防范措施,从而保证风险应对计划的顺利进行和风险管理目标的完成。

基于风险监控思想,建议上海天文馆项目的风险监控工作可按以下步骤进行(图 3-7)。

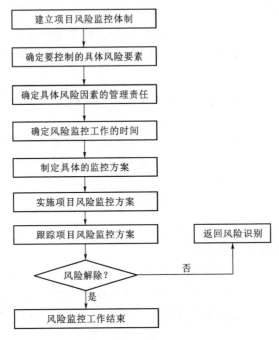

图 3-7　上海天文馆项目绿色节能技术风险监控流程设计

3.2.5　公共建筑绿色节能技术风险管控体系

基于上海天文馆项目绿色节能技术的风险研究,总结构建公共建筑绿色节能技术风险管控体系,如图 3-8 所示。

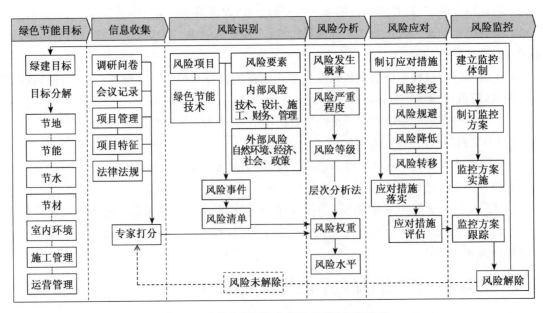

图 3-8　公共建筑绿色节能技术风险管控体系

3.3　本章小结

通过系统地风险识别、风险分析与风险控制措施分析,结合文献研究和上海天文馆项目特征,采用层次分析法对上海天文馆项目绿色节能技术风险开展研究,主要结论如下:

1. 针对上海天文馆项目绿色节能技术风险的分析控制

(1)上海天文馆项目绿色节能技术风险主要包括地源热泵技术风险、太阳能光热光电技术风险、种植屋面技术风险、导光管技术风险和绿色节能技术集成风险五大类,但均属于偶尔发生的中度风险或极少发生的轻度风险,是基本可控的风险,在做好基本应对措施的前提下不会对项目整体的正常进行带来较大影响。其中,多技术集成风险项目的风险水平相对最高,本项目应特别注意不同技术之间的融合集成,尽可能避免冲突。各风险项目下,与设计、自然环境、管理和财务因素相比,技术风险与施工风险多具有相对更高的风险等级,即本项目应多留意规避这类风险点并加强其施工环节的管控,以提升整体的风险管理水平,进一步降低项目绿色节能技术应用的整体风险。

(2)经计算本项目地源热泵技术的风险概率水平为 0.47,施工风险与技术风险因素具有相对较高的风险等级,地下隐蔽工程施工质量欠缺、换热器与热泵系统不匹配为较高风险事件;太阳能光热光电技术的风险概率水平为 0.48,施工风险与技术风险因素具有相对较高的风险等级,高空施工安全隐患、太阳能产品安全隐患为较高风险事件;种植屋面技术的风险概率水平为 0.37,技术风险因素具有相对较高的风险等级,种植植物配置不合理为较高风险事件;导光管技术的风险概率水平为 0.45,技术风险因素具有相对较高的风险等级,导光筒反射材料与集光器材料选择不当为较高风险事件;多技术集成的风险概率水平为 0.55,施工风险与技术风险因素具有相对较高的风险等级,不同技术系统间匹配不当或冲突、施工安全隐患为较高风险事件。这些风险因素和风险事件应在项目进行过程中予以重点关注和控制。

2. 针对公共文化建筑绿色节能技术风险的分析管控建议

(1)在公共文化建筑的建设过程中,应通过风险识别—风险分析—风险应对—风险监控的闭环风险管理流程对其绿色节能技术风险进行综合管控,以达到系统化的风险管控效果。

(2)由于不同的公共文化建筑特征各异,在建设过程中应立足于项目特质出发,对应把握独特的风险点,在识别分析的基础上,应注重有针对性地采取接受风险、风险规避、降低风险、风险转移或分担等风险应对措施,以切实实现风险控制的目标,尽可能降低项目绿色节能技术风险、保障项目的整体效益。

(3)随着如今建筑和社会技术的不断进步,为获取更佳的绿色节能效果,公共文化建筑已鲜少独立采用单项绿色节能技术,往往综合运用多种绿色节能技术于同一项目,因此对多技术集成的要求日益提升。因此,在现代公共文化建筑绿色节能技术的风险管控上,应特别注意不同技术之间的融合集成,在环境、技术、设计、施工、管理、财务等各环节都增强风险管理意识,尽可能避免冲突。

第4章

大型公共建筑节能技术集成应用和展示
——绿色建筑(三星)关键技术研究

4.1 大型公共建筑绿色节能技术发展及应用概述

4.1.1 大型公共建筑的概念及特点

近年来,随着我国城市化进程的加快,经济的迅猛发展,大型公共建筑如雨后春笋般在华夏大地上涌现。

在我国,通过对比是否全面配备中央空调系统和公共建筑的面积,将公共建筑分为两大类型:一类是一般公共建筑,另一类是大型公共建筑。一般公共建筑是指建筑面积在 20 000 m² 以下或不采用集中空调系统单幢建筑面积大于 20 000 m² 的建筑;大型公共建筑是指建筑面积在 20 000 m² 以上且采用中央空调系统的各类公共建筑。

作为城市综合实力的象征,大型公共建筑的数量与日俱增,促进了我国经济社会的发展,但其中也存在能源消耗量大、能源利用率低、能源分配不合理等一系列棘手的问题。

4.1.2 国外案例——加拿大温哥华国家艺术馆 VanDusen

1) 项目概况

加拿大温哥华国家艺术馆建筑由 Perkins＋Will 设计(图 4-1)。项目的设计超越了 LEED 铂金级别并注册了卡斯卡迪亚绿色建筑委员会的 LBC 2.0。

2) 技术亮点——场地生态系统的修复

游客中心屋顶花园取代了因为该建筑而流离失所的植被,有助于使植物重新与建筑相融合。建筑内外一体化,同时景观场地的草坡自然蔓延到建筑屋顶,模糊建筑构件的界限。

3) 技术亮点——雨水系统

此项目场地全部为下渗性铺装,植被种植构造采用下凹式绿地的做法,硬质铺装采用透水地面,保证大气降雨能够顺利下渗。同时雨水下渗通过过滤装置,减少净化系统的压力,如图 4-2 所示。

4) 技术亮点——可再生能源

地源热泵是一种利用土壤所储藏的太阳能资源作为冷热源,进行能量转换的供暖制冷空调系统。本项目采用垂直埋管方式,可获取地下深层土壤的热量。

5) 技术亮点——可再生能源

本项目充分利用太阳能这种可再生能源,设置了规模合理的太阳能热水系统、太阳能发电

图 4-1　加拿大温哥华国家艺术馆

系统。

能源效率:太阳能热水系统(设置集热板)的设计目标是生产 176 000 kW·h 的热能;太阳能发电系统(设置光伏板)的设计目标是生产 11 000 kW·h 的电能;从而实现近零能耗。

6) 技术亮点——建筑材料

根据"生态建筑挑战"评价体系对建筑材料的相关规定,石材、金属、木材等建筑材料的提取与利用过程需要获得第三方认证标准的认证,同时每一类建筑材料都由制造商提供详细的构成成分及明确的来源信息。如图 4-3 所示。

图 4-2　下渗性铺装及下凹式绿地　　　图 4-3　国家艺术馆屋顶的选材

7) 技术亮点——自然通风采光

可开合的屋顶顶点的玻璃圆孔(图 4-4),它能促进自然通风,也起到了太阳能烟囱的作用。它还具有铝质吸热设备的功能,将阳光转化为对流的能量,在整个空间内形成空气流动。

8) 技术亮点——结构理性

屋顶由 71 个不同的面板组成三个轴曲面,每一个都有不同的几何形式,类似框架体系(图 4-5)。大部分梯形屋顶面板模块,都满足宽 3.6 m 长 18 m 的航运大小。

图 4-4　屋顶顶点的玻璃圆孔

图 4-5　屋顶结构节点

4.1.3　国内案例

1. 上海自然博物馆新馆

1）项目概况

工程位于上海市静安区，总建筑面积约 45 086 m²，其中地上建筑面积 12 128 m²，地下建筑面积 32 958 m²。建筑总高度 18 m，地上三层，地下二层。为了减少博物馆对公园的影响，所以建筑大部分空间位于地下。如图 4-6 所示。

图 4-6　上海自然博物馆新馆

2)技术亮点——自然采光体系

上海自然博物馆新馆南侧中庭结合下沉广场设计了通高仿生细胞玻璃幕墙,自然光线通过玻璃幕墙照亮了大部分的地下空间,通过采光模拟分析,地下二层中庭的采光计算面积为1 938 m²,采光系数达标面积为1 938 m²,达标比例为100%,如图4-7所示。

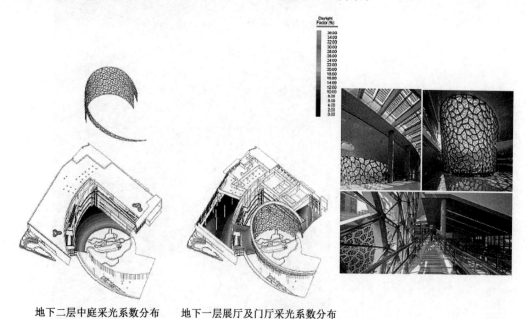

地下二层中庭采光系数分布　　地下一层展厅及门厅采光系数分布

图4-7　上海自然博物馆自然采光体系

3)技术亮点——建筑外遮阳

上海自然博物馆新馆遮阳系统可以分为三大类:形体自遮阳、细胞墙外遮阳和可调节外遮阳。

(1)建筑形体自遮阳。

上海自然博物馆主新馆入口采用形体自遮阳的形式,清水混凝土结构体从入口地面侧挺立而上,延续至6 m标高,横向出挑约6.5 m宽,对一层玻璃幕墙而言,形成天然的水平挡板遮阳(图4-8)。

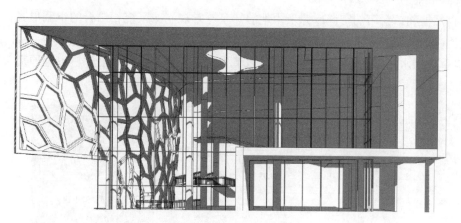

图4-8　建筑外遮阳示意图

(2)细胞墙外遮阳。

南立面弧形玻璃幕墙面,结合设计生命起源的主题,采用仿生细胞形态,通过三个层次的构造,将结构、造型、遮阳、节能融为一体(图4-9)。这种前后叠合的层次,丰富了建筑外立面造型,又适度遮阳、避免眩光的情况出现。

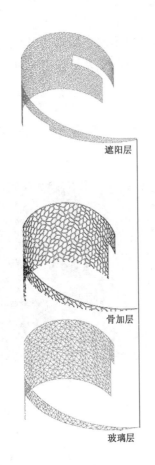

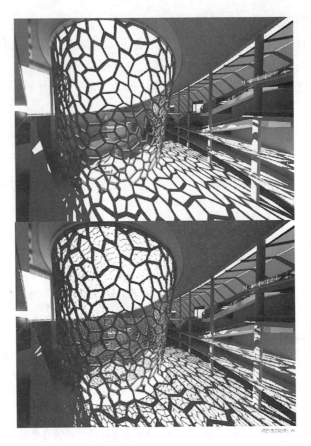

遮阳层

骨加层

玻璃层

图4-9　细胞外墙光影示意图

（3）可调节外遮阳。

可调节外遮阳设于东侧办公室立面及屋顶弧形天窗。可调节外遮阳,可以根据人体对采光、热度的需求,灵活调整,符合人员长期活动工作的需求。

4）技术亮点——地源热泵系统

上海自然博物馆新馆的空调冷源采用地源热泵与常规制冷系统相结合的空调形式。空调冷源采用能效比高的螺杆式冷水机及螺杆式地源热泵机组（均设有部分热回收功能）各2台,采用大温差设计,夏季供回水温差为7℃,冬季为8℃,以节省水泵的运行费用。灌注桩管理原理及内景图见图4-10。地源热泵工作原理及埋管情况如图4-11和图4-12所示。

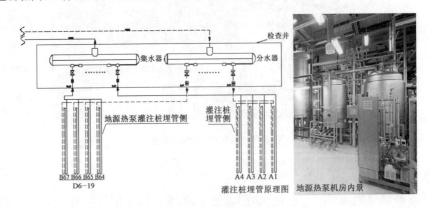

图4-10　灌注桩原理图及机房内景房

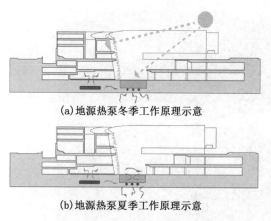

(a)地源热泵冬季工作原理示意

(b)地源热泵夏季工作原理示意

图 4-11　地源热泵冬、夏工作原理示意

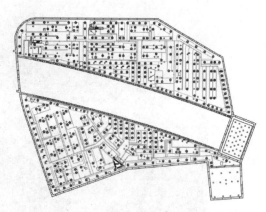

图 4-12　地源热泵埋管位置图

5) 技术亮点——屋顶绿化

本项目屋顶绿化总面积 5 966 m²,屋顶设置多种类绿化,靠弧形边缘的采用瓜子黄杨、金森女贞、银姬小蜡等植物随机种植,形成不规则的机理效果,其他部位绿化草地满铺,覆盖屋面约 80%。绿化屋面喷灌示意图如图 4-13 所示。

6) 技术亮点——外墙绿化

东立面外墙采用垂直绿化,采用滴灌节水灌溉方式。种植墙总绿化面积约 980 m²,采用 500 mm×500 mm 绿模块单元。种植墙面构造层次依次为:结构外墙—外保温层—外墙涂料—空气间层—竖向钢支架—单体模块—固定花盆。如图 4-14 所示。

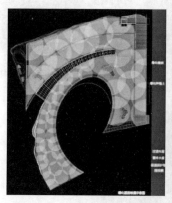

图 4-13　绿化屋面喷灌示意图

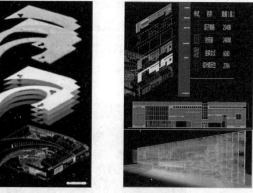

图 4-14　绿色隔热外墙构造示意

2. 杭州绿色建筑科技馆

1) 项目概况

杭州绿色建筑科技馆位于浙江省杭州市钱江经济开发区能源与环境产业园的西南区,占地面积 1 348 m²(约 2.02 亩),总建筑面积 4 679 m²,建筑高度 18.5 m,地上 4 层,半地下室一层。其主要功能为科研办公、绿色建筑节能环保技术与产业宣传展示(图 4-15)。

2) 技术亮点——外围护系统

建筑物南北立面、屋面采用钛锌板,东西立面采用陶土板,两种材料均具有可回收循环使用及自洁功能。

建筑门窗采用了断桥隔热金属型材多腔密封窗框和高透光双银 Low-E 中空玻璃,使夏季窗户的得热量大大减少。图 4-16 为 Low-E 中空玻璃构造。

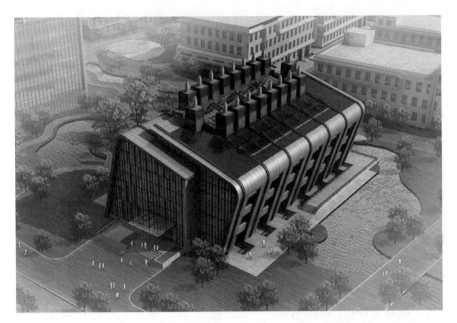

图 4-15　杭州绿色建筑科技馆

3）技术亮点——主动及被动式通风系统

针对杭州的气候特点，该项目引入了被动式通风系统。中庭总共设立了 18 处拔风井来组织自然通风，在热压和风压驱动下，沿着风道经由布置在各个通风房间的送风口依次进入房间，带走室内热量的风进入中庭，再通过屋顶烟囱的拔风作用排向室外，可有效减少室内的空调负荷。图 4-17 为主动及被动式通风示意。

图 4-16　Low-E 中空玻璃构造

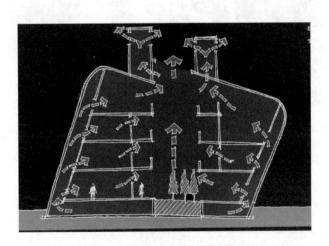

图 4-17　主动及被动式通风示意

4）技术亮点——建筑遮阳技术

建筑物自遮阳系统。建筑物整体向南倾斜 15°，具有很好的自遮阳效果。夏季太阳高度角较高，南向围护结构可阻挡过多太阳辐射；冬季太阳高度角较低，热量则可以进入室内，北向可引入更多的自然光线。图 4-18 为室内采光系数，无遮阳与有遮阳的对比图。

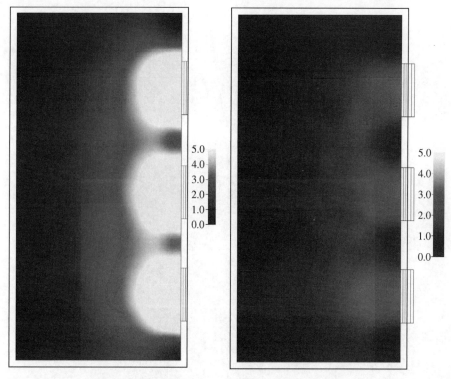

图 4-18　室内采光系数:无遮阳(左)对比有遮阳(右)

5) 技术亮点——高效能的空调系统

杭州绿色建筑科技馆采用温湿度独立控制的空调系统,可以满足不同房间热湿比不断变化的要求,克服了常规空调系统中难以同时满足温度、湿度参数的问题,避免了室内湿度过高或过低现象。图 4-19 为高效能的空调系统示意。

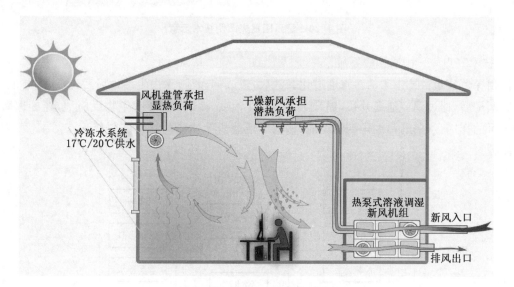

图 4-19　高效能的空调系统示意

6) 技术亮点——节能高效的照明系统

杭州绿色建筑科技馆 3 层选用索乐图日光照明技术。光线在管道中以高反射率进行传输,光线反射率达 99.7%,光线传输管道长达 15 m。通过采光罩内的光线拦截传输装置(LITD)捕获更多光线,同时采光罩可滤去光线中的紫外线。图 4-20 为索乐图日光照明技术示意。

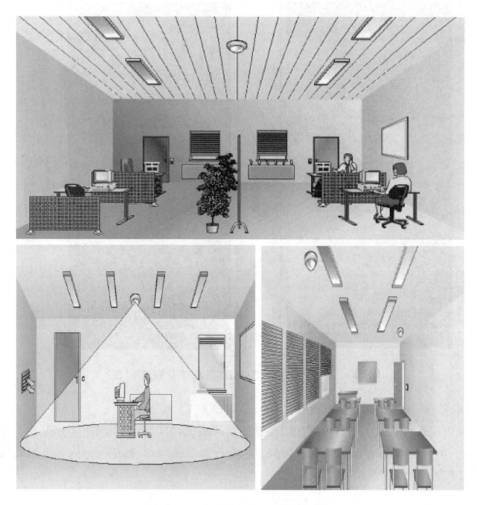

图 4-20　索乐图日光照明技术示意

7）技术亮点——雨水回收系统

杭州绿色建筑科技馆生活污水通过化粪池后，进入格栅池，除去生活垃圾后，流入调节池，污水经调质调量后，通过调节池提升泵，提升至水解酸化池后，流进 MBR 膜生物反应池，经处理后达到去除氨氮的作用，剩余的污泥排到污泥池，污泥经压滤机干化作为绿化肥料外运。图 4-21 为雨水回收流程。

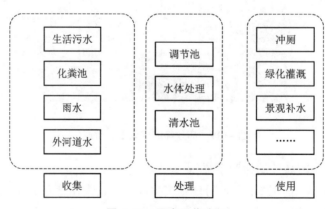

图 4-21　雨水回收流程

8) 技术亮点——可再生能源利用

太阳能、风能、氢能发电系统。屋顶设置风光互补发电系统,多晶硅光伏板 296 m^2,装机容量 40 kW;采光顶光电玻璃 57 m^2,装机容量 3 kW。两台风能发电机组装机容量为 600 W,系统产生的直流电接入氢能燃料电池,作为备用电源,实现了光电、风电等多种形式的利用。

表 4-1 为国内外三星级绿色建筑案例调研情况。

表 4-1　三星级绿色建筑案例调研

项目		绿色节能技术				
		节能	节地	节水	节材	其他绿色技术措施
国外	美国加州科学博物馆	1. 种植屋面; 2. 集中式通风; 3. 光伏发电系统; 4. 自然采光系统	无	生态种植屋顶每年可吸取 757 万 L 的雨水	采用可循环材料及合理结构体系	无
	加拿大温哥华国家艺术馆	1. 地源热泵系统; 2. 光伏发电系统; 3. 自然通风采光	无	雨水处理系统	根据碳足迹、回收能力和生命周期来选择材料	采用合理结构
国内	上海自然博物馆	1. 自然采光系统; 2. 自然通风系统; 3. 建筑外遮阳; 4. 光伏发电; 5. 生态绿化屋面; 6. 生态隔热外墙; 7. 地缘热泵系统; 8. 全寿命研究平台; 9. 智能监控平台	无	雨水回收系统	无	无
	杭州绿色建筑科技馆	1. 保温隔热外围护系统; 2. 引入了"被动式自然通风系统"; 3. 建筑遮阳技术; 4. 高能效的空调系统和设备; 5. 节能高效的照明系统; 6. 可再生能源利用; 7. 采用地下水源热泵技术	无	零污水排放的水处理回用系统	1. 主体结构采用钢框架结构体系; 2. 现浇混凝土全部采用预拌混凝土	"建筑智能化控制系统"

4.1.4　绿色建筑发展

1. 我国绿色建筑的规模数量

截止到 2015 年 12 月 31 日,全国共评出 3 979 项绿色建筑评价标识项目,总建筑面积达到 4.6 亿 m^2,其中,设计标识项目 3 775 项,建筑面积为 43 283.2 万 m^2;运行标识项目 204 项,建筑面积为 2 686.4 万 m^2。图 4-22 为 2010—2015 年标识项目数量,图 4-23 为 2010—2015 年绿色建筑项目面积。

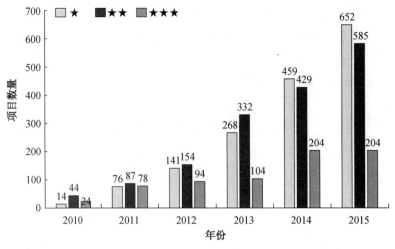

图 4-22　2010—2015 年标识项目数量

2. 我国绿色建筑的评价体系

我国绿色建筑的起步与发达国家比相对较晚。1996 年"绿色建筑"这一概念被提出,《绿色建筑评价标准》(GB/T 50378—2006)于 2006 年发布,新版《绿色建筑评价标准》(GB/T 50378—2014)自 2015 年 1 月 1 日起实施。

2014 国标采用指标评分法,相对于采用项数评价法的 2006 国标,在指标内容分级及定量指标数值上有显著细化,如改定性指标为定量指标、增加定量指标分级、调整定量指标数值等。2008—2016 年绿色建筑数量如图 4-23 所示。

全国	2008 年	2009 年	2010 年	2011 年	2012 年	2013 年	2014 年	2015 年	2016 年
★★★	4	10	24	78	94	104	204	235	94
★★	2	6	44	87	154	332	430	607	142
★	4	4	14	76	141	268	458	691	208
总数	10	20	82	241	389	704	1 092	1 533	444

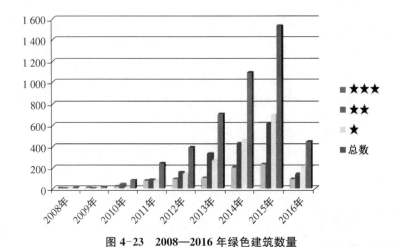

图 4-23　2008—2016 年绿色建筑数量

4.1.5　大型公共建筑绿色节能探索过程中存在的问题

大型公共建筑的建设规模大、投资大、涉及范围广,且为经济和社会发展提供便利,但是其能耗大也是最严峻的问题之一。从总体来看,我国大型公共建筑面积占城镇建筑总面积的 4% 不到,但是能耗却占我国城镇建筑总能耗的 20% 以上。

大型公共建筑在绿色节能方面目前存在如下问题:

(1)绿色建筑所需技术不完善;

(2)绿色建筑重设计轻运营;

(3)人们对绿色建筑的认知度不足。

4.2　节地与室外环境

4.2.1　室外风环境优化措施

1. 技术简介

建筑室外风环境是建筑设计过程中需要重点考虑的因素之一,主要受建筑布局、建筑体形与建筑构件三方面影响。室外风环境优化措施是基于场地实况、风洞模拟实验、CFD 数值模拟等技术手段对场地及建筑室外风环境指标进行预测,并实时提出优化策略,最终使建筑室外风环境达到有利于人在室外活动的舒适条件,并满足建筑自然通风的目的。

2. 标准规范

(1)《绿色建筑评价标准》(GB/T 50378—2014);

(2)《绿色博览建筑评价标准》(GB/T 51148—2016);

(3)《建筑环境数值模拟技术规程》(DB 31/T 922—2015)。

3. 设计要点

1) 注重建筑选址

良好的建筑选址可以从根本上优化大型公共建筑的室外风环境(图 4-24)。

(1)从城市规划的角度考虑,为达到利于城市通风及污染物扩散的效果,综合考虑将游览区、文化区、行政区与住宅区布局在主导风向的上风方向;工厂等释放污染气体的工业建筑应布局在下风方向。

(2)从建筑策划的角度考虑,应选择天然条件良好的场地,例如场地内有绿化作物、湖水河面等空间。

图 4-24　建筑选址及策划概念图

2) 优化建筑形体

一般来说,风影区的大小与建筑的高度、迎风面的宽度成正比例关系,与建筑的进深呈反比例关系。一般来说,建筑长轴与入射光线夹角呈30°或60°为好(图4-25)。

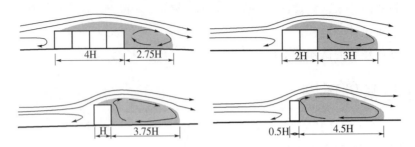

图 4-25 建筑形体与风影区的关系

3)改善建筑朝向

合理考虑并改善建筑朝向可避免季节性的环境劣势。上海地处夏热冬冷地区,建筑总平面图的布置和设计,应有利于减少夏季太阳辐射并充分利用自然通风,冬季有利于日照和避开冬季主导风向,建筑物朝向宜为南北向。

4)提高建筑间距

适宜的建筑间距有利于将区域内污染扩散,改善群体内风环境。由于此项只适用于建筑群体,并不适用于上海天文馆,故不加以讨论。

4. 常见问题

(1)在设计阶段利用CFD软件模拟出的室外风环境并不一定是准确的,还需要在建筑运营阶段实测。

(2)在设计阶段忽略挡风措施的设置,冬季易造成建筑周边风速过大。

(3)建筑朝向不合理,未处于夏季主导风向,造成夏季通风不畅。

(4)建筑间距过小,后一栋建筑处于前一栋的风影区内,易形成涡流区。

5. 案例研究

上海自然博物馆新馆从建筑选址角度来分析,北侧与西侧的高层为其遮挡住冬季典型风向刮来的风;另外,场地内部原有绿化条件较好,绿化作物也改善了建筑室外的风环境(图4-26)。

从建筑布局的角度来分析,其北高南低的布局可以抵御冬季典型风。中部螺旋形围合式室外庭院有效地减少了风景区的面积。庭院引入景观水系,有利于形成水陆风,改善建筑室外的风环境。通过CFD软件模拟出自然博物馆新馆外部距地1.5 m高度处的风速,如图4-27所示。

图 4-26 上海自然博物馆新馆

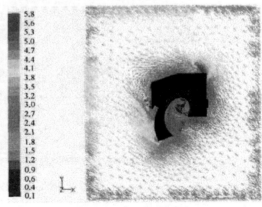

图 4-27 上海自然博物馆新馆距地 1.5 m
高度处风速矢量图

6. 技术策划

(1)建筑选址:上海天文馆的基地绿化带,西接绿化带,南依春涟河与公共绿地边界,东接市政景观绿化带,且靠近滴水湖。在建筑选址方面,既满足了在城市规划层面里的上风向选址的要求,又满足了建筑策划层面里对于场地保证冬季防风、夏季及过渡季通风舒畅的需求。如图4-28所示。

(2)景观绿化:上海天文馆的绿地率达到35.2%,通过选择耐盐碱地和换土方式对植物搭配进行方案比选,以乔木为主,采用乔、灌、草相结合的复层绿化,兼顾生物多样性,形成景观丰富的复层绿化,可优化室外空气流动情况。

(3)布局与形体:上海天文馆项目采用非对称式集中布局,其建筑形态为两个椭圆形体量镶嵌。其入口广场及入口处灰空间的设计避开了冬季的主导风向,经测算项目周围人行区风速在4～5 m/s,室外风速放大系数达到了1.14,且场地内的人活动区不存在无风区,营造了适宜人群活动的室外风环境。如图4-29所示。

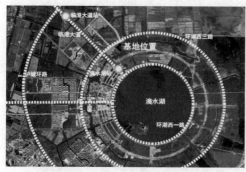
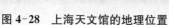

图4-28　上海天文馆的地理位置

图4-29　上海天文馆鸟瞰图

4.2.2　降低热岛效应措施

1. 技术简介

随着中国城市化进程的加快,热岛效应已成为一个日益严重的城市环境问题。根据《绿色建筑评价标准》(GB/T 50378—2014)的定义,城市内一个区域的气温与郊区气温的差别,用二者代表性测点气温的差值表示,是城市热岛效应的表征参数。热岛效应产生的主要原因有两个:一是城市中的绿地面积由于城市扩张而不断缩减;二是城市道路及建筑的墙体屋面等大量吸收太阳辐射并积蓄能量,使得局部温度升高,产生热岛效应。

降低城市热岛效应的措施从基本原理上主要分为两种:一是适当增强建筑对太阳辐射的反射能力;二是改善建筑周边风环境,及时清理城市多余热量。

2. 标准规范

(1)《绿色建筑评价标准》(GB/T 50378—2014);

(2)《绿色博览建筑评价标准》(GB/T 51148—2016)。

3. 设计要点

1)合理规划建筑布局

大型公共建筑在规划布局时,应结合当地气候环境、地理特征,并考虑主导风向,充分利用自然通风优化室外风环境,促进场地内污染物扩散。

2)合理布置景观系统

(1)场地、建筑屋顶及立面上的绿色植物可以通过蒸腾作用和遮蔽作用,降低地表及建筑表面的温度;

（2）景观水系通过水的蒸发作用吸热降温来降低室外环境温度与湿度，同时也可以沉降空气中的灰尘（图4-30）。

3）设置室外场地遮阳

室外道路、停车场（位）、活动场地应设置遮阳设施来改善室外活动环境，从而降低热岛效应。具体措施如下：

（1）采用亭、棚、架、膜等构筑物进行室外场地遮阳（图4-31）；

（2）采用乔木等植物阴影遮阳。

图4-30 滨水景观系统

图4-31 室外遮阳设施

4）增加透水地面

室外道路及活动场地通过改善地面铺装的渗水率来降低热岛强度，将原有铺装替换为如透水沥青、透水混凝土、镂空植草砖等透水铺装（图4-32）。

图4-32 透水地面铺装　　　　图4-33 高反射屋面材料

5）合理采用高反射材料

在道路设计与建筑设计时，综合考虑建筑外观及场地设计、屋顶绿化或太阳能板需求后，可考虑合理设置反射系数高的浅色材料来浇筑路面及屋面，进而降低热岛强度（图4-33）。

4. 常见问题

（1）地下室顶板上方的构造空间高度设计不足，导水措施设计不足。

（2）高反射系数材料选择不当。

（3）仅考虑反射效果,未综合考虑屋顶场地绿化等总体效果。

5. 案例研究

武汉光谷生态艺术展示中心建筑体量呈梯形半围合式(图4-34),面朝北侧常家山山洼处的风口展开形体,经过严西湖水体、山林、半人工湿地系统净化降温的自然风,成为整栋建筑的天然新风系统。建筑底部的架空使自然风道得以延续,有利于缓解滨水场地的潮湿特性,悬挑的底部在夏季也成为建筑物风冷降温的界面。场地内人工湿地设置了道路雨水收集池,通过蒸发效应达到屋面水冷降温的效果,以缓解热岛效应。图4-35为展示中心周边生态环境,图4-36为展示中心中庭实景图。

图4-34 武汉光谷生态艺术展示中心 　　图4-35 展示中心周边生态环境 　　图4-36 展示中心中庭实景图

6. 技术策划

1) 景观系统布置

在上海天文馆项目设计过程中,场地设计尽可能地保留并种植了绿色植物(图4-37)。在场地景观设计时,选择耐盐碱地和换土方式对植物选择进行方案比选。可采用乔木,灌木和草本植物的结合,形成景观丰富的复层绿化(图4-38)。此外,采用下凹式绿地和雨水花园等形式用来调蓄场地雨水,可将附近的河道引入场地内,经过过滤并改造为景观水系。

图4-37 低影响开发场地

2) 室外场地遮阳

（1）在室外道路、活动场地及停车位处种植乔木类绿化,据测算在活动场地树冠直径达5 m的乔木有194棵,遮阴面积达5 311 m²,占室外活动总场地面积的20.51%。

（2）在室外场地设置构筑物遮阴,在天文馆项目中采用建筑底层架空的方式,其遮阴面积达3 463 m²。

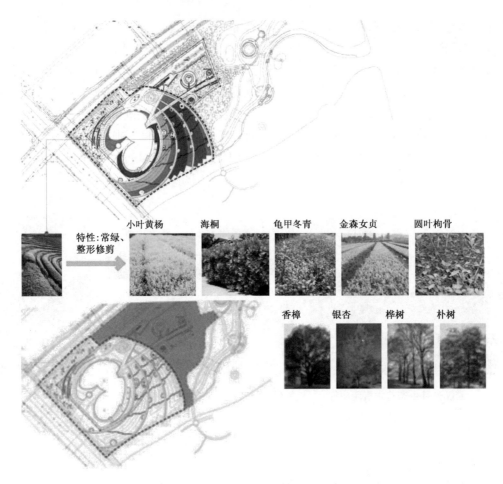

图 4-38　场地内植物种类分布示意图

3）增加透水地面

上海天文馆室外停车场采用孔隙率大于 40％的植草砖铺装，非机动车道路采用透水混凝土铺装，其面积比例达到硬质铺装地面总面积的 50％，以减少雨水径流，控制径流污染。

4）采用高反射材料

上海天文馆由于其体量庞大，故选择 3 mm GRC 钢板幕墙（图 4-39），保温棉为 100 mm 厚岩棉加单层铝箔，后置墙体为轻钢龙骨加增强的硅酸钙板等高反射率的面材，从而降低建筑表皮的热辐射。

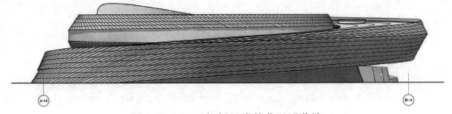

图 4-39　GRC 钢板组成的非透明幕墙

4.2.3　改善场地径流措施

1. 技术简介

1）调蓄雨水措施

调蓄雨水措施指的是雨水调节和储存过程的总称。近年来，利用场地的河流、湖泊、水塘、湿地、低洼地作为雨水调节措施，或者利用场地内设计景观（如景观绿地及景观水体）来调蓄雨水，可达到有限土地资源多功能开发的目标。通常来讲,此类景观绿地主要包括下凹式绿地、雨水花园、雨水湿地和渗透塘等。

2) 衔接引导雨水措施

衔接引导雨水措施主要包含前处理塘、渗透管、渠、井,植被缓冲带及生态滞留塘等一系列衔接引导雨水措施。

3) 硬质透水铺装

硬质透水铺装指既能满足铺地的耐久性及强度需求,也能使雨水通过渗水路径渗入下部土壤的铺装,常见透水性路面有以下三类:

(1) 透水混凝土路面。

具有很好的透水性、保水性、通气性,水能很快地渗透混凝土,如图 4-40 所示。

图 4-40　透水混凝土铺装

(2) 透水沥青路面。

透水型沥青路面属于半透水类型,如图 4-41 所示。

(3) 嵌草砖路面。

嵌草砖属于透水透气性铺地之一,如图 4-42 所示。

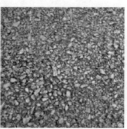

图 4-41　透水沥青铺装　　　　　　　　**图 4-42　嵌草砖路面**

2. 标准规范

(1)《绿色建筑评价标准》(GB/T 50378—2014);

(2)《绿色博览建筑评价标准》(GB/T 51148—2016);

(3)《公共建筑节能设计标准》(GB 50189—2015);

(4)《公共建筑节能设计标准》(DGJ 08—107—2015)。

3. 设计要点

1) 调蓄雨水措施

(1) 设置下凹式绿地。

下凹式绿地如图 4-43 所示,其构造图见图 4-44。

图 4-43　下凹式绿地

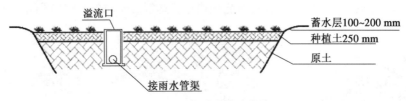

图 4-44　下凹式绿地构造

（2）采用雨水花园。

雨水花园的样式参见图 4-45，其内部构造情况见图 4-46。

图 4-45　雨水花园

图 4-46　典型雨水花园构造

2）衔接引导雨水措施

（1）采用植被浅沟。

植被浅沟通常被设置在设计道路、广场、停车位等不透水地面的周边，起到收集、输送雨水，增大入渗面积的作用，其构造如图 4-47 所示。

（2）设置渗透管、渠、井。

渗透管位置示意图如图 4-48 所示，实物图如图 4-49 所示。

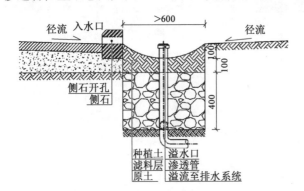

图 4-47　植被浅沟的构造（单位：mm）

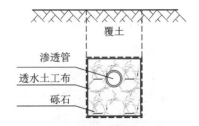

图 4-48　渗透管位置示意图

图 4-49　渗透管实物图

（3）设置植被缓冲带及生态滞留塘。

植被缓冲带的示意图如图4-50所示，其典型构造如图4-51所示，主要由汇水面、土壤下渗区、净化区及排水管构成。

3）硬质透水铺装

透水铺装地面的构造可以分为透水面层、找平层和透水基层三个主要组成部分，如图4-52所示。

4. 常见问题

1）下凹式绿地

（1）在寒冷及严寒地区，由于蓄水层结冰体积膨胀，围护结构易产生裂缝。

（2）绿地的结构单一，植物的多样性体现不足。

2）雨水花园

（1）对于严重污染的区域，如加油站附近，应选用植草沟、植被缓冲带或沉淀池等对径流雨水进行预处理。

图4-50 植被缓冲带示意图

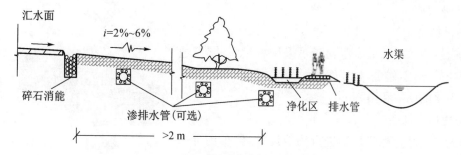

图4-51 植被缓冲带典型构造示意图

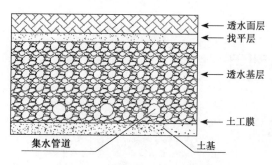

图4-52 透水铺装地面的典型构造

（2）弃流、排盐等措施设置不当，未综合考虑融雪剂或石油类污染物对植物的侵害。

3）衔接引导雨水措施

（1）植草浅沟的植物选择不合理。

（2）植被缓冲带的土壤下渗能力不足，径流中的污染物流入景观水系中，造成水质的污染。

4）硬质透水铺装

（1）透水铺装表面未设计大颗粒污染物的收集处，造成大颗粒污染物堵塞透水铺装面层。

（2）硬质透水铺装表面的承载力设计值不足，稳定性差。

5. 案例研究

武汉光谷生态艺术展示中心项目的人工湿地中设置了道路雨水收集池,实现了雨水的天然净化;通过种植坡屋面的构造设计,水体顺屋面盘旋而下,通过蒸发效应达到屋面水冷降温的效果;最终通过独立管道汇集到场地景观雨水收集池内,蓄积后通过盲管溢流回渗到人工湿地。

其广场内的硬质铺装采用透水性地面如多孔混凝土及渗水性地砖,提高了收集雨水径流的效率。据统计,其综合径流系数由 0.8 降到了 0.4 以下,营造了良好的城市环境。

6. 技术策划

1) 下凹式绿地

上海天文馆场地内景观树池及公共绿地可被设计为下凹式绿地,位于主体建筑东南侧花海区域步道边缘以及附属建筑区东北侧,面积达 1 263.30 m²,以此促进道路及屋面雨水的回收再利用。

2) 雨水花园

场地内可设置的雨水花园面积达到总绿化面积的15%,除可沉降雨水中的污染物外,还可改善场地内风环境,缓解热岛效应。

3) 植被缓冲带

场地内景观水系的滨水绿化带可采用植被缓冲带,通过植被缓冲的作用,过滤屋面及地面径流雨水中的杂质,提高径流雨水的回收利用率。

4) 硬质透水铺装

上海天文馆结合现状地形进行场地设计,停车场可采用孔隙率大于 40% 的植草砖铺装,非机动车道路可采用透水混凝土铺装,以减少雨水径流,控制径流污染(图 4-53)。

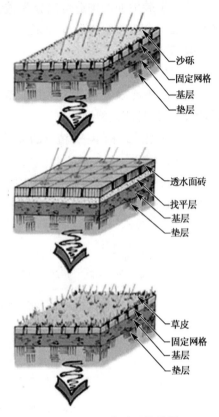

图 4-53 透水地面构造图

4.3 节能与能源利用

4.3.1 地源热泵系统

内容详见本书第 5 章。

4.3.2 太阳能利用系统

1. 技术简介

太阳能利用分为光热利用和太阳能发电,光热利用是指将太阳的辐射能转化为热能,太阳能发电是指将太阳的辐射能转化为电能。光热利用是建筑中太阳能主要的利用方式。

1) 太阳能光热利用

太阳能的光热利用在建筑中的应用可以分为太阳能供热水、太阳能供暖、太阳能制冷和太阳能除湿制冷。

(1) 太阳能供热水：采用太阳能集热器收集热量，将水加热后提供给用户。这是目前最为成熟的太阳能利用方式(图4-54)。

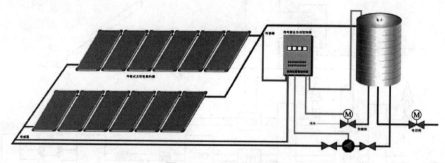

图4-54 太阳能供热水

(2) 太阳能供暖：可分为太阳能直接供暖和太阳能与热泵耦合供暖。太阳能与热泵耦合供暖形式又可分为直膨式和非直膨式(图4-55)。

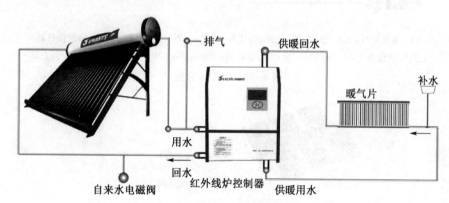

图4-55 太阳能采暖

(3) 太阳能制冷：常见的太阳能制冷方式是以太阳能集热器收集的热量作为吸收式或吸附式制冷机的热源，驱动制冷机获得冷量(图4-56)。

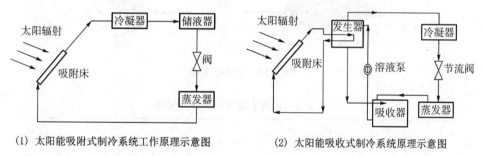

(1) 太阳能吸附式制冷系统工作原理示意图　　(2) 太阳能吸收式制冷系统原理示意图

图4-56 太阳能制冷

(4) 太阳能除湿制冷：是将环境空气或室内回风送入除湿器利用除湿剂来吸附空气中的水蒸气以降低空气湿度，然后再进行一定的冷却和绝热加湿达到制冷降温的目的(图4-57)。

2) 太阳能光电

太阳能发电分光热发电和光伏发电。光伏与建筑物结合有两种形式：一种是建筑与光伏系统相结合，一种是建筑与光伏器件相结合(图4-58)。

可再生能源利用评分规则见表4-2。

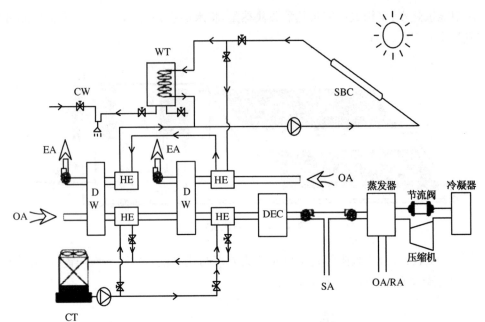

OA—室外空气；SA—送风；RA—回风；EA—排气；DW—除湿转轮；EW—转轮换热器；
DEC—直接蒸发冷却器；HE—加热器/表冷器；CW—冷水；WT—蓄热水箱；CT—冷却塔

图 4-57　太阳能除湿

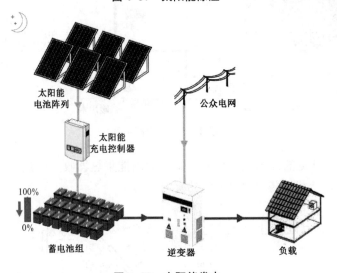

图 4-58　太阳能发电

表 4-2　可再生能源利用评分规则

可再生能源利用类型和指标		得分
由可再生能源提供的生活用热水比例 R_{hw}	$20\% \leqslant R_{hw} < 30\%$	4
	$30\% \leqslant R_{hw} < 40\%$	5
	$40\% \leqslant R_{hw} < 50\%$	6
	$50\% \leqslant R_{hw} < 60\%$	7
	$60\% \leqslant R_{hw} < 70\%$	8
	$70\% \leqslant R_{hw} < 80\%$	9
	$R_{hw} \geqslant 80\%$	10

(续表)

可再生能源利用类型和指标		得分
由可再生能源提供的空调用冷量和热量比例 R_{ch}	$20\% \leqslant R_{ch} < 30\%$	4
	$30\% \leqslant R_{ch} < 40\%$	5
	$40\% \leqslant R_{ch} < 50\%$	6
	$50\% \leqslant R_{ch} < 60\%$	7
	$60\% \leqslant R_{ch} < 70\%$	8
	$70\% \leqslant R_{ch} < 80\%$	9
	$R_{ch} \geqslant 80\%$	10
由可再生能源提供的电量比例 R_e	$1.0\% \leqslant R_e < 1.5\%$	4
	$1.5\% \leqslant R_e < 2.0\%$	5
	$2.0\% \leqslant R_e < 2.5\%$	6
	$2.5\% \leqslant R_e < 3.0\%$	7
	$3.0\% \leqslant R_e < 3.5\%$	8
	$3.5\% \leqslant R_e < 4.0\%$	9
	$R_e \geqslant 4.0\%$	10

2. 标准规范

(1)《绿色建筑评价标准》(GB/T 50378—2014);

(2)《绿色博览建筑评价标准》(GB/T 51148—2016);

(3)《公共建筑节能设计标准》(GB 50189—2015);

(4)《民用建筑太阳能热水系统应用技术规范》(GB 50364—2005);

(5)《太阳能供热采暖工程技术规范》(GB 50495—2009);

(6)《民用建筑太阳能空调工程技术规范》(GB 50787—2012);

(7)《民用建筑太阳能光伏系统应用技术规范》(JGJ 203—2010)。

3. 设计要点

1) 太阳能光热利用

太阳能光热利用系统的设置,应根据当地气候条件、项目的实际情况、不同系统形式的特点及国家地方政策综合确定。同时应对太阳能供热采暖系统进行经济性分析,初步确定方案。方案初步确定后宜对收集装置的效率、太阳能保证率、水箱容积等影响较大的设计参数进行优化设计。

热水用水量较小且用水点分散时,宜采用局部热水供应系统;热水用水量较大、用水点比较集中时,应采用集中热水供应系统。

2) 太阳能发电利用

光伏系统规划时应根据建设地点的地理、气候特征、电网条件、政策条件、太阳能资源条件,以及建筑的布局、朝向、日照时间、间距、群体组合和空间环境等对光伏系统进行初步经济性评估。光伏组件或构件的选型和设计应与建筑结合,在满足发电效率、发电量、电气和结构安全、实用美观的前提下,宜优先选用光伏建筑构件,并应与建筑模数相协调,满足安装、清洁、维护和局部更换的要求。

4. 常见问题

1) 分散式太阳能热水系统

(1) 集热板放置在屋面或阳台,热水箱标高可高于或低于集热板放置,可内置电辅热或外置燃气热水器辅热。

(2) 热水箱的进水管和出水管应分开设置。

2) 集中式太阳能热水系统

(1) 集热板放置在屋面,与户内的储热水箱间接换热,按平时运行耗热量计算集热板数量,初次池水加热供热量不足部分,由辅助热源供给。

(2) 池水加热不能采用直接加热。

(3) 集热板与户内的储热水箱热交换的循环管应同程布置。

5. 案例研究

某项目采用集中式太阳能热水系统,通过集中设置于屋面的集热板收集太阳辐射热量。本项目太阳能热水系统由集热器、储热水箱、循环管道、热水循环泵及控制系统等组成,系统设置有一个400L的储热水箱。集中式太阳能热水系统如图4-59所示。

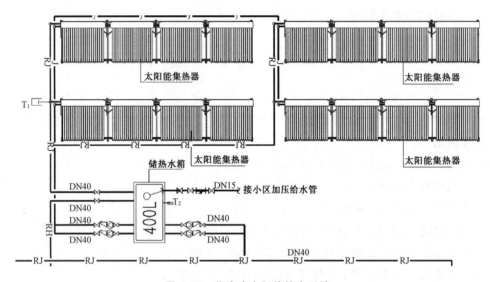

图4-59 集中式太阳能热水系统

分户水箱内设置辅助电加热器(图4-60),电加热器可根据用户要求设为自动加热和手动加热。

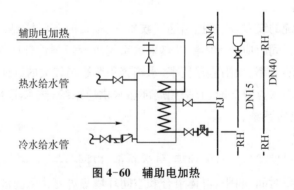

图4-60 辅助电加热

6. 技术策划

1) 太阳能光热系统

上海天文馆主体建筑淋浴用水量较小,不建议设置太阳能集中集热系统;青少年观测基地采用金属屋面板饰面,与太阳能集热板较难融合,因此不设置太阳热水系统。

　　餐厅部分日常生活热水用量较大且集中,建议采用太阳能集中热水系统,图 4-61 为可布置区域示意图,面积约 200 m²,可满足太阳能集热器布置所需。

图 4-61　太阳能光伏板建议布置位置图

　　在职工餐厅设置集中式太阳能供热系统的具体策划方案:热水量为地块内热水供热总量的20%。太阳能集热器设置在职工餐厅屋顶,集热器有效采光面积为 73 m²,集热器数量为 37 块,采用闭式承压间接式太阳能集热系统,太阳能吸收的热量通过在预热罐中储存。太阳能集热器产生的热水为主热源,容积式燃气热水器为辅助热源,集中供给厨房热水点。太阳能热水系统示意图如图 4-62 所示。

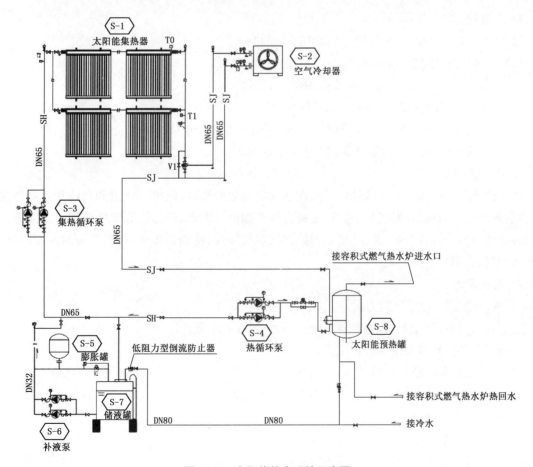

图 4-62　太阳能热水系统示意图

2) 太阳能光伏系统

在主体建筑球体部分、青少年观测基地金属屋面等设置一体化光伏发电系统存在技术可行性，但最终方案选择需结合建筑立面效果及经济效益，进行综合权衡。

4.3.3 排风热回收系统

1. 技术简介

为保证室内空气质量，建筑室内需引入新风，新风空调负荷占总空调负荷的比例可高达30%以上。与此同时，建筑中又有几乎与新风等量且与室内空气等熵的排风排出室外。在通过表冷器等设备对新风进行热湿处理之前，利用排风中的能量预冷（预热）新风，降低（增加）新风焓值，从而减小空调系统负荷，是一项可行的节能技术，称为排风热回收技术。排风热回收技术对于全年室内外温差或焓差较大的建筑，节能效果显著。排风热回收如图4-63所示。

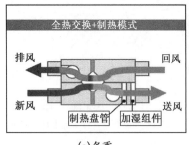 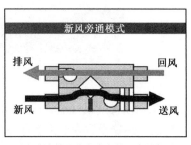

图 4-63　排风热回收

2. 标准规范

(1)《绿色建筑评价标准》(GB/T 50378—2014)；

(2)《绿色博览建筑评价标准》(GB/T 51148—2016)；

(3)《公共建筑节能设计标准》(GB 50189—2015)；

(4)《空气-空气能量回收装置》(GB/T 21087—2007)；

(5)《空气-空气能量回收装置选用与安装（新风换气机部分）》(06K301-1)；

(6)《空气-空气能量回收装置选用与安装》(06K301-2)。

3. 设计要点

由于排风热回收系统的节能效果受所在地气象参数的影响，同时与建筑的功能和使用情况有关，并且各类热回收设备的热回收量、初投资也各不相同。因此，热回收装置的选用首先应进行必要的技术经济及合理性分析；其次，根据需处理的空气特性（特别是排风）选择适合的热回收装置，以达到经济、合理的目的。

4. 常见问题

1) 热回收装置效率低、阻力大

问题：因热回收装置脏堵，过滤器脏堵，导致热回收效率低；

对策：监测阻力，加强清洁维护工作。

2) 热回收装置的排风量小

问题：因管件管道阀门阻力大，风量平衡设计不合理；

对策：设计时保证机组排风量，控制管网阻力。

3) 风机效率低

问题：因设计选型不当，运行调试不完善；

对策:可对热回收系统进行精细化设计和调试。

5. 案例研究

某医院项目采用两台热管式能量热回收新风机组和两台全热回收器,对病房卫生间的室外新风机排风进行热量回收,焓回收效率均大于65%。

表4-3　经济性计算结果

费用名称	热管式能量回收新风机1	热管式能量回收新风机2	全热交换器1	全热交换器2	总计
年节省空调电费/元	49 521.94	43 297.87	6 203.31	3 253.80	102 276.93
机组年运行费用/元	31 680.00	31 680.00	2 580.00	540.00	66 480.00
初投资/元	102 480	89 600	12 000	4 000	208 080.00
回收周期/年	5.7	7.7	3.3	1.5	5.8

如表4-3所示,经过经济性分析,本项目采用的热管式热回收机组及全热交换器,总体成本回收期为5.8年,其中热管式热回收机组成本回收周期约为8年,全热交换器成本回收期约为4年,具有良好的经济性。

6. 技术策划

上海天文馆项目计划在办公、会议等房间设置分体式热回收型全新风空调机组设置板翅式热回收装置,对三层综合办公等房间的排风进行热量回收,风量为7 000 m³/h,全热回收效率65%,满足《空气-空气能量回收装置》(GB/T 21087—2007)中对排风热回收装置交换效率的要求。

4.3.4　采光优化措施

1. 技术简介

建筑采光按照采光口形式可分为侧面采光和顶部采光两大类。采光系数是指在室内参考平面上的一点,由直接或间接的接收来自假定和已知天空亮度分布的天空漫射光而产生的照度,与同一时刻该天空半球在室外无遮挡水平面上产生的天空漫射光照度之比。不同采光等级下的窗地面积比推荐值见表4-4。

表4-4　不同采光等级下的窗地面积比推荐值

采光等级	侧面采光		顶部采光
	窗地面积比 (A_c/A_d)	采光有效进深 (b/h_s)	窗地面积比 (A_c/A_d)
Ⅰ	1/3	1.8	1/6
Ⅱ	1/4	2.0	1/8
Ⅲ	1/5	2.5	1/10
Ⅳ	1/6	3.0	1/13
Ⅴ	1/10	4.0	1/23

2. 标准规范

(1)《绿色建筑评价标准》(GB/T 50378—2014);

(2)《绿色博览建筑评价标准》(GB/T 51148—2016);

(3)《公共建筑节能设计标准》(GB 50189—2015);

(4)《建筑采光设计标准》(GB 50033—2013);

(5)《建筑环境数值模拟技术规程》(DB31/T 922—2015)。

3. 设计要点

1) 侧窗

(1) 利用不同朝向自然光源特点设置侧窗;

(2) 采光口宜设置在墙面较高的位置并适当分散布置;

(3) 若有可能采用双侧采光,将采光口分设在同一建筑空间两个朝向墙上可以得到较好的自然光分布和减少眩光。

2) 天窗

(1) 天窗可以作为侧窗采光的补充;

(2) 避免顶部采光可能出现的眩光;

(3) 改善冬、夏季室内获得自然光和太阳热的平衡。

4. 常见问题

1) 照度分布不均匀

当采光面积相等且窗底标高相同时,正方形窗口采光量最大,竖长方形次之,横长方形最小。但从照度均匀性看,竖长方形沿进深方向均匀性最好,横长方形沿宽度方向较均匀。

2) 房间进深太大

房间室内进深较大,外窗尺寸固定,太阳光无法照射到内部区域,导致整个房间的平均采光系数偏小,不满足设计要求。

5. 案例研究

某工业项目采用大空间联合厂房设计,室外有较大的绿地空间,在地下室顶板位置处设置导光管,将室外自然光引入到地下室,由此大大改善地下室采光效果(图 4-64)。

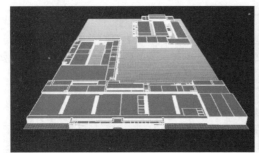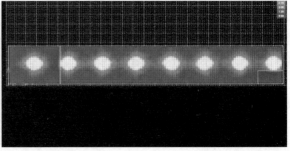

图 4-64　某工业项目采光模型

根据统计结果,本项目地下室部分采光系数大于 0.5% 的面积比例为 98.64%,可以大大改善地下空间的采光效果,降低建筑能耗。

6. 项目策划

上海天文馆项目外围护结构多数为石材幕墙,透明玻璃幕墙部分较小,不足以满足项目采光要求,因此计划在综合办公区域顶棚处设置导光设施(图 4-65),将室外自然光引入室内,改善室内的采光效果。

由图 4-66 采光模拟结果可知,本项目综合办公区域在顶棚加设导光管设施以后,室内采光系数均能够达到 4.0% 以上,室内采光效果良好,能够满足《建筑采光设计标准》(GB 50033—2013)的相关要求。

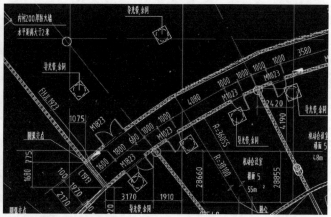

图 4-65 导光管位置

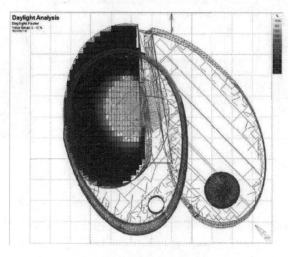

图 4-66 采光模拟结果

4.3.5 通风优化措施

1. 技术简介

根据原理的不同,可将自然通风分为风压通风、热压通风以及风压、热压混合通风三种形式。合理利用自然通风能取代或者部分取代传统空调系统,不仅能少消耗不可再生能源,实现被动热调节,而且能提供新鲜清洁的自然空气,有利于人的身心健康。因此,在建筑设计中宜挖掘通风适宜技术,实现多元的通风策略。

2. 标准规范

(1)《绿色建筑评价标准》(GB/T 50378—2014);

(2)《绿色博览建筑评价标准》(GB/T 51148—2016);

(3)《公共建筑节能设计标准》(GB 50189—2015);

(4)《住宅设计规范》(GB 50096—2011);

(5)《建筑环境数值模拟技术规程》(DB 31/T 922—2015)。

3. 设计要点

根据自然通风形成原理,在建筑设计中可灵活运用,合理组织通风。如可根据风压、热压等原理,通过选择适宜的建筑朝向、间距以及建筑布局,通过设计门窗洞口等方法,创造自然通风的先决条件。为了更好地组织自然通风,在建筑设计应妥善处理下列问题:

1）建筑布局

在夏季有主导风向的地区,应尽量使房屋纵轴垂直于主导风向,使得建筑物迎风面与夏季主导风向之间的夹角在 60°~90°范围内,且不应小于 45°。我国大部分地区夏季主导风向都是南向或南偏东,因而,建筑多以南向或南偏东为最佳朝向。这样的朝向也有利于避免东晒或西晒的作用。

2）建筑平面布置

（1）主要使用的房间应布置在夏季迎风面,辅助用房可布置在背风面,并以建筑构造与辅助措施改善通风效果。

（2）当房间的进风口不能针对夏季主导风向时,可采取设置导风板、采用绿化或错开式平面组合,引导气流入室。

（3）在平面设计时还应注重"穿堂风"的组织（图 4-67）。

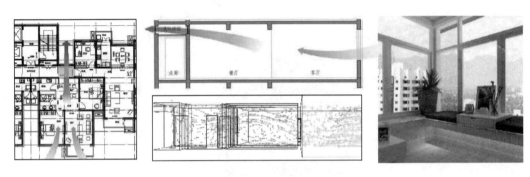

图 4-67 穿堂风

3）通风开口

（1）需保证门窗一定的可开启面积,使室内气流达到一定的风速,形成风感。

（2）进风口与出风口宜相对错开布置,这样可以使室内气流更均匀,通风效果更好。

（3）夏季自然通风用的进风口,其下缘距室内地面的高度不应大于 1.2 m;冬季自然通风用的进风口,当其下缘距室内地面的高度小于 4 m 时,应采取防止冷风吹向人员活动的措施。

4）建筑空间及造型

（1）利用中庭空间。中庭的功能是利用竖直通道所产生的烟囱效应造成室内外空气的对流交换,达到自然通风目的。中庭通风示意图如图 4-68 所示。

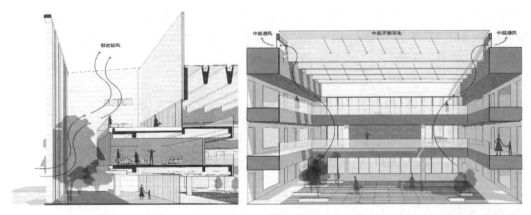

图 4-68 中庭通风

（2）利用建筑的楼梯间,比如英国考文垂大学新图书馆,其楼梯间兼做自然通风竖井使用,同样,这也是利用了"烟囱效应",造成室内外空气的相对交换。

（3）利用屋顶进行自然通风。

5）双层通风幕墙技术

双层玻璃幕墙又被称为智能玻璃幕墙、呼吸式玻璃幕墙和热通道玻璃幕墙等。双层玻璃幕墙对提高玻璃幕墙的保温、隔热和隔声性能方面有很大突破。它是由内外两道玻璃幕墙所组成，其间形成一个空气间层（图4-69）。

图4-69　双层通风幕墙

4. 常见问题

1）风量不足

室内自然通风受很多因素影响，最主要的因素是室外环境，当建筑立面风压差和温度差不足以提供满足室内自然通风的足够动力时，会出现风量不足问题。此时需考虑自然通风和机械通风相结合，机械辅助自然通风，满足室内人员的舒适度要求。

2）湿度控制不足

当室内参数均通过自然通风来控制的时候，室外新风可以满足人员的温度和风速要求，却难以确保同时满足湿度要求。较干燥的空气进入室内，会直接降低室内的舒适度，此时必须采取措施对室内空气进行加湿，满足人员的舒适度要求。

3）噪声控制不足

围护结构本身具有隔声的功能，当采取打开外窗进行自然通风的时候，室外的噪声也将伴随进入室内。如果项目紧邻交通干道，室外交通噪声较大，将会影响室内人员的正常工作，因此通风外窗与噪声源需保持一定距离，确保在过渡季节开启外窗进行自然通风的时候，室外噪声不会影响到室内人员的正常工作。

5. 案例研究

某办公项目为核心筒结构，通过增加外窗可开启面积，可确保在过渡季节有更多的室外新风进入室内，同时外窗、门、走廊可形成穿堂风效果，建筑迎风面与背风面两侧大气温度不同，气压导致空气快速流动，带走室内污浊气体。其过渡季风速矢量图/风速云图如4-70所示。

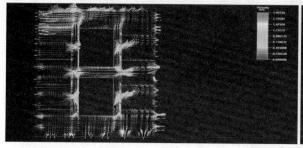

图4-70　某办公建筑过渡季风速矢量图/风速云图

6. 技术策划

上海天文馆项目外围护结构均为幕墙,拟在透明玻璃幕墙部分可以设置开启扇,用来满足自然通风要求。本项目为展览类建筑,室内均为大空间房间,无较多隔墙作为隔断,室外新风进入室内以后,可以无阻挡运行,加速气体交换。建筑效果图如图 4-71 所示。

图 4-71 建筑效果图

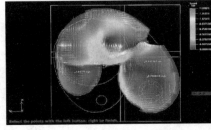 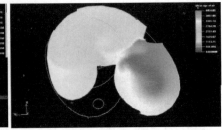

图 4-72 1.5 m 高处风速云图/空气龄分布图

由风速云图和空气龄分布图(图 4-72)可知,本项目室内风速多数均在 0.2 m/s 以下,不会对室内人员产生吹风感。但是,由于本项目室内空间较大,外窗可开启面积不能满足新风换气的要求,多数区域空气龄较大,空气不够新鲜。如需保证室内空气的洁净、新鲜,需增大外窗可开启面积。

4.3.6 遮阳系统

1. 技术简介

1) 分类

按照遮阳安装位置可将遮阳构件分为内遮阳、中间遮阳和外遮阳。

(1) 内遮阳。

内遮阳指在窗户内侧设遮阳设施。内遮阳原理图见图 4-73。

(2) 中间遮阳。

中间遮阳指遮阳设施位于双层玻璃之间,和窗框、玻璃组合成整扇窗户。中间遮阳示例如图 4-74 所示。

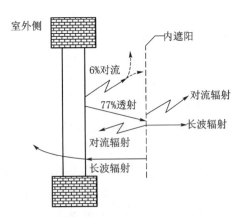

图 4-73 内遮阳

图 4-74 中间遮阳

（3）外遮阳。

外遮阳指在窗户外侧设遮阳设施。外遮阳示例如图 4-75 所示。

图 4-75　外遮阳

按照遮阳调节方式可将遮阳构件分为固定外遮阳和可调外遮阳。

（1）固定外遮阳分为水平式、垂直式、综合式和挡板式。

① 水平式：水平式外遮阳示例如图 4-76 所示。

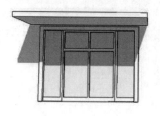 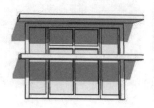 

图 4-76　水平式外遮阳

② 垂直式：垂直式外遮阳示例如图 4-77 所示。

图 4-77　垂直式外遮阳

③ 综合式：综合式外遮阳示例如图 4-78 所示。

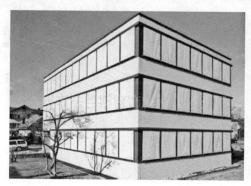 

图 4-78　综合式外遮阳

④ 挡板式：挡板式外遮阳示例如图4-79所示。

图4-79 挡板式外遮阳

（2）可调外遮阳分为遮阳卷帘、可调百叶、遮阳棚和推拉挡板。

① 遮阳卷帘：遮阳卷帘示例如图4-80所示。

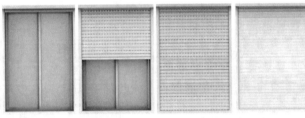

图4-80 遮阳卷帘

② 可调百叶：可调百叶示例如图4-81所示。

图4-81 可调百叶

③ 遮阳篷与推拉挡板：遮阳篷示例见图4-82，推拉挡板示例见图4-83。

图4-82 遮阳篷　　　　　　　　　　　　　　**图4-83 推拉挡板**

2）先进技术

太阳能光电/光热结合遮阳板：在满足遮阳基本功能的前提下，根据当地自然条件及建筑朝向，将太阳能光热或光伏部件与遮阳板结合，可在一定程度上兼顾采光、通风、视野的综合要求（图4-84）。

图 4-84　太阳能光电/光热结合遮阳板

2. 标准规范

(1)《绿色建筑评价标准》(GB/T 50378—2014);

(2)《绿色博览建筑评价标准》(GB/T 51148—2016);

(3)《公共建筑节能设计标准》(GB 50189—2015);

(4)《公共建筑节能设计》(DGJ 08-107—2015);

(5)《建筑遮阳工程技术规范》(JGJ 237—2011);

(6)《建筑外遮阳(一)》(14J506—1)。

3. 设计要点

(1) 外遮阳系统应体现建筑的丰富艺术性(图 4-85—图 4-88)。

图 4-85　遮阳空间——灰空间

图 4-86　遮阳空间——挑檐

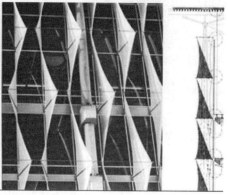

图 4-87　遮阳构件——虚实对比

图 4-88　遮阳构件——色彩组合

（2）外遮阳系统设计时应考虑建筑能耗。热量流动示意图如图 4-89 所示。

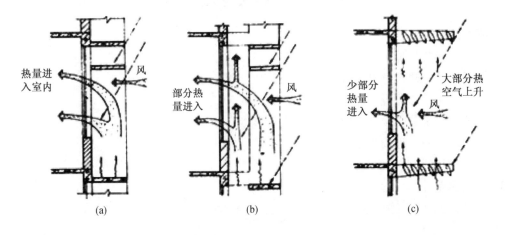

（a）　　　　　　　　　　（b）　　　　　　　　　　（c）

图 4-89　热量流动示意图

（3）外遮阳系统应考虑对室内采光的优化。水平反光板如图 4-90 所示。

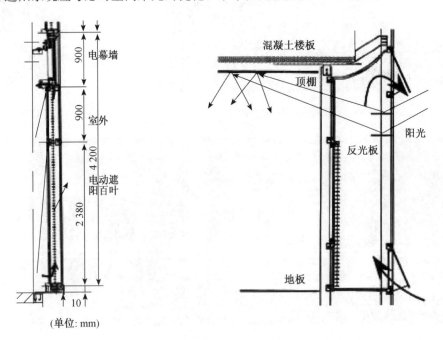

图 4-90　水平反光板

（4）外遮阳系统应考虑对室内通风的优化。采取有特殊设计的构造细节,如留槽式遮阳板或者穿孔遮光板等,可引导通风路径,减少遮阳措施对通风的不利影响。一般水平遮阳如图 4-91 所示,留槽式水平遮阳如图 4-92 所示。

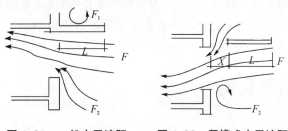

图 4-91　一般水平遮阳　　　图 4-92　留槽式水平遮阳

（5）眩光控制。相对于遮阳百叶,尺寸较大的水平遮阳板更有利于将直射阳光转化为柔和的漫射光,避免工作面眩光。

4. 常见问题

（1）没有顾及建筑整体功能需求,粗野加设遮阳构件;

（2）为了立面效果而随意选用遮阳方式,未考虑地理位置等其他因素。

5. 案例研究

新伯肯黑德图书馆和文化娱乐中心位于新西兰的奥克兰,奥克兰全年气候宜人,但是日照强烈。建筑立面采用了由阿拉斯加黄柏构成的垂直的"鳍",不仅起着垂直遮阳板的作用,同时还作为立面夹层和外部甲板的栏杆,从街道看过来会形成一个很有吸引力的立面细节(图 4-93)。

图 4-93　新伯肯黑德图书馆和文化娱乐中心

6. 技术策划

（1）对于上海天文馆工程项目,遮阳系统设计可与建筑整体的设计理念及建筑的艺术性协同一起考虑,设计时应根据实际情况选择合适的遮阳系统形成遮阳立面的一体化系统。在一些窗墙比较小的部位则不需要做外遮阳设计。

(2) 遮阳系统也可以和光伏板一体化结合,例如:

① 太阳能光伏板可与天窗一体化设计,起遮阳和挡雨作用,满足室内采光。

② 遮阳板与光伏板一体化能够起到利用太阳能和遮阳双重作用。

③ 采取可调节遮阳措施,降低夏季太阳辐射热量。

4.4 节水与水资源利用

4.4.1 雨水回收系统

1. 技术简介

雨水收集回用系统,是将雨水收集后,按照不同的需求对收集的雨水进行处理后达到符合使用标准的系统。

2. 标准规范

(1)《绿色建筑评价标准》(GB/T 50378—2014);

(2)《公共建筑节能设计标准》(GB 50189—2015);

(3)《建筑与小区雨水控制及利用工程技术规范》(GB 50400—2016)。

3. 设计要点

1) 初期雨水弃流

初期径流弃流量应按照下垫面实测收集雨水的 COD、SS、色度等污染物浓度确定。当无资料时,屋面弃流可采用 2~3 mm 的径流厚度,地面弃流可采用 3~5 mm 的径流厚度。

2) 雨水的收集与储存

(1) 雨水的收集。

雨水的收集主要分为以下三类:路面及其公共区域汇集的雨水;绿化区域汇集的雨水;屋面汇集的雨水。

(2) 雨水的储存。

雨水的储存设施有:钢筋混凝土蓄水池、PP 模块蓄水池(图 4-94)及雨水储水罐等。

图 4-94　PP 模块蓄水池

（3）雨水的处理。

物理化学法——收集的雨水污染程度较低,且回用于住宅、公共建筑的非饮用水,一般采用物理化学方法进行处理。物理化学法处理工艺流程图如图 4-95 所示。

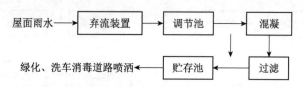

图 4-95 物理化学法处理工艺流程图

生物法——利用自然界的微生物和动植物对集蓄后的雨水进行处理,处理后的雨水可排入水体或用于补充地下水。

深度处理——在常规处理后,再经过吸附、膜分离等处理工艺,取得良好的水质。深度处理工艺流程图如图 4-96 所示。

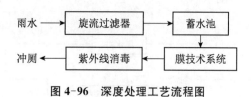

图 4-96 深度处理工艺流程图

（4）雨水的供应。

对雨水进行收集后,可将经过处理并达到使用要求的雨水通过水泵输送至卫生间作为便器的冲洗用水,也可用于小区绿化灌溉、道路车库冲洗用水、消防用水以及景观用水等。

4. 常见问题

（1）投入运行比例低,公建投入运行的比例仅为 65%,大量的雨水回用系统搁置不用,造成资源的浪费。

（2）使用雨水回用系统产生的人工费、设备维护费用、加药费等开销,并不比使用自来水便宜,甚至比自来水成本还高。

5. 案例研究

上海自然博物馆位于静安雕塑公园地块内,其屋顶雨水外排示意图如图 4-97 所示。

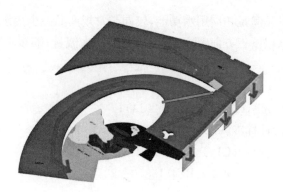

图 4-97 上海自然博物馆屋顶雨水外排示意图

处理工艺流程图如图 4-98 所示。

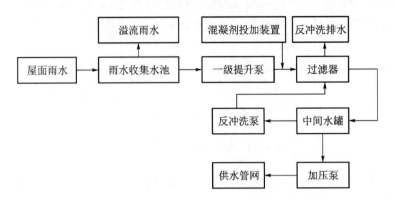

图 4-98 上海自然博物馆雨水回用系统工艺流程图

6. 技术策划

在上海天文馆项目中,采用雨水回用系统,工艺流程图如图 4-99 所示。

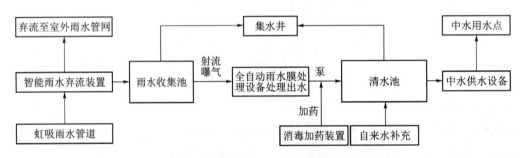

图 4-99 上海天文馆雨水回用系统工艺流程图

屋面初期弃流量为 3 mm,设有室外智能化雨水初期弃流装置进行测量控制。雨水经初期弃流后通过收集管道至收集池中。雨水处理采用膜处理设备,设备出水水质好,并具有体积小、强度高、水耗小等优点。处理消毒后的雨水经加压泵加压后供给至水景、绿化浇洒、道路冲洗及车库冲洗用水点。

4.4.2 节水器具

1. 技术简介

节水型生活用水器具是满足相同用水功能,较同类常规产品减少用水量的器具,以求达到节水的效果。节水原理可以从以下三方面考虑:限制水龙头出水流量;缩短水龙头开关时间;避免水龙头滴漏现象。

2. 标准规范

(1)《绿色建筑评价标准》(GB/T 50378—2014);

(2)《公共建筑节能设计标准》(GB 50189—2015);

(3)《节水型生活用水器具》(CJ/T 164—2014);

(4)《节水型产品通用技术条件》(GB/T 18870—2016)。

3. 设计要点

(1)节水型水龙头:每次供水量不大于 1 L,供水时间 4~6 s,水压 0.1 MPa,管径 15 mm,最大流量不大于 0.15 L/s。水嘴用水效率等级指标见表 4-5。

表4-5 水嘴用水效率等级指标

用水效率等级	1级	2级	3级
流量/(L·s⁻¹)	0.100	0.125	0.150

（2）节水型便器：使用少于6 L水的情况下能够将污物冲离便器进入排水系统，做到满足使用功能及卫生条件要求。大便器冲洗阀用水效率等级指标见表4-6。

表4-6 大便器冲洗阀用水效率等级指标

用水效率等级	1级	2级	3级
冲洗水量/L	4.0	5.0	6.0

（3）节水型淋浴：在水压0.1 MPa和管径15 mm情况下，最大流量不大于0.15 L/s。这种淋浴器的开关具有非接触控制以及接触控制两种方式，并具有限制流量和调节水温的功能。淋浴器用水效率等级指标见表4-7。

表4-7 淋浴器用水效率等级指标

用水效率等级	1级	2级	3级
流量/(L·s⁻¹)	0.08	0.12	0.15

4. 常见问题

（1）法律、法规不完善：国家对节水型卫生器具的开发、生产、推广应用及管理没有一套完整的、体系的法律、法规来约束。

（2）有些地区对节水器具的推广不够重视：我国南方部分不缺水城市，由于水资源较丰富，供水能力较大，当地供水部门对节水漠不关心。

5. 案例研究

华东师范大学闵行校区文化中心位于华东师范大学闵行校区东北部。

该文化中心所使用的卫生器具及配件采用节水型产品，用水效率等级达到2级标准，公共卫生间的洗手盆龙头采用红外感应龙头、延时开关，小便器采用感应式冲洗阀。

6. 技术策划

在上海天文馆项目中，水嘴均采用陶瓷密封水嘴，卫生器具均采用节水型器具，公共场所洗手盆水嘴及小便器冲洗阀均采用感应式。生活用水器具的用水效率等级符合现行国家标准要求，节水器具按各器具标准中节水评价为2级设计。节水型器具的规格如表4-8所示。

表4-8 节水器具用水规格

序号	器具类型	流量
1	大便器	4.5 L/3 L两挡
2	小便器	3 L/次
3	感应式水龙头	0.125 L/s
4	手动水龙头	0.125 L/s
5	淋浴花洒	0.12 L/s
6	厨房水龙头	0.125 L/s

4.4.3 节水灌溉

1. 技术简介

节水灌溉工程的目的是减少输配水过程的损失和深层渗漏损失,提高灌溉效率。主要有以下几种:管道输水技术、喷灌技术、微灌技术。

2. 标准规范

(1)《绿色建筑评价标准》(GB/T 50378—2014);

(2)《绿色博览建筑评价标准》(GB/T 51148—2016);

(3)《公共建筑节能设计标准》(GB 50189—2015)。

3. 设计要点

(1)喷灌:通过使用专业的设备将水源进行加压后,通过喷头将其分散成为细小的水滴,从而能够进行均匀地喷洒灌溉的灌水方式。相比传统的灌溉方式,喷灌能够节水约40%,节省劳动力约50%,灌水均匀度也有很大的提高。喷灌技术适用于植物集中连片的场所。

(2)微喷灌技术:利用低压管道系统,通过微喷头喷洒进行局部喷灌的灌水方式,如图4-100所示。比喷灌技术节水约40%,节能50%~70%。目前,微喷技术主要应用在花卉、灌木以及行道树的灌溉上,而在草坪及其他种植较密的植物上应用较少。

(3)地表滴灌:利用管道系统通过滴头,将作物生长所需的水分和养分滴入作物根部附近,借重力作用使水渗入植物根区的灌水方式,如图4-101所示。滴灌适合城市人口多、交通密集区域的绿地。

图4-100　微喷灌

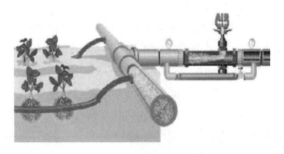

图4-101　滴灌系统原理

4. 常见问题

(1)灌溉系统自动化程度低:水流的管网控制大部分仍采用手动法,造成大量水资源浪费。

(2)灌溉管理滞后:缺乏系统的实验研究,不清楚不同气候条件下当地主要绿地植物的需水量及需水规律,也缺乏专业技术人员。

(3)节水喷头堵塞:喷头日常缺少维护管理,长久不用并闲置在泥土里,导致喷头堵塞无法继续使用。

5. 案例研究

上海自然博物馆:分为外立面绿墙绿化与屋顶花园绿化,均采用滴灌方式。滴灌系统通过PVC管件和循环水泵连接,由电子调节阀、压力控制阀、控制器、传感器等必要的元件组成,如图4-102所示。

6. 技术策划

在上海天文馆项目中,根据当地气候条件,种植多种适宜生长且存活率较高的植物,建议采用高效节水浇灌方式。其中,微灌(包括微喷灌及地下滴灌)主要用于花卉、灌木以及行道树的灌溉,地下

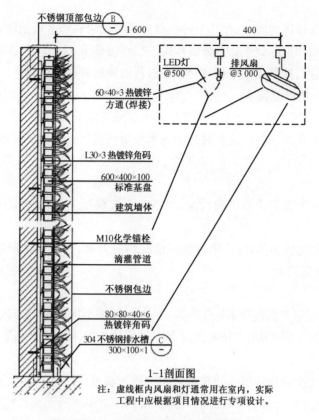

图 4-102　垂直绿化及灌溉系统(单位:mm)

滴灌应用范围较广,不仅可用于上述植物,也可用于草坪及其他种植较密的植物。为了合理利用水资源并且智能化控制浇灌系统,所有区域均采用土壤湿度感应器、雨天关闭装置等节水控制措施。

4.4.4　生态水处理措施

1. 技术简介

生物生态技术是利用微生物、高等动物、高等植物或生物制品来调节水生态系统的结构,转移、降解水中的污染物,恢复水体的技术,能充分利用自然来净化水环境。目前,应用比较广泛的生态水处理技术有:人工绿地技术、生态浮床技术、生态护岸技术、微生物-生态强化修复技术等。

2. 标准规范

(1)《绿色建筑评价标准》(GB/T 50378—2014);

(2)《绿色博览建筑评价标准》(GB/T 51148—2016);

(3)《公共建筑节能设计标准》(GB 50189—2015)。

3. 设计要点

1)人工绿地技术

人工绿地是在一定的生态模块中,由土壤、填料、滤料混合组成填料床,并在床体表面种植具有处理性能好、耐污性好、适应能力强等特性的水生植物,污水流经填料床形成具有净化功能的微生物种群,组成一个由基质、微生物及植物的复合生态系统。通过人工绿地处理后的污水,其中的 COD、BOD_5、氨、氮、磷等化合物都能有效地去除。

适用于人工绿地生态模块的植物有:美人蕉、高洋茅、黄杨、黑麦草、女贞、菖蒲等,它们都属于喜肥、耐湿、根系发达、生长迅速的植物。

2）生态浮床技术

生态浮床技术是以浮床为载体，在其上种植具有景观效果和经济价值的水生植物，通过植物根部吸收、吸附、化感作用和根际微生物的分解作用，吸收、分解和富集水中的氮、磷营养元素和有机物，缓解水体营养化程度，抑制藻类生长，净化水质，从而彻底移除污染物。

3）微生物-生态强化修复技术

微生物-生态强化修复技术是指通过强化培育土著或特定的微生物，对水体中的污染物进行转移、转化及降解的作用，从而使封闭或相对封闭的水环境恢复生态平衡。该技术可广泛运用于各类底质的景观水处理。

4. 常见问题

（1）采用植物与微生物受季节影响较大，在特殊天气状况下会出现不稳定的状况，影响处理效果。

（2）前期调试阶段比较烦琐，每个项目实际情况均有差别，不能完全照搬模版，要根据具体情况进行实验调试，工作量较大。

5. 案例研究

北京某住宅小区一期工程包括多栋住宅及一处会所，该小区周围无市政雨、污水管线，生活污水经中水处理后排入人工湖，雨水亦排入人工湖。然后从人工湖中抽水用于小区绿地灌溉和高尔夫球场喷灌。

本工程利用人工土壤植物渗滤净化技术对中水进一步处理，去除残余的氮、磷等污染物，提高景观湖的水质标准；利用地形地貌，采用低势绿地、浅沟等对雨水径流进行截留、截污后收集利用。

6. 技术策划

在上海天文馆项目中，屋顶采用种植屋面，雨水降落到屋面首先经过植物与土壤的吸收和过滤，再排至屋面雨水收集系统，经过净化处理后，用作景观水体补水，这相对单纯混凝土屋面则能有效地控制面源污染。其次，景观水体四周驳岸采用自然置石等做法，对汇入径流进行预处理，也有控制面源污染的作用。

4.5 室内环境质量

4.5.1 隔声降噪措施

1. 技术简介

隔声是噪声控制工程中的主要技术措施之一。声源由隔声结构传递能量的主要途径可以分为三种方式：

（1）通过结构传播。

（2）通过空气直接传播。

（3）声源以振动直接激发结构振动，并以弹性波的形式在结构中传播，在传播中再向周围辐射声音。

2. 标准规范

（1）《绿色建筑评价标准》（GB/T 50378—2014）；

（2）《绿色博览建筑评价标准》（GB/T 51148—2016）；

（3）《公共建筑节能设计标准》（GB 50189—2015）。

3. 设计要点

隔声降噪实施途径有三种：场地环境噪声控制；建筑内设备噪声控制；建筑自身隔声降噪性能

的提升。

1) 场地环境噪声的控制

① 设置声障板、景观墙等措施(图 4-103);

图 4-103　景观墙

② 建造隔声屏障降噪;

③ 合理使用土地划分和建筑布局;

④ 合理布置交通干线;

⑤ 设置绿化带。

2) 建筑内设备噪声的控制

① 合理设计管道及管道配置元件用于降噪(图 4-104);

② 采用隔声罩辅助降噪措施,如图 4-105 所示;

图 4-104　隔声屏障　　　　　　　　　　图 4-105　隔声罩

③ 冷却塔、热泵机组等设备置于建筑顶部有效隔振(图 4-106 和图 4-107);

图 4-106　设备放于建筑顶部　　　　　图 4-107　设备在建筑顶部安装

④ 采用阻性消声器降噪；

⑤ 管道内壁涂吸声材料降噪（图4-108）。

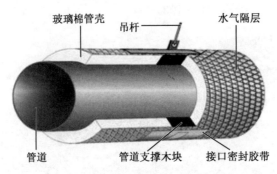

图4-108　管道内壁降噪

3）建筑自身隔声降噪性能的提升对于建筑自身隔声降噪性能的提升，可通过提高主要功能房间的隔墙、楼板、门窗的隔声减震性能来实现。

4. 常见问题

（1）设计问题。住宅建筑在设计过程中，卧室、起居室与电梯井道、设备机房或卫生间紧邻布置，造成设备或管道产生的震动及噪声会传递到房间内。

（2）施工质量。项目施工过程中质量控制不到位，会出现分户隔墙砂浆不饱满，现浇板存在裂缝，穿墙面、楼板管道封堵不严，形成"声桥"。

（3）检验验收。现行质量验评规范未将住宅隔声性能检测作为工程验收条件之一，工程进行竣工验收时，隔声性能不需要进行检测。

5. 案例研究

某办公项目采用毛坯房设计，楼板采用钢筋混凝土，因而不能满足撞击声隔声要求。经业主、设计院、绿建咨询三方沟通后，确认在楼板构造中加设减振垫，以此来满足楼板撞击声隔声的要求。

6. 技术策划

（1）构件隔声

在上海天文馆项目中将选用隔声性能好的外墙、隔墙、楼板、门窗，确保以上构件的空气声隔声均能满足《民用建筑隔声设计规范》（GB 50118—2010）的相关要求。

（2）设备减振

上海天文馆项目各类机械设备采用低转速、低噪音设备，采用隔振措施处理水泵和其他振动源，采用消声处理降低噪声。

4.5.2　空调气流组织措施

1. 技术简介

空间气流分布的形式：按照送、回风口布置位置和形式的不同，可以有各种各样的气流组织形式。大致可以归纳为以下五种：侧送侧回，上送上回，上送下回，下送上回及中送上下回。

图4-109—图4-115分别是侧送侧排、孔板送风、单侧上送上排、异侧上送上排、地板下送风、置换式下送风、中送风的示意图。

2. 标准规范

（1）《绿色建筑评价标准》（GB/T 50378—2014）；

（2）《绿色博览建筑评价标准》（GB/T 51148—2016）；

（3）《公共建筑节能设计标准》（GB 50189—2015）；

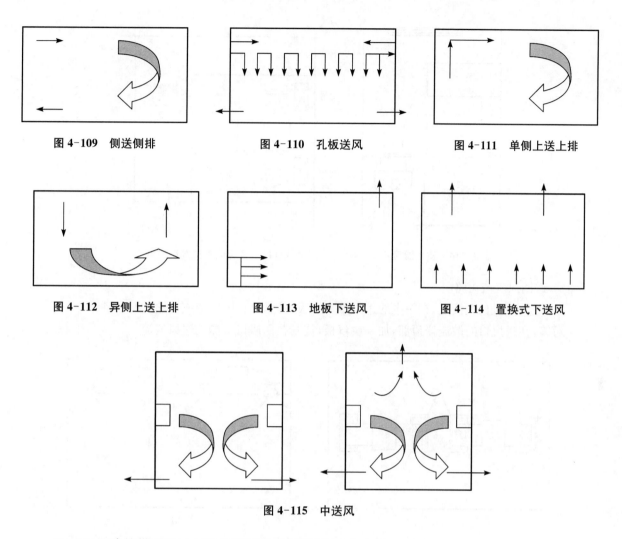

图 4-109　侧送侧排　　　　图 4-110　孔板送风　　　　图 4-111　单侧上送上排

图 4-112　异侧上送上排　　　图 4-113　地板下送风　　　图 4-114　置换式下送风

图 4-115　中送风

(4)《民用建筑供暖通风与空气调节设计规范》(GB 50736—2012);

(5)《车库建筑设计规范》(JGJ 100—2015)。

3. 设计要点

空调区的气流组织设计,应根据空调区的温湿度参数、允许风速、噪声标准、空气质量、温度梯度以及空气分布特性指标(ADPI)等的要求,结合内部装修、工艺或家具布置等确定;复杂空间空调区的气流组织设计,宜采用计算流体动力学(CFD)数值模拟计算。

4. 常见问题

1) 室内温度不均

因送风口采用单层死百叶,使气流扩散不到边角处,致使室内温度不均,只有送风达到的一块面积内温度低,如图 4-116 所示。

对策:改用双层可调百叶,双层百叶可以在施工验收时一次调好,以后也不常调,这能解决整个房间的气流均匀问题。

2) 气流达不到发热地点

因房间太小,当 B 点的温度为 20℃时,A 点已达 24℃,发热设备又过于集中,所以 1 号机运行时,气流达不到主机的后边,带不走计算机散发的热量,故主机背后的温度很快就达到极限,触发了超温报警器,进而影响了生产,如图 4-117 所示。

对策:在机房内主机的背后再增加一台空调机即 2 号机,这样就把问题解决了。

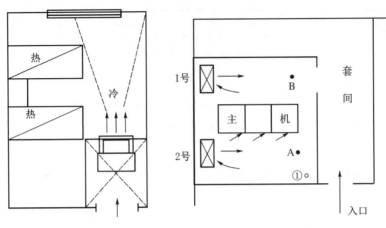

图 4-116 室内温度不均　　　　图 4-117 气流达不到发热地点

3）送回风气流短路

由于送、回风口太接近，有一半的送风量直接吸入回风口，因而造成短路（图 4-118）。

对策：在送风口的散流器顶部，加一块盲板，使其在回风口一侧无送风气流。

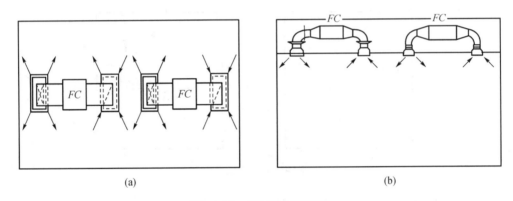

（a）　　　　　　　　　　　　　　（b）

图 4-118 送回风气流短路

5. 案例研究

某体育馆项目篮球场设有机械通风系统，送风采用上送上回，旋流风口。根据篮球运动对气流速度的要求选取 2 m 高度为典型面对风速、温度云图和空气龄进行分析（图 4-119—图 4-121）。

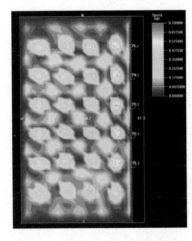

图 4-119 距地 2 m 高度处风速云图　　图 4-120 距地 2 m 高度处温度分布图　　图 4-121 距地 2 m 高度处空气龄

根据模拟结果,当前气流组织设计能实现风速设计参数的要求,可以进行篮球比赛,但想满足场区内人员舒适性要求,仍需增设空调系统。

6. 技术策划

上海天文馆项目主体建筑所使用的傅科摆空调风系统分为上下 2 个空间,1 层区域在楼板边缘设置侧送喷口,气流组织设计为侧送下回,2、3 层区域的气流组织设计为上送下回,如图 4-122 所示。

球幕影院空调机组设置于影院下的空调机房内,送风管送入座位下的保温空腔内,每个座位下设置圆形座位送风口,球幕影院构造特殊,无法按常规布展空调气流组织,各种因素如球幕的清洁、室内空气的舒适、声学的指标等限制,因此采取置换式空调方式,下送侧回空调气流组织,在可设置风口的座位下设风向可调地板送风口,使空调送风的温度、速度因吸卷周围空气快速衰减,达到舒适度要求。

家园板块等各展览区空调机组设置于各层的空调机房内,气流组织设计为上送上回、上送下回或侧送下回等,如图 4-123 所示。

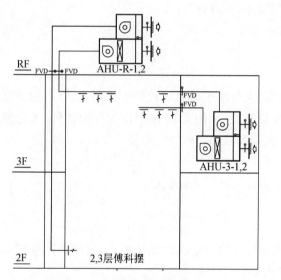

图 4-122　2、3 层傅科摆气流组织形式

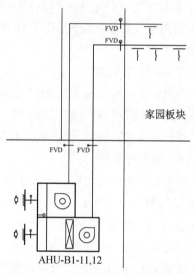

图 4-123　家园板块气流组织形式

4.5.3　CO_2,CO 浓度监控系统

1. 技术简介

1) CO_2 浓度监控系统

对于保证长期居住或停留状态下,人体健康不受危害的室内空气中 CO_2 浓度的限值标准,我国的《室内空气中 CO_2 卫生标准》(GB/T 17904—1997)中规定,室内空气中 CO_2 日平均最高容许浓度应为 $\leqslant 0.09\%$(1 800 mg/m^3)。CO_2 浓度传感器监测到 CO_2 浓度超过 1 800 mg/m^3 时进行报警,同时自动启动送排风系统。CO_2 浓度监测装置如图 4-124 所示。

2) CO 浓度监控系统

CO 气体检测仪能够探测到 CO 气体浓度,并传输给控制系统,一旦 CO 浓度达到下限报警值,控制系统就会发出声光报警,并输出下限报警信号,以启动排风扇,加强通风。同时监控安全人员可以采取有效措施,降低现场的 CO 气体浓度。如图 4-125 所示。

图 4-124　CO_2 浓度监测装置

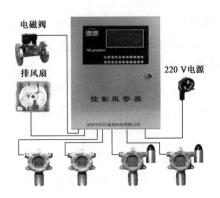

图 4-125　CO 浓度监测装置

2. 标准规范

(1)《绿色建筑评价标准》(GB/T 50378—2014);

(2)《绿色博览建筑评价标准》(GB/T 51148—2016);

(3)《公共建筑节能设计标准》(GB 50189—2015);

(4)《室内空气中 CO_2 卫生标准》(GB/T 17904—1997);

(5)《室内空气质量标准》(GB/T 18883—2002)。

3. 设计要点

1) CO_2 浓度监控系统

对于室内人员密度较高、门启闭次数不多、人员来去流量比较集中的室内,CO_2 的浓度可能会瞬时较高。此时,需设计和安装室内 CO_2 监控系统,采用 CO_2 浓度作为控制指标,实时监测室内 CO_2 浓度并与通风系统联动,保证室内的新风量需求和室内空气质量。

2) CO 浓度监控系统

一个防火分区至少应设置一个 CO 检测点并与排风系统联动。

4. 常见问题

1) 监测浓度自定义

目前,很多厂家生产的 CO_2 和 CO 检测探头无法自定义检测浓度,厂家按照某些国家标准规定设置了探测浓度,但不一定符合绿色建筑的要求。

2) 检测点设置

车库 CO 检测点的要求是至少一个防火分区设置一个探头,但是有些项目一个防火分区可能达到几千平方米,检测点数量过少将起不到作用。同时,车库中 CO 并非均匀分布,必然存在部分区域浓度高而部分区域浓度低的现象,如何能够切实高效地对探头进行布置,还需要设计师跟厂家多多考虑。

5. 案例研究

某办公项目在宴会厅、多功能厅、会议室等房间设置了多功能室内空气质量监控系统,可以同时对温度、湿度、CO_2、$PM_{2.5}$、PM_{10}、HCHO(甲醛)、VOCs 等浓度进行检测,检测仪器配有显示屏,可以实时显示相关参数值(图 4-126)。当某一指标浓度超标后,可以进行报警,同时控制空调机组,加大送风量。

图 4-126　某项目室内空气质量检测探头

6. 技术策划

1) CO_2 浓度监控系统

上海天文馆项目拟在主要功能房间设置 CO_2 浓度监控系统,空调箱根据室内 CO_2 浓度调节开度。具体控制原理图如图 4-127 所示。

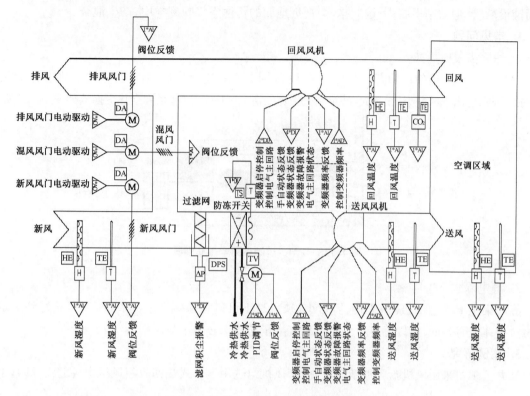

图 4-127　CO_2 浓度监控系统原理图

2) CO 浓度监控系统

上海天文馆项目拟在地下车库设置 CO 浓度监控系统,车库排风量按稀释浓度法计算确定,排风机采用消防低噪声柜式风机,并可以根据室内 CO 浓度进行启停控制。

4.5.4　$PM_{2.5}$ 新风系统

1. 技术简介

细颗粒物又称细粒、细颗粒、$PM_{2.5}$。细颗粒物指环境空气中空气动力学当量直径小于等于 2.5 μm 的颗粒物。它能较长时间悬浮于空气中,其在空气中含量(浓度)越高,就代表空气污染越严重。虽然 $PM_{2.5}$ 只是地球大气成分中含量很少的组分,但它对空气质量和能见度等有重要的影响。与较粗的大气颗粒物相比,$PM_{2.5}$ 粒径小、面积大、活性强,易附带有毒、有害物质(例如,重金属、微生物等),且在大气中的停留时间长、输送距离远,因而对人体健康和大气环境质量的影响更大。

2. 标准规范

(1)《绿色建筑评价标准》(GB/T 50378—2014);

(2)《公共建筑节能设计标准》(GB 50189—2015);

(3)《民用建筑供暖通风与空气调节设计规范》(GB 50736—2012);

(4)《空气过滤器》(GB/T 14295—2008);

(5)《高效空气过滤器》(GB/T 13554—2008)。

3. 设计要点

空气送排方式选择:上送下排最好,上送上排次之,下送上排最后。一般情况下,污浊的空气质量较大,更接近地面(如 CO_2、HCHO 等),上送下排能形成良好的空气循环,把污浊的空气从地面排风口抽走,顶上送入过滤后的室外空气,不过其施工难度也最大;上送上排只需要吊顶,不需要在地面铺设软管,但效率不高;下送上排,会把近地面的污浊空气吹到空中,产生混合。

4. 常见问题

1)滤网需及时更换

PM2.5 新风系统所使用的高效滤网,孔径很小,使用到一定程度后,所有孔径都会被堵上,需要及时更换,否则会出现风量小,噪音大,甚至风机损坏的情况。PM2.5 过滤系列全热交换器如图 4-128 所示。

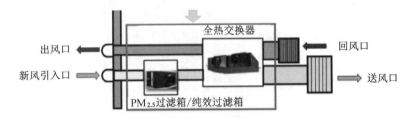

图 4-128 PM2.5 过滤系列全热交换器

2)静电除尘产生臭氧

静电集尘 PM2.5 的过滤效果佳、风阻小,缺点是不可避免地要产生臭氧,而当臭氧达到一定含量时对身体是有害的,所以静电集尘对臭氧产生量的要求必须十分严格。

5. 案例研究

某办公项目采用风机盘管加新风系统,新风机组选用组合式热回收新风机组(图 4-129),由混

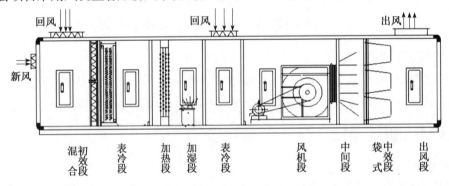

图 4-129 组合式空调机组示意图

合段、初效过滤段、热回收段、电子净化过滤段、表冷段、加湿段、送风机段组成。其中,排风部分由初效过滤段、热回收段、排风机段组成;排风用来预热或预冷室外新风,热回收段采用转轮全热回收换热器,加湿采用湿膜加湿方式。其中,电子净化过滤段示意图如图4-130所示。

6. 技术策划

上海天文馆项目在主体建筑设置集中空调系统,采用单风道定风量一次回风全空气双风机空调机组。计划在机组内设置初效 G4、中效 F8 过滤装置,过滤效率 60%。根据《绿色建筑评价技术细则》11.2.6 条规定:空气处理机组中设置中效过滤段,可认定为满足本条要求。因此,本项目通过在全空气机组中设置中效 F8 过滤段对室内新风进行有效处理,以达到改善室内热湿环境和空气品质的目的。

图 4-130 电子净化过滤段示意图

4.6　运营管理

4.6.1　智能化监控系统

1. 技术简介

《智能建筑工程质量验收规范》(GB 50339—2013)规定,智能建筑分部工程分为通信网络系统、信息网络系统、建筑设备监控系统、火灾自动报警及消防联动系统、安全防范系统、综合布线系统、智能化系统集成、电源与接地、环境和住宅(小区)智能化等 10 个子分部工程。子分部工程又分为若干分项工程(子系统)。根据设计和需要,实际的建筑智能化系统可为其中的一个或多个分项工程和系统集成。

2. 标准规范

(1)《绿色建筑评价标准》(GB/T 50378—2014);

(2)《绿色博览建筑评价标准》(GB/T 51148—2016);

(3)《公共建筑节能设计标准》(GB 50189—2015);

(4)《智能化建筑设计标准》(GB/T 50314—2015);

(5)《智能建筑工程施工规范》(GB 50606—2010);

(6)《智能建筑工程质量验收规范》(GB 50339—2013)。

3. 设计要点

(1) 智能化系统的深化设计应具有开放结构,协议和接口都应标准化和模块化。可从招标文件中了解建筑的基本情况、建筑设备的位置、控制方式和技术要求等资料,然后针对智能化产品进行工程化设计。

(2) 工程施工前应做好工序交接工作,做好与建筑结构、建筑装饰装修、建筑给水排水、建筑电气、通风与空调和电梯等分部工程的接口确认。

4. 常见问题

智能化系统常见问题总结如表 4-9 所示。

表 4-9　智能化系统常见问题总结

绿建评价条文	绿建评价要求	执行情况	原因
8.1.4	温湿度、风速等符合标准要求	夏季过冷、冬季过热,且湿度不达标	智能化监控系统运行不正常,物业无法正确读取运行状况;空调系统运行不正常,但物业未及时关注及维修
	温湿度、风速等符合标准要求	大厅温度过高,不满足舒适度要求	空调系统运行有问题却未及时维修
	新风量符合标准要求	新风机组未开启,新风量不足	智能化监控系统运行不正常,物业无法正确读取数据;物业未开启新风系统
10.2.8	智能化监控系统(含空调等设备)	系统未正常运行	系统平台设计不合理;竣工时未对系统进行完整调试;物业管理人员未具备熟练操作的意愿和能力

5. 技术策划

上海天文馆项目拟设置智能化集成管理系统,主要包含综合布线系统、公共广播系统、建筑设备管理系统、公共安全系统(火灾自动报警系统和安全技术防范系统)。

1) 综合布线系统

上海天文馆项目拟建立一套为所有语音、数据及楼宇自控(主干)等信号传输系统,并具有高速、灵活、可拓展的模块化介质通路。

2）公共广播系统

上海天文馆项目拟在展厅、大堂、电梯厅、走廊、机房、库、停车库等处设有线广播系统，各区域扬声器与消防紧急广播系统兼用。

3）建筑设备管理系统

上海天文馆项目拟设置智能型建筑设备监控系统（BAS），对建筑物内各种机电设备进行监视、控制、测量，使各种机电设备安全运行、可靠、节约资源、节省人力及确保建筑物内环境舒适。

4）安全防范系统

上海天文馆项目含有博物馆建筑，对于安防系统来说属于高风险场所，需委托专业单位做安全风险评估报告，安防系统的专项设计由深化设计单位根据安全风险评估报告的要求和布展设计进行安防系统的深化设计。

4.6.2 能耗监测系统

1. 技术简介

建筑能耗监测系统是指通过对国家机关办公建筑和大型公共建筑安装分类和分项能耗计量仪表，采用远程传输等手段及时采集能耗数据，实现重点建筑能耗的在线监测和动态分析功能的硬件系统和软件系统的统称。建筑能耗监测系统由数据采集子系统、数据中转站和数据中心组成。

建筑能耗数据按水、电、燃气、燃油、集中供热、集中供冷和其他分为8类实施分项计量（表4-10）。

表 4-10　能耗分类

能耗分类	一级子类
水	饮用水
	生活用水
电	无
燃气	天然气
	人工煤气
	液化气
燃油	汽油
	煤油
	柴油
集中供热	无
集中供冷	无
可再生能源	太阳能系统
	地源热泵系统
	其他可再生能源系统
其他	其他

2. 标准规范

（1）《绿色建筑评价标准》（GB/T 50378—2014）；

（2）《绿色博览建筑评价标准》（GB/T 51148—2016）；

(3)《公共建筑节能设计标准》(GB 50189—2015);

(4)《大型公共建筑能耗监测系统工程技术规范》(DG/TJ 08-2068—2009);

(5)《大型公共建筑能耗监测系统工程技术规范》(DG/TJ 08-2068—2009)。

3. 设计要点

1) 初步设计

应按技术规程设计要求,配电房每个出线支路均设置电能计量装置,在配电房支路计量后仍不能满足规程所要求的计量要求后,需在楼层配电柜加装计量装置(如照明插座用电每层计量)。

2) 施工图设计

应述明该工程能耗监测的范围及内容,细化分类、分项能耗,并明确应上传数据的子项;应交代能耗监测装置的系统构成;应说明施工要求和注意事项,若后续需其他专业、部门需完成的内容应交代清楚;提供能耗监测的图例及主要材料清单。

4. 常见问题

能耗监测系统常见问题总结如表 4-11 所示。

表 4-11　能耗监测系统常见问题总结

条文	设计情况	执行情况	原因
5.1.3	对冷热源、输配电系统、照明、办公设备和热水能耗进行分项计量	安装了计量表,但是表具读数不准无调整,且物业未进行分项抄表	物业对分项计量意义观念淡薄
5.6.9	计量收费系统及制度	未安装冷热量计量表	未按设计实施
5.6.10	建筑耗电、冷热量等实行分项计量收费	分项计量表读数不准,电脑数据与物业管理数据不吻合	
6.2.4	用水分项计量	只看到市政用水总表和雨水总表,用水分项计量设置不到位	未按设计安装计量表;部分计量表已损坏,物业未及时更换;物业未对相关数据进行逐项抄录及分析

5. 技术策划

上海天文馆项目拟设置能耗监测系统,计划在以下回路设置分项用电计量装置:

(1) 变压器低压侧总进线处;

(2) 照明插座用电:室内非公用场所照明插座供电回路、公共部位照明和疏散应急照明用电、室外景观照明供电回路;

(3) 暖通空调用电:冷热站冷机等用电设备供电回路、空调末端设备供电回路;

(4) 动力设备用电:电梯及附属设备供电回路、给排水系统水泵供电回路、通风机供电回路;

(5) 特殊用电:电子信息机房供电回路、厨房餐厅、其他特殊用电区域或用电设备供电回路;

(6) 各个楼层的供电回路;

(7) 树干式供电回路;

(8) 单台功率大于 50 kW 的用电设备的供电回路。

4.7　绿色建筑(三星)关键技术整合应用

4.7.1　技术策划整合方法研究

经过对大量专业文献的学习及对既有工程案例经验的借鉴,上海天文馆项目在设计过程中总结出"功能形式一体化""规模功效适宜化""经济效益合理化"这四大整合因子。借助"菜单组合法""公式评分法""软件分析法",以达到尽可能平衡高效的整合效果。

1. 功能形式一体化

功能形式一体化即技术形式与建筑功能空间的耦合度,实现技术形式与建筑外观及空间形式的协调。以上海自然博物馆(上海科技馆分馆)的遮阳体系设计为例:本项目遮阳系统不是简单机械安装遮阳百叶,而是结合外观造型、结构体系的需求与遮阳需求进行一体化设计。

建造完成的遮阳体系由南立面细胞墙、东南侧出挑空间、办公室内置百叶窗这三大类型构成,其中细胞墙还复合了多种功能,实现了遮阳效应与建筑功能一体化的整合效果。

(1)南立面细胞墙:面对中心下沉庭院的弧形通高玻璃幕墙,采用了仿生"人类细胞骨骼结构"的构造形式(图4-131)。细胞墙三层构造如图4-132所示,其独立功能分别为:

① 内层,框架玻璃幕墙作用:保温隔热围护构造;

② 中层,钢结构体系作用:主体承重结构;

③ 外层,金属框架遮阳构件屏作用:一体化遮阳构件。

图 4-131 细胞墙外观大样

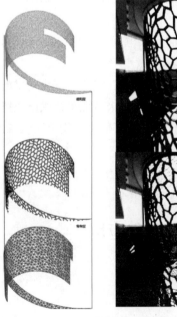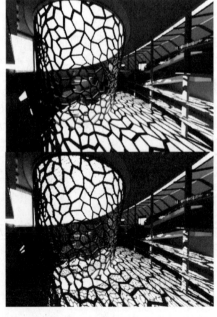

图 4-132 细胞墙三层构造

(2)东南侧处挑空间:东南侧处挑空间不仅丰富了建筑造型,创造出清透玻璃与厚重混凝土的质感对比,达到突出主入口的目的,也为南向的玻璃幕墙提供了相当于建筑水平与垂直挡板的遮阳效果(图4-133)。

图 4-133　入口遮阳板实景图

南入口水平挡板:透明幕墙顶部设置清水混凝土檐口,出挑 3～5.5 m,遮挡了从上方斜射向透明幕墙的日照;西南垂直挡板;东南垂直挡板;东侧透明幕墙正面设置清水混凝土墙,间距 3 m,遮挡了部分东南向日照;南侧透明幕墙侧出挑细胞墙,出挑 3～5.5 m,遮挡了部分西南向日照。

(3)内置百叶窗:东侧办公室立面及屋顶天窗的可调外遮阳,可根据人体对采光、热度的感觉灵活调整,符合人员长期活动、工作的需求。

2. 规模功效适宜化

规模功效适宜化即功能上是否为类似技术中效用比最高的选择。如上海市委党校二期(教学楼、学员楼):针对遮阳体系的设置,展开"建筑围护结构(主被动式建筑节能技术体系)综合节能新技术体系研究"。

1)研究内容

内外遮阳的空调能耗对比;固定与可调外遮阳的空调能耗对比;不同遮阳系数下的空调能耗对比;不同遮阳系数下的照明能耗对比;不同遮阳系数下的总能耗对比。

2)研究小结

(1)遮阳形式优先设置外遮阳体系,辅之以内遮阳体系。

(2)夏热冬冷及夏热冬暖地区,南立面设置可调外遮阳最利于综合节能;而在太阳辐射强烈的东西立面,可结合具体立面设计及经济造价,选择固定外遮阳或综合遮阳。

(3)优先选择水平遮阳板,其次是垂直遮阳板,构件出挑宽度以外窗宽度的 0.5～1.0 m 为有效。

(4)遮阳板离开墙面 0.2～0.5 m。

(5)内遮阳百叶帘朝向阳光的一面,应为浅色发亮的颜色,而在背阳光的一面,应为较暗的无光泽颜色,以免引起眩光。

3)实施措施:

针对项目的不同部位,设计了不同的遮阳体系。

(1)南立面——可调金属百叶外遮阳(图4-134)。

位置:教学楼南侧的 2～3 层立面 650 m²。

形式:550(W)×5 000(H)的金属百叶,按 1 400 mm 间距布置。

图 4-134　实景照片——可调金属百叶

（2）西立面——固定金属百叶外遮阳（图 4-135）。

位置：教学楼中庭西侧的 2～3 层立面，面积 550 m²。

形式：600（W）×11 600（H）的金属百叶，按 1 400 mm 间距布置。

图 4-135　实景照片——固定金属百叶

（3）教学楼入口——出挑屋檐形体遮阳（图 4-136）。

位置：教学楼东侧入口大堂通高三层玻璃幕墙。

形式：屋檐出挑 6.1 m。

图 4-136　实景照片——出挑屋檐

（4）学员楼入口——出挑连廊形体遮阳（图 4-137）。

位置：学员楼东侧入口大堂。教学楼与学员楼之间的连廊。

形式：学员楼入口大堂（1 层）的南侧玻璃幕墙完全处于此出挑底板的影响范围内，受遮蔽面积约为 100 m²。

3. 环境性能最优化

环境性能最优化即以实现技术规模与环保舒适的平衡度为目的，具体操作工具可采用环境性能评价法。

图 4-137 剖立面——出挑连廊

1）评价原理

参考《绿色办公建筑评价标准》（GB/T 50908—2013）及日本 CASBEE，针对建筑的"环境性能质量"和"环境负荷大小"的比值来进行评价，只有低环境负荷，高环境品质的建筑才能获得高评价（图 4-138）。

建筑环境性能质量包括：Q_1——室内环境；Q_2——服务性能；Q_3——场地内室外环境。建筑环境负荷包括：LR_1——能源；LR_2——资源；LR_3——建筑用地外环境。

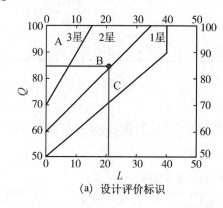

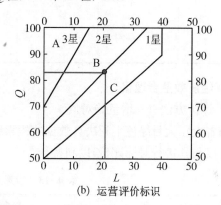

图 4-138 Q 表示建筑环境质量，LR 表示建筑环境负荷

2）评价方法

环境性能的评价标准分及权重系数如表 4-12 所示。

表 4-12 评价标准分及权重系数（以节地为例）

一级	二级项	类别	三级	类别	设计权重	三级得分
节地与室外环境	4.1	Q	4.1.2	Q	—	
	4.3	Q	4.3.1	Q	—	
			4.3.2	Q	—	
			4.3.3	Q	0.20	4.00
			4.3.4	Q	0.20	
			4.3.5	Q	0.20	4.00
			4.3.6	Q	0.20	5.00
			4.3.7	Q	0.20	4.00

（续表）

一级	二级项	类别	三级	类别	设计权重	三级得分
节地与室外环境	4.5	Q	4.5.5	Q	0.50	2.50
			4.5.6	Q	0.50	3.50
	4.1	LR	4.1.1	LR	—	
	4.2	LR	4.2.1	LR	0.30	4.00
			4.2.2	LR	0.15	
			4.2.3	LR	0.25	3.00
			4.2.4	LR	0.30	5.00
	4.4	LR	4.4.1	LR	0.40	3.50
			4.4.2	LR	0.30	5.00
			4.4.3	LR	0.30	2.50
	4.5	LR	4.5.1	LR	0.25	5.00
			4.5.2	LR	0.15	
			4.5.3	LR	0.15	
			4.5.4	LR	0.25	2.50
			4.5.7	LR	0.20	

4. 经济效益合理化

1）评价方法——增量绝对值

随着近年大量绿色工程决算数据的积累统计，形成以下经验数据（表4-13，表4-14）。项目计算值可以与其进行对标评价，以利抉择。

表4-13　增量成本参考指标（单方面积）

建筑类型	绿色建筑星级	增量成本/（元·m^{-2}）
公共建筑	一星级	30~50
	二星级	100~200
	三级星	300~500
居住建筑	一星级	20~40
	二星级	80~150
	三星级	200~350

表4-14　增量成本参考指标（单项技术-节地为例）

建筑类型	绿色建筑星级	增量成本/（元·m^{-2}）
公共建筑	一星级	30~50
	二星级	100~200
	三星级	300~500
居住建筑	一星级	20~40
	二星级	80~150
	三星级	200~350

2)评价方法——增量占比

增量占总投资比例,可作为项目绿色技术选择是否合理的一个参考标准。增量成本参考指标如表4-15所示。现有项目按技术的经济投入程度,大致可以分为以下三类:

(1)认证型项目:①按照条文逐一核实,采用对满足条文有帮助的技术和措施;②对于技术的指标和数据严格计算,不会多于评价指标值;

(2)实效型项目:分析项目实际特点以及技术种类,确定采用技术并进行技术方案比较,选出最佳方案。

(3)领先型项目:尝试新技术和新理念。

表 4-15　增量成本参考指标(占总投资比例)

类型	项目总投资	绿色造价增量比例
绿色建筑一星级	2.09 亿元	4.2%
绿色建筑二星级	7.55 亿元	8.3%
绿色建筑三星级	1.88 亿元	15.9%

4.7.2　博览类建筑适用技术组合

本次研究还将《绿色博览建筑评价标准》(GB/T 51148—2016)与《绿色建筑评价标准》(GB/T 50378—2014)中的条文进行了逐条对比,将博览建筑评价标准中特定独有的技术措施梳理小结如表4-16所示。

表 4-16　适用技术组合(博览类建筑)

条文类别		技术内容	一星	二星	三星
建筑专业	评分项	容积率	✓	✓	✓
		绿地率		✓	✓
		夜景照明光污染控制	✓	✓	✓
		机动车停车位遮阳措施	✓	✓	✓
		摆渡车及自行车设施		✓	✓
		中转停车场及流线组织	✓	✓	✓
		足够的休息空间及卫生间	✓	✓	✓
		停车位透水地面设计		✓	✓
		声学专项设计及吸声措施	✓	✓	✓
给排水专业	评分项	远传水表		✓	✓
		直饮水净水设备节约措施		✓	✓

（续表）

条文类别		技术内容	一星	二星	三星
暖通专业	评分项	恒温恒湿房间节能设计	✓	✓	✓
		展览空间冬季防冻措施	✓	✓	✓
		合理气流组织		✓	✓
电气专业	评分项	灯光展污染控制	✓	✓	✓
		展厅照明节能措施	✓	✓	✓

（续表）

第5章

地下水渗流对地埋管换热器
换热能力的影响研究

5.1 天文馆项目地源热泵系统设置

5.1.1 工程概况

上海天文馆项目主体建筑总建筑面积 35 369.85 m²,地下建筑面积 12 446.4 m²,地上建筑面积 22 923.45 m²。

魔力太阳塔共两层,总高 22.5 m,建筑面积 396.5 m²,是主要用于观测太阳的场所。

青少年观测基地建筑面积 911.5 m²,为一层环形建筑,中间是观测场地,周边是休息室。大众天文台,建筑面积 467.46 m²,是用天文望远镜观测的场所,对外开放,为爱好者提供专业的观测服务。两者位于主体建筑的东北侧,均在夜间开放。

厨房(餐厅)为一层建筑,建筑面积 944.3 m²,它也为主题建筑内的餐厅提供食物。

5.1.2 空调冷热源方案

上海天文馆各建筑的冷热负荷指标详见表 5-1。

表 5-1 上海天文馆各建筑冷热负荷

建筑单体		建筑面积 /m²	制冷负荷 /kW	冷负荷指标 /(W·m⁻²)	制热负荷 /kW	热负荷指标 /(W·m⁻²)
天文馆主体建筑		35 370	5 777	163	2 925	83
附属建筑	魔力太阳塔	396	62	150	33	80
	青少年观测基地	911	165	160	103	100
	大众天文台	437	71	150	38	80
	厨房(餐厅)	944	154	180	86	100

由于主体建筑和附属建筑的使用时间不一致,且附属建筑处于离主体建筑约 300 m 远处且分散布置,因此各建筑分别选用独立的冷热源系统,有利于机组高效运行和减少输配能耗,且使用灵活,可独立控制运行。

主体建筑建议采用地埋管地源热泵机组和冷水机组相结合的方式,地源热泵机组满足所有制热需求,冷水机组+冷却塔作为制冷的补充冷源。对于三层办公则可设置独立的变制冷剂流量多联空调热泵系统,方便独立控制。

另根据其他项目的运行经验,以及上海天文馆本身的冷热负荷特性,为保证地下土壤热平衡,保证空调系统运行的可靠性和地源热泵系统的长期使用效果,建议地源侧另配备用冷却塔以辅助散热用。

本项目主体建筑的生活热水需求点为职工淋浴,该部分用水量较小,且需用时间与空调系统不同时。职工餐厅和青少年观测基地休息室的生活热水需求则较大,但离地源热泵系统较远,设置独立的太阳能热水系统。因此冷凝热回收技术虽然在节能和平衡地埋侧冷热平衡方面都有较大的优势,但结合项目本身需求情况,未设置。

5.1.3　地埋管布置方案

根据试验场内地埋管换热器布设设计情况,项目地埋管换热系统共计换热孔880个,其中绿地钻孔288个,基坑钻孔592个。换热孔间距4.5 m,换热管采用PE管材,有效孔深均为100 m。地埋管换热器布设位置如图5-1所示。

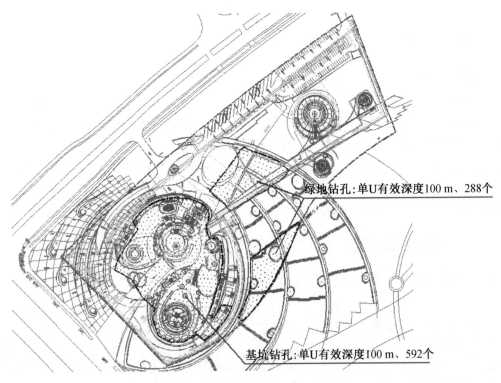

绿地钻孔:单U有效深度100 m、288个

基坑钻孔:单U有效深度100 m、592个

图5-1　地埋管换热器平面布置示意图

5.2　地下水渗流对地埋管换热器换热能力的影响

地下水作为热量的良好载体,当地埋管换热器周围存在地下水渗流时,地埋管换热器的换热特征与无渗流场纯导热条件下的地埋管换热器的换热特征显然是不一致的。为了探究渗流条件下地埋管换热器的换热特征,采用上海天文馆实际热响应试验结果对数值模型进行验证,利用校验后的模型对上海天文馆换热区实际地下水渗流条件与无渗流条件下的地埋管换热能力进行对比分析,同时探讨地下水渗流作用对地埋管换热器换热区地温响应的影响。

5.2.1　水热耦合数值模型的建立

1. 水热耦合数学模型

本书基于 Feflow 7.0 软件建立传热模型为三维热渗耦合数值模型,模型的建立过程满足以下假设条件:

(1) 含水介质不发生形变,土壤的热物性参数在各层内各向同性。

(2) U 形埋管内液体的流速均匀一致。

地埋管换热区上边界靠近地面,会受到地表环境温度的影响,整个传热过程十分复杂,但考虑地表温度影响深度有限,不考虑上边界环境温度和大地热流的影响。

1) 含水层中热渗耦合数学模型

地下土壤中流体遵循质量守恒定律、能量守恒定律,得出土壤质量传输和热量传输的控制方程为

$$S_s \frac{\partial h}{\partial t} + \nabla \cdot q = Q + \beta \left(q \cdot \nabla T_s + \varepsilon \frac{\partial T_s}{\partial t} \right) \tag{5-1}$$

$$\frac{\partial}{\partial t} \left[(\varepsilon \rho^f c^f + (1-\varepsilon) \rho^s c^s) T_s \right] + \nabla \cdot (\rho^f c^f q T_s) - \nabla \cdot (\Lambda \cdot T_s) = H_s \tag{5-2}$$

其中:$\Lambda = \left[\varepsilon \lambda^f + (1-\varepsilon) \lambda^s \right] I + \rho^f c^f \left[\alpha_T \| q \| I + (\alpha_L - \alpha_T) \dfrac{q \otimes q}{\| q \|} \right] \tag{5-3}$

多孔介质流速 q 可表示为达西定律形式:

$$q = -K f_\mu \left(\nabla h + \frac{\rho^f - \rho_0^f}{\rho_0^f} \right) \tag{5-4}$$

式中,S_s 为储水系数;f 代表液体;s 代表土壤;h 为地下水水头(m);Q 为流量(m^3/s);β 为热膨胀系数(℃^{-1});q 为达西流速(m/s);∇ 为微分算子;T 为温度(℃);ε 为孔隙度;K 为渗透系数(m/s);ρ 为密度(kg/m^3);c 为比热容[J/(kg·℃)];H 为热量源汇项(W/m);λ 为热导率[W/(m·℃)];α_L 为纵向热弥散度,α_T 为横向热弥散度;I 为单位特征矩阵;ρ_0 为流体密度。

2) 换热井热量传输数学模型

单 U 形竖直地埋管换热井(1U)被分为 4 个热交换区:1 个进管区(i1),1 个出管区(o1),回填料区被分为 2 个区(g1 和 g2)。图 5-2 右侧为换热井内热阻关系示意图,图中 R_{fig},R_{fog},R_{gg},R_{gs} 分别为地埋管内流体与进管段管壁、地埋管内流体与出管段管壁、进出管段之间、回填料与周围土壤的热阻。

假设埋管内为稳态热传输,已知管壁温度 $T_s = T_s(z, t)$,两根换热管和管壁之间遵循 Eskilson 和 Claesson 热传输理论,忽略管内垂直热导率。进出井管之间稳态热平衡方程表达式为:

进水管:$-A^i \rho^r c^r u (\nabla_z T_{i1}) = \dfrac{T_{i1} - T_s}{R_1^\Delta} + \dfrac{T_{i1} - T_{o1}}{R_{12}^\Delta} \tag{5-5}$

出水管:$A^i \rho^r c^r u (\nabla_z T_{o1}) = \dfrac{T_{o1} - T_s}{R_2^\Delta} + \dfrac{T_{o1} - T_{i1}}{R_{12}^\Delta} \tag{5-6}$

可求得进管温度 $T_{i1}(z)$ 和出管温度 $T_{o1}(z)$。

换热管与周围土壤的换热通量 $\varphi(z, t)$ 可表示为

$$\varphi(z, t) = \frac{T_s - T_{i1}}{R_1^\Delta} + \frac{T_s - T_{o1}}{R_2^\Delta} \tag{5-7}$$

$$R_1^\Delta = R_{\text{fig}} + R_{\text{gs}}$$

其中,热阻可表示为 $R_{12}^\Delta = \dfrac{(u_1 R_{\text{fig}} R_{\text{gg}})^2 - (R_{\text{fig}})^2}{R_{\text{gg}}}$ } 单 U

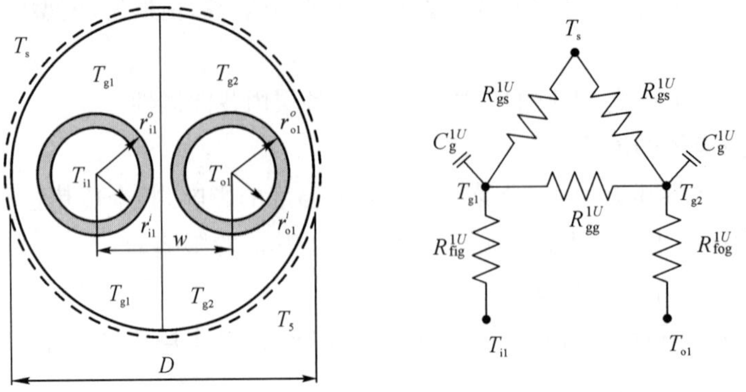

(1) 换热井内部结构   (2) 热阻关系

图 5-2　单 U 换热井内部结构及热阻关系图

地埋管换热井内部的换热方式包括热传导与热对流,具体换热部分包括:① 地埋管换热器进、出口流体与回填料之间的换热,其控制方程如式(5-8)和式(5-9);② 地埋管换热器管壁、回填料及周围土壤之间的换热,其控制方程如式(5-10)和式(5-11)。

$$\left.\begin{aligned}
&\frac{\partial}{\partial t}(\rho^r c^r T_{\text{il}}) + \nabla \cdot (\rho^r c^r u T_{\text{il}}) - \nabla \cdot (\Lambda^r \cdot T_{\text{il}}) = H_{\text{il}} \quad \text{在 } \Omega_{\text{il}} \text{ 内}\\
&q_{nT_{\text{il}}} = -\Phi_{\text{fig}}^{1U}(T_{\text{g1}} - T_{\text{il}}) \quad \text{在 } \Gamma_{\text{il}} \text{ 上}
\end{aligned}\right\} \tag{5-8}$$

$$\left.\begin{aligned}
&\frac{\partial}{\partial t}(\rho^r c^r T_{\text{ol}}) + \nabla \cdot (\rho^r c^r u T_{\text{ol}}) - \nabla \cdot (\Lambda^r \cdot T_{\text{ol}}) = H_{\text{ol}} \quad \text{在 } \Omega_{\text{ol}} \text{ 内}\\
&q_{nT_{\text{ol}}} = -\Phi_{\text{fog}}^{1U}(T_{\text{g2}} - T_{\text{ol}}) \quad \text{在 } \Gamma_{\text{ol}} \text{ 上}
\end{aligned}\right\} \tag{5-9}$$

$$\left.\begin{aligned}
&\frac{\partial}{\partial t}(\varepsilon_g \rho^g c^g T_{\text{g1}}) - \nabla \cdot (\varepsilon_g \lambda^g T_{\text{g1}}) = H_{\text{g1}} \quad \text{在 } \Omega_{\text{g1}} \text{ 内}\\
&q_{nT_{\text{g1}}} = -\Phi_{\text{gs}}(T_s - T_{\text{g1}}) - \Phi_{\text{fig}}(T_{\text{il}} - T_{\text{g1}}) - \Phi_{\text{gg}}(T_{\text{g2}} - T_{\text{g1}}) \quad \text{在 } \Gamma_{\text{g1}} \text{ 上}
\end{aligned}\right\} \tag{5-10}$$

$$\left.\begin{aligned}
&\frac{\partial}{\partial t}(\varepsilon_g \rho^g c^g T_{\text{g2}}) - \nabla \cdot (\varepsilon_g \lambda^g \nabla T_{\text{g2}}) = H_{\text{g2}} \quad \text{在 } \Omega_{\text{g2}} \text{ 内}\\
&q_{nT_{\text{g2}}} = -\Phi_{\text{gs}}(T_s - T_{\text{g2}}) - \Phi_{\text{fog}}(T_{\text{ol}} - T_{\text{g2}}) - \Phi_{\text{gg}}(T_{\text{g1}} - T_{\text{g2}}) \quad \text{在 } \Gamma_{\text{g2}} \text{ 上}
\end{aligned}\right\} \tag{5-11}$$

式中,地埋管换热器的井壁面上采用的是第三类柯西边界,$\rho^r c^r$,ε_g,$\rho^g c^g$,u,∇,Λ^r 分别为地埋管内流体热容量、回填料孔隙度、回填料热容量、地埋管内循环流体流速、微分算子和地埋管内流体热弥散通量。Φ_{fig},Φ_{fog},Φ_{gg},Φ_{gs} 分别为地埋管换热器内流体与进管段管壁、地埋管换热器内流体与出管段管壁、进出管段之间、回填料与周围土壤的对流换热系数,各部分对流换热系数与相应的热阻及热交换面积有关,根据傅立叶定律和欧姆定律可得出各部分对流换热系数与相应热阻之间的关系。

2. 地层概化及空间离散

换热管采用竖直单 U 管,埋管深度 100 m,埋管间距 4.5 m,地埋管换热器 880 个。根据场区内实际地质勘查孔资料地层垂向各土层分层结果见表 5-2,模型范围 2 000 m×2 000 m×120.3 m。

网格剖分采用有限元三角网格且埋管区域局部加密的剖分形式,网格总数约 100 万个,如图 5-3 所示。

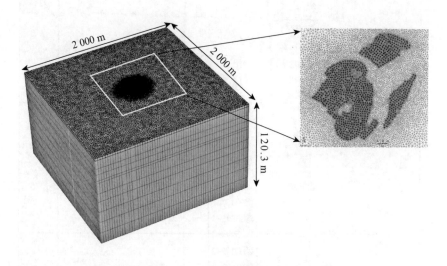

图 5-3　模型网格剖分图

表 5-2　地层概化表

序号	土性	埋深/m	厚度/m	原始地温/℃
1	灰黄、灰色吹填土	3.30	3.3	13.44
2	灰色砂质粉土	14.80	11.5	17.96
3	灰色淤泥质黏土	22.75	7.95	17.97
4	灰色黏土	31.25	8.5	18.04
5	暗绿色粉质黏土	34.60	3.35	18.10
6	草黄灰色砂质粉土	49.10	14.5	18.37
7	灰色粉砂	60.50	11.4	18.62
8	灰色粉砂	89.50	29	19.28
9	灰色含砾中砂	120.30	30.8	20.00

3. 初始及边界条件

1）初始条件

不同土层的初始地温按照原始地温测试实测值,见表 5-2。

研究区内分布有第一承压含水层 6～7 层、第二承压含水层 8～9 层。第一承压含水层的岩性以砂质粉土（6 层）、粉砂（7 层）为主,第二承压含水层上部以粉砂（8 层）为主,下部以含砾中砂（9 层）为主,两个含水层相互沟通。根据区域内地下水位观测孔汇 336/334 号、W65 号、W66 号地下水位动态监测井（图 5-4）得到的地下水位动态变化数据,如图 5-5 所示。根据计算得到地下水流向为由模拟区东南至西北方向,水力梯度为 0.000 737,地下水水位 7～8 月份为 −1.342～0.742 m,埋管区水位约 −0.3 m。根据达西定律得到含水层内砂质粉土、粉砂、含砾中砂的地下水渗流速度分别为 0.002 948 m/d、0.007 37 m/d、0.031 691 m/d。初始流场分布及地下水渗流方向如图 5-6 所示。

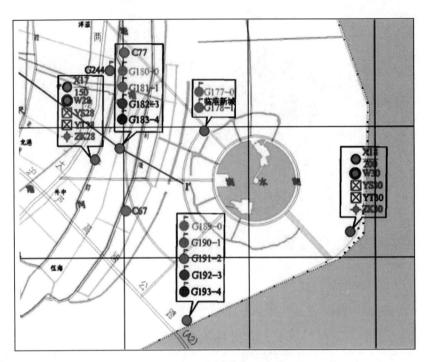

图 5-4　地下水位监测点位置分布图

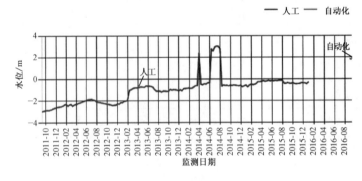

（a）汇 334 号监测孔

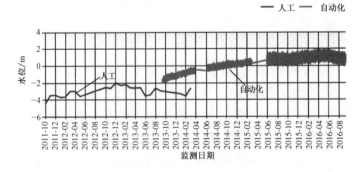

（b）W65 号监测孔

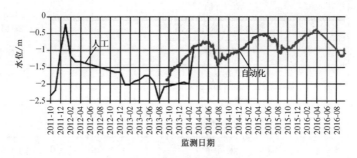

（c）W66 号监测孔

图 5-5　监测孔水位动态变化图

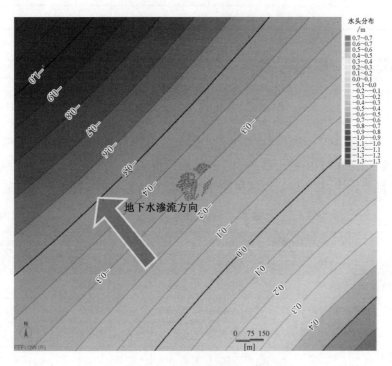

图 5-6　地下水渗流场分布图

2）边界条件

（1）水动力边界条件。

模型四周为定水头边界，顶底为隔水边界。

（2）热边界条件。

模型四周未受到换热孔传热的影响为第一类边界。

模型顶底均为绝热边界，即底部不考虑大地热流的影响，顶部不考虑大气环境的影响。

BHE 作为第四类热边界条件给定地埋管换热器的进水温度 T_{in}，由式（5-4）和式（5-5）计算求得地埋管换热器的出水温度 T_{out}，再根据地埋管换热器进出口水温差 ΔT、U 形管内流速 W，管内流体的体积热容为 $\rho^f c^f$，热泵运行时间 H，根据式（5-12）可计算出换热功率 q。

$$q = \frac{W\rho^f c^f \Delta T}{H} \tag{5-12}$$

井孔的尺寸大小、管内流体及回填料的相关参数如表 5-3 所示。

表 5-3　钻孔热物性参数

井筒	钻孔直径	0.18 m
	两根地埋管中心距	单 U 0.07 m
	U 形管外径	0.032 m
	内径	0.026 m
	管热导率	0.42[J·(m·s·K)⁻¹]
管内流体	体积热容	4.2 [10⁺⁶ J(m³·K)⁻¹]
	热导率	0.58 [J·(m·s·K)⁻¹]
	动力黏滞系数	1.0 [10⁻³ kg·(m·s)⁻¹]
	密度	1.0 [10⁺³ kg·m⁻³]
回填料	热导率	2.0 [J·(m·s·K)⁻¹]

5.2.2　模型验证与模拟方案

1. 模型验证

1) 参数识别

将室内土工测试获得的土壤热物性参数结果输入模型进行计算,经过反演计算对土壤热物性参数进行校正,校正后的模型中的土壤热物性参数取值见表 5-4。除了 9 号地层的导热系数参考附近勘察孔热物性参数外,其他地层土壤热物性参数取值与实际工程基本相符。

表 5-4　岩土体热物参数

序号	土性	埋深/m	厚度/m	渗透系数/(m·d⁻¹)	孔隙率	体积比热容/[MJ·(m³·K)⁻¹]	导热系数/[W·(m·K)⁻¹]	原始地温/℃
1	灰黄、灰色吹填土	3.30	3.3	0.000 1	0.491	2.660	1.564	13.44
2	灰色砂质粉土	14.80	11.5	0.000 1	0.589	3.112	1.075	17.96
3	灰色淤泥质黏土	22.75	7.95	0.000 1	0.543	2.889	1.132	17.97
4	灰色黏土	31.25	8.5	0.000 1	0.409	3.249	1.504	18.04
5	暗绿色粉质黏土	34.60	3.35	0.000 1	0.439	2.495	1.741	18.10
6	草黄灰色砂质粉土	49.10	14.5	4.0	0.440	2.407	1.842	18.37
7	灰色粉砂	60.50	11.4	10.0	0.413	2.431	1.898	18.62
8	灰色粉砂	75.00	14.5	10.0	0.413	2.260	2.119	18.93
		89.50	14.5	10.0	0.413	2.260	2.119	19.28
9	灰色含砾中砂	104.9	15.4	43.0	0.300	2.060	2.129	19.49
		120.3	15.4	43.0	0.300	2.060	2.129	20.00

2) 模型可靠性分析

为了验证模型的可靠性,试验场进行了两次单 U 换热孔热响应试验,换热孔编号分别为 K1 和 K2,孔深分别为 120 m 和 100 m,加热功率分别为 5.91 kW 和 5.07 kW,管内水流速均取 0.6 m/s。通过模拟计算分别对 K1 和 K2 换热孔管内流体平均温度进行拟合,拟合情况如图 5-7 所示,换热器内流体平均温度的模拟计算结果与实测结果平均相对误差为 1.3%。

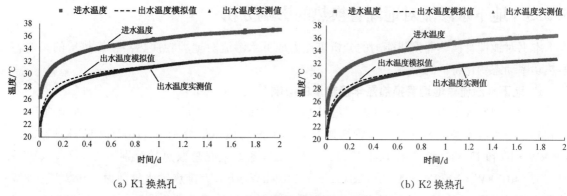

（a）K1 换热孔　　　　　　　　　　　　　（b）K2 换热孔

图 5-7　管内流体平均温度模拟值与实测值对比

2. 模拟方案

1）参数设置

地埋管换热器布置形式。根据试验场内地埋管换热器布设设计情况，项目地埋管换热系统共计换热孔 880 个，地温监测孔 4 个，其中基坑下 1 个，基坑外 3 个。

换热孔间距 4.5 m，换热管采用 PE 管材，有效孔深均为 100 m。地源侧共设置三级集（分）水器，其中三级集（分）水器共 110 对，置于基坑内 74 对，置于绿化带与道路及水景下方 36 对，每个集（分）水器连接 8 个换热孔，二级集（分）水器共 6 对，其中 4 对置于地下室空调机房内，2 对埋设于绿化位置的分集水器井内，二级集（分）水器经一级水平管最终汇集到机房一级集（分）水器。地埋管换热器平面布设位置如图 5-8 所示，其中圆点代表地埋管换热器。

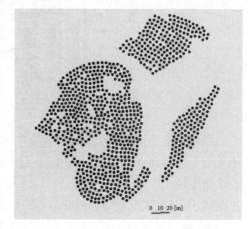

图 5-8　地埋管换热器平面布置示意图

运行周期。上海地区属于夏热冬冷地区，一般夏季制冷天数为 120 d 左右，冬季供暖天数为 90 d 左右；选择 5 月 20 日—9 月 16 日为夏季运行月份，选择 12 月 1 日—2 月 28 日为冬季运行月份。运行时间为工作日 9:00 am—5:00 pm，每周连续运行 5 d。运行总时间取 10 年。

系统运行参数。地埋管换热器的运行参数设置见表 5-5。管内流速为 0.6 m/s。

表 5-5　模拟预测运行参数

运行季	月份	运行时间/(d·h⁻¹)	注水温度/℃
夏季	5 月	8/64	36.60
	6 月	22/176	37.50
	7 月	23/184	38.68
	8 月	21/168	38.77
	9 月	12/96	37.41
冬季	12 月	23/184	7.8
	1 月	22/176	7.5
	2 月	20/160	7.5

5.2.3　地下水渗流对地埋管换热的影响分析

本书对地埋管换热器换热能力的分析重点为地下水渗流对地埋管换热器年换热量的影响,对换热功率动态变化特征的影响。

1. 地下水渗流对地埋管换热器年换热量的影响

根据模拟结果得出系统年吸排热量统计结果分布如图 5-9 所示。系统运行第一年无地下水渗流和有地下水渗流条件 880 个地埋管换热器夏季工况总放热量分别为 11 621×10⁶ kJ(3.228× 10⁶ kW・h)和 11 885×10⁶ kJ(3.301×10⁶ kW・h),冬季工况总取热量分别为 4 507××10⁶ kJ (1.252×10⁶ kW・h)和 4 594×10⁶ kJ(1.276×10⁶ kW・h),吸排热量比分别为 0.388 和 0.387。长期运行条件下,无论是否存在地下水渗流夏季工况的地埋管换热器总取热量均逐渐增加,冬季工况的总排放热量均逐渐减小,吸排热量比均逐渐变小,但变化幅度均不超过 5%,其中第一年变化幅度最大,之后每年变化幅度逐渐变小。

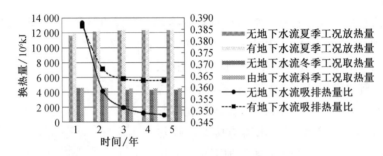

图 5-9　系统吸排热量柱状图

尽管无论地下水渗流条件是否存在地埋管换热器的年取放热量仍逐渐减小,但有地下水渗流比无地下水渗流条件下地埋管换热器的年取放热量增多,5 年运行期内夏季工况地埋管换热器的放热量增加 15.64×10⁶~264.23×10⁶ kJ,增加幅度 0.13%~2.27%,增加量及幅度随运行时间年逐渐减小,冬季工况地埋管换热器的取热量增加 86.53×10⁶~201.82×10⁶ kJ,增加幅度1.92%~4.70%,增加量及幅度随运行时间年逐渐变大,如图 5-10 所示。

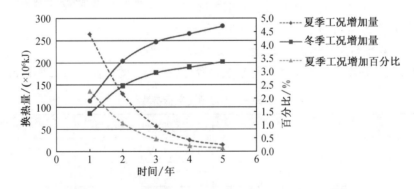

图 5-10　地埋管换热器换热量变化量随时间变化曲线图

从图 5-11 地埋管换热器的换热功率随时间变化情况可知,无论是否存在地下水渗流条件,每年地埋管换热器的换热功率动态变化特征与第一年基本一致,但变化幅度不同,有地下水渗流条件下地埋管换热器的换热功率较高。由注水温度引起地埋管换热器的换热功率呈现动态变化,注水温度较高的月份(如 7、8 月份),夏季工况换热功率也较高,冬季工况反之。其中,初始注水温度导致首日地埋管换热器的换热功率较高,然后随时间延长地埋管换热器的换热功率逐渐减小。这是

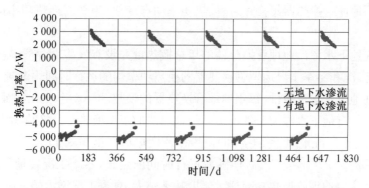

图 5-11　长期运行下地埋管换热器换热功率随时间变化图

由于地埋管换热器的注水温度越高,管内水的平均温度与原始地温的温差越大,越有利于换热,当注水温度保持不变,随着地埋管换热器周围土壤温度升高/降低,管内水的平均温度与原始地温的温差会减小,因此换热功率会逐渐下降。

从在循环周期内地埋管换热器换热功率的衰减情况来看,同一循环周期内夏季工况或冬季工况的初期有地下水渗流作用的方案地埋管换热器的换热功率较高,但随着运行时间的延长地埋管换热器换热功率逐渐与无地下水渗流作用下的换热功率一致。这是由于一方面本案例中地下水渗流速度较小,埋管区热量向地下水渗流下游方向运移缓慢,另一方面研究区渗流场上游埋管区的热量通过地下水渗流作用发生运移,从而不断影响下游埋管区地埋管换热器的换热,因此整体上地下水渗流作用对地埋管换热器换热功率的影响有限。

根据模拟结果得出,系统运行 5 年内无地下水渗流条件下夏季工况 880 个地埋管换热器的平均换热功率由 4 692 kW 逐渐升高至 4 954 kW,单孔平均换热功率由 5.33 kW 逐渐升高到 5.63 kW,冬季工况由 2 423 kW 逐渐降低至 2 306 kW,单孔平均换热功率由 2.75 kW 逐渐降低至 2.62 kW;有地下水渗流条件下夏季工况 880 个地埋管换热器的平均换热功率则由 4 799 kW 逐渐升高至 4 958 kW,单孔平均换热功率由 5.45 kW 逐渐升高到 5.63 kW,冬季工况由 2 469 kW 逐渐降低至 2 411 kW,单孔平均换热功率由 2.81 kW 逐渐降低至 2.74 kW。

由此可见,与无地下水渗流条件相比,在有地下水渗流情况下地埋管换热器的换热功率均有所增加,夏季工况增加 0.09%～2.27%,冬季工况增加 1.93%～4.74%。但随着运行时间的延长,冬季工况地下水渗流的存在比无地下水渗流条件地埋管换热功率增大幅度越来越大,夏季工况则反之,如图 5-12 及图 5-13 所示。这是由于地下水渗流会带走埋管区一部分热量/冷量,缓解埋管区热量积聚现象,加大了地埋管换热器与管内流体之间的温差,导致换热功率增大。

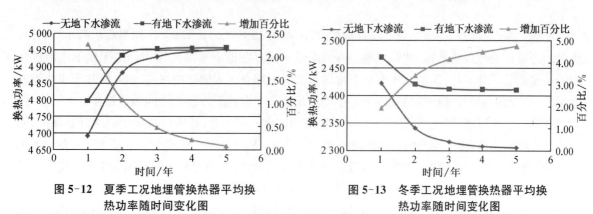

图 5-12　夏季工况地埋管换热器平均换
热功率随时间变化图

图 5-13　冬季工况地埋管换热器平均换
热功率随时间变化图

根据上海天文馆内地埋管换热器换热能力 5 年的连续模拟预测结果,得出有地下水渗流和无

地下水渗流条件下地埋管换热器年换热量、换热功率动态变化、年平均换热功率的变化特征,主要得出以下结论:

无论是否存在地下水渗流地埋管换热器的年总换热量并没有发生明显衰减,但在同一个循环运行周期内,夏季工况和冬季工况地埋管换热器的换热功率均随运行时间逐渐减小。

无论是否存在地下水渗流条件,每年地埋管换热器的换热功率动态变化特征与第一年基本一致,但变化幅度不同,有地下水渗流条件下地埋管换热器的年总换热量及换热功率均较高。

5年运行期内夏季工况地埋管换热器的换热量及换热功率提高0.11%~2.27%,冬季工况换热量及换热功率提高1.92%~4.72%,但随着运行时间的延长,冬季工况在地下水渗流存在的情况下比无地下水渗流时地埋管换热功率增大幅度越来越大,夏季工况增大幅度则越来越小,因此本案例的长期运行将更有利于提高冬季工况的换热能力。

2. 地埋管换热区地温响应预测分析

土壤源热泵系统依靠地埋管换热器从地下土壤中获取能量,地埋管换热器在取放热量过程中会改变换热区的温度场,换热区分为埋管区和埋管区外围,埋管区的地温变化直接影响地埋管换热器与周围土壤的换热能力及地源热泵系统的长期稳定运行,而埋管区外围的地温变化对周围环境会产生一定影响。

本书依据表5-2设置的预测方案对地埋管换热区地温场进行模拟预测,通过对比在无地下水渗流与有地下水渗流条件下地埋管换热区地温响应的平面分布特征,探讨以下内容:

(1) 一个运行周期内地下水渗流作用对地埋管换热区地温场的影响。

(2) 长期运行条件下地下水渗流作用对地埋管换热区地温响应的影响。

1) 一个运行周期内地下水渗流对地温场影响

在地源热泵系统运行一个周期内,地温场的动态变化能够反映出地温场受地埋管换热器一个周期吸排热量影响的变化特征;长期运行条件下,地温场变化特征也将以系统运行周期为基准呈现周期性的变化。因此,一个运行周期的地温场变化特征是研究长期运行条件下地温场变化特征的基础。本书选择Ⅱ含120.3 m灰色含砾中砂层,分析该地层在一个运行周期内地下水渗流对地温场变化特征的影响。

由图5-14可见地源热泵系统在运行一个周期内,受地埋管换热器与地下土壤之间吸排热的影响,换热区中砂层地温场呈现出季节性变化。地源热泵系统制冷运行120 d后,埋管区内地温上升,温度变化波及埋管区各个角落,区外也受到小范围影响。由于地下水渗流作用导致地埋管换热器与周围土壤的换热能力提高,夏季工况内土壤吸收更多的热量,因此埋管区内地温比无地下水渗流条件下埋管区内地温高,但由于系统运行时间较短,热迁移距离只向地下水流动方向迁移了一小段距离。

地源热泵系统的制冷季结束后是地温的恢复期(第120~180 d),埋管区地温逐步趋于均匀化,热量向埋管区外围逐步扩散,埋管区地温有所降低。但存在地下水渗流作用仍比无地下水渗流作用的情况埋管区地温高,这是由于有地下水渗流情况下埋管区内储存的热量较多,且地下水渗流速度缓慢,恢复期内埋管区内的热量逐渐趋于均匀化且继续向地下水渗流方向缓慢迁移。

从第180 d起,地源热泵系统经过90 d制热(第180~270 d),各换热孔周围温度开始降低,到第270 d制热期结束时,制热的影响扩散到整个埋管区,即埋管区地温较原始地温降低。在地下水渗流的影响下,由于埋管区的大部分热量已被地下水流带走,地埋管换热器与周围土壤的换热量增大,周围土壤吸收更多的冷量,因此对比无地下水渗流情况埋管区的地温更低。

第366 d时,经过90 d地温恢复期,埋管区地温逐渐趋于均匀化,热影响范围继续向外扩张,地温有所升高,埋管区地温逐步趋于一致约为18.5℃,较原始地温仍然降低,降低幅度为1.5℃,由于地下水渗流的影响,埋管区的大部分热量被迁移至埋管区外的地下水渗流下游位置处,导致埋管区的地温比无地下水渗流条件下埋管区的地温低。但同时地下水渗流上游处的埋管区热量不断迁移到下游方向的埋管区内,因此地下水渗流下游处的埋管区地温会受到上游埋管区内热量的影响。

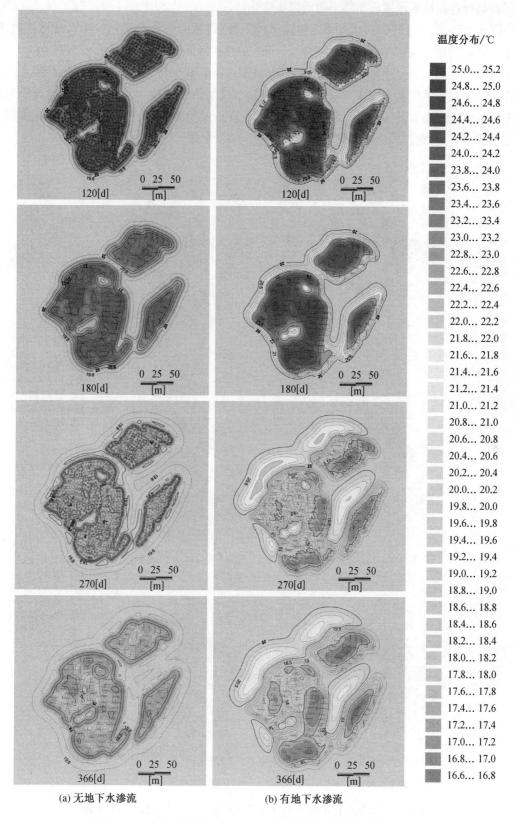

图 5-14　一个运行周期内 120.3 m 灰色含砾中砂层地温变化云图

2）长期运行条件下地下水渗流对地温场影响

本书分别选择Ⅰ含和Ⅱ含不同土层渗透系数的砂质粉土、粉砂及中砂三个典型土层，即49.10 m草黄灰色砂质粉土、89.5 m灰色粉砂及120.3 m灰色含砾中砂层，分析长期运行条件下三种土层在是否存在地下水渗流条件下的地温场变化特征。

由图5-15—图5-17可见，无地下水渗流条件下，埋管区的热量向埋管区四周对称扩散，随着系统运行时间的延长，热扩散距离缓慢增大，5年后的热扩散距离均不超过30 m。第1，3，5年循环周期末埋管区的大部分热量已扩散到埋管区外围，5年后砂质粉土、粉砂、含砾中砂层埋管区内地温比原始地温分别降低0.57℃，1.48℃，2.20℃。这是由于经过5年换热影响，地埋管换热器周围不同深度土层温度基本趋于一致，而土层深度越深原始地温越高，含砾中砂层原始地温高于砂质粉土和粉砂层，因此温度降低幅度也高于砂质粉土和粉砂层。

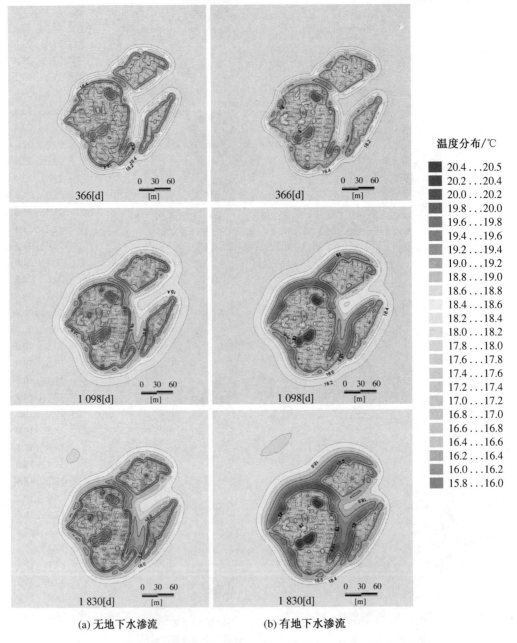

(a) 无地下水渗流 (b) 有地下水渗流

图5-15　长期运行条件下49.1 m草黄灰色砂质粉土层地温变化云图

与无地下水渗流情况相比,当存在地下水渗流作用下时,埋管区的热量向地下水渗流的下游方向迁移,迁移快慢取决于不同土层的渗流速度的大小,由于含水层内砂质粉土、粉砂、含砾中砂的地下水渗流速度分别为 0.002 948 m/d, 0.007 37 m/d, 0.031 691 m/d,第 1,3,5 年循环周期末埋管区的大部分热量已扩散至埋管区外的地下水渗流下游方向,系统连续运行 5 年后,热迁移距离分别为 30 m,165 m,240 m。5 年后砂质粉土、粉砂、含砾中砂层埋管区内地温比原始地温分别降低 0.17℃,1.08℃,1.80℃。由此可见,地下水渗流作用下循环周期末埋管区的地温更易恢复至原始地温,更有利于缓解埋管区热积聚现象,因此从埋管区地温恢复的角度,实际工程中地埋管换热器应尽量穿过渗流速度较高的含水层。

从地质环境的影响角度,地下水渗流作用下对埋管区外地下水下游的地温影响较大,程度和范围受到土层的渗透系数、区域水力梯度等因素影响,并且在渗流速度较高的地层、埋管区的下游应尽量避免建筑物受到热污染。

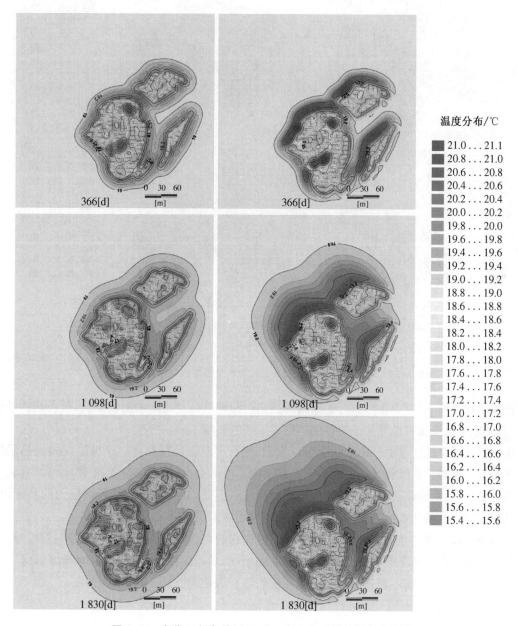

温度分布/℃

图 5-16　长期运行条件下 89.5 m 灰色粉砂层地温变化云图

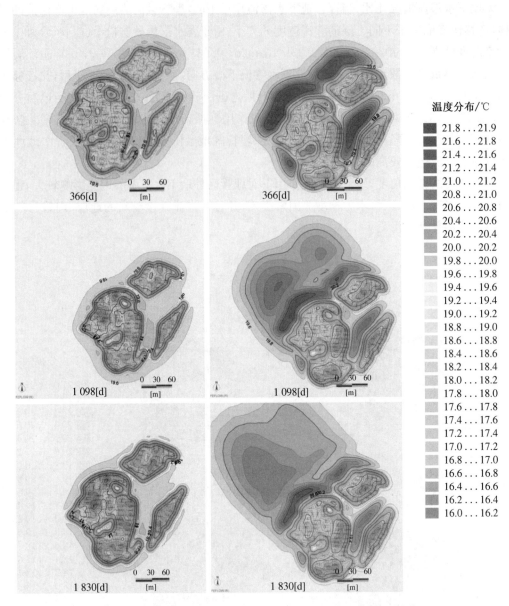

温度分布/℃

▇ 21.8...21.9
▇ 21.6...21.8
▇ 21.4...21.6
▇ 21.2...21.4
▇ 21.0...21.2
▇ 20.8...21.0
▇ 20.6...20.8
▇ 20.4...20.6
▇ 20.2...20.4
▇ 20.0...20.2
▇ 19.8...20.0
▇ 19.6...19.8
▇ 19.4...19.6
▇ 19.2...19.4
▇ 19.0...19.2
▇ 18.8...19.0
▇ 18.6...18.8
▇ 18.4...18.6
▇ 18.2...18.4
▇ 18.0...18.2
▇ 17.8...18.0
▇ 17.6...17.8
▇ 17.4...17.6
▇ 17.2...17.4
▇ 17.0...17.2
▇ 16.8...17.0
▇ 16.6...16.8
▇ 16.4...16.6
▇ 16.2...16.4
▇ 16.0...16.2

图 5-17　长期运行条件下 120.3 m 灰色含砾中砂层地温变化云图

　　长期运行条件下，由于换热器与土壤间的换热引起埋管区及周围地温场变化，故在其他条件相同时，有无地下水渗流对地埋管换热器换热区地温场的影响不同：

　　从不同土层渗流速度的平面分布图可以看出，地下水渗流的存在有利于埋管区内的热量向埋管区下游方向扩散。扩散程度主要取决于土层渗流速度的大小，土层的渗流速度越大，越有利于埋管区热量的运移，从而越有利于地埋管换热器的换热。因此，从提高地埋管换热能力的角度出发，实际工程中地埋管换热器应尽量穿过渗流速度较高的含水层。

　　从地质环境保护的角度来看，由于地下水渗流作用的存在，埋管区内地埋管换热器取排热量被地下水流运移至埋管区下游，对于渗流速度越高的土层，热量运移的距离越远，对于埋管区下游建筑物的潜在影响越大，如本例含砾中砂层 5 年末的热扩散距离已达 240 m。

参考文献

［1］蔡久顺.基于模糊多层次灰色法的绿色建筑设计风险评价研究[J].合肥工业大学学报(自然科学版),2015,38(7):968-972.

［2］曹文强.住宅小区雨水收集利用工程风险评价[J].给水排水,2008,34(10):71-74.

［3］陈伟,容思思,钱振宇,等.基于灰色聚类的太阳能建筑一体化技术风险评价[J].工程经济,2016,26(10):56-60.

［4］费文龙,黄坤,刘洋,等.地源热泵应用中的风险分析[J].硅谷,2010(14):120-120.

［5］姬凌云.欧盟国家城市节能技术类型研究[D].上海:同济大学,2007.

［6］荆磊.我国绿色建筑全寿命周期风险识别与评价[D].厦门:华侨大学,2012.

［7］李庆来,于世坤,王波.世博中心绿色节能技术风险管理研究[J].科技与管理,2011,13(6):13-16.

［8］李新.地源热泵技术的适用性分析及相关对策研究[D].西安:西安建筑科技大学,2013.

［9］林波荣,肖娟.我国绿色建筑常用节能技术后评估比较研究[J].暖通空调,2012,10:20-25.

［10］刘薇.节能建筑的建设风险管理研究[D].西安:西安科技大学,2014.

［11］刘鑫.建筑节能绿色环保技术的应用现状与发展[J].建筑科技,2016,11(35):104-105.

［12］Tulacz G J.Insurers worry about green-building risks[N].ENR:Engineering News-Record,2008,07,261(1):10-11.

［13］U. S. Marsh Green Building Team. Green Building:Assessing the Risks[R].2009.

［14］万欣,秦旋.基于实证研究的绿色建筑项目风险识别与评估[J].建筑科学,2013,29(2):54-61.

［15］王建辉,刘自强,刘伟等.地源热泵辅助太阳能采暖系统的研究[J].河北工业科技,2013,11:484-489.

［16］王景慧,秦旋,万欣.绿色建筑项目的风险因素识别与风险路径分析[J].施工技术,2012,41(376):30-34.

［17］许磊.夏热冬冷地区地源热泵技术的应用研究[D].南京:南京理工大学,2013.

［18］赵延军,王晓鸣.建筑节能技术的风险模糊评价模型[J].西北大学学报(自然科学版),2009,39(5):851-854.

［19］鹿勤.《绿色建筑评价标准》——节地与室外环境[J].建设科技,2015(4):16-18.

［20］陈飞.建筑风环境——夏热冬冷气候区风环境研究与建筑节能设计[M].北京:中国建筑工业出版社,2009.

［21］吴蔚,吴农.绿色建筑与热岛效应[J].城市建筑,2007(8):65-66.

［22］王华.透水铺装在海绵城市中的应用[J].山西建筑,2016(3):143-144.

［23］王力红.光导管装置和小型照明智能控制系统研究应用[J].绿色建筑,2013(6):53-66.

［24］张源,吴志敏.既有绿色建筑改造中天然采光优化应用模拟分析[J].照明工程学报,2010,21(4):26-31.

［25］朱良诚,严文婷.基于建筑节能的自然采光优化方案研究[C].夏热冬冷地区绿色建筑联盟大会,2015.

［26］滕佳颖.中国绿色建筑认证项目发展现状分析及建议[J].工程管理学报,2017(2):29-33.

［27］魏小清.基于生命周期理论的大型公共建筑能耗分析与评价[D].长沙:湖南大学,2010.

［28］段诚.典型库岸植被缓冲带对陆源污染物阻控能力研究[D].武汉:华中农业大学,2014.

［29］刘磊,李晓虹,王林,等.保温隔热材料在建筑外墙外保温中的应用研究[J].新型建筑材料,2016(4):25-28.

［30］王静,韦冰,周璐.公共建筑绿色设计中新型墙体保温材料的创新应用[J].华中建筑,2012(12):85-86.

［31］郭天寿.解析外墙外保温技术在建筑设计中的运用[J].山西建筑,2015(10):186-187.

［32］杨天文.自然通风建筑室内气流组织优化研究[J].四川建筑科学研究,2012(8).

［33］孙金金.自然通风技术在绿色建筑中的应用实践[J].智能建筑与城市信息,2014(10).

［34］谢勇.基于CFD的大空间建筑自然通风优化设计[D].广州:华南理工大学,2012.

［35］陈晓扬,仲德崑.被动节能自然通风策略[J].建筑学报,2011(9):34-37.

［36］李小华,唐景立.空调房间不同送风方式的实验研究[J].建筑热能通风空调,2013(11):63-66.

［37］李谟彬,郭德平.夏热冬冷地区建筑遮阳设计优化[J].建筑科学,2014(12):93-97.

［38］马素贞.绿色建筑技术实施指南[M].北京:中国建筑工业出版社,2016.

［39］庄惟敏.建筑策划与设计[M].北京:中国建筑工业出版社,2016.

［40］孙大明,邵文晞,李菊.当前中国绿色建筑成本增量调查统计[J].中国科技成果,2008(23):7-10.

［41］程志军,叶凌,陈乐端.我国夏热冬冷地区绿色建筑发展及技术应用[J].施工技术,2012,41(3):22-26.

[42] 王利珍,谭洪卫.上海市绿色建筑的现状及发展研究[J].上海节能,2011(9):23-28.

[43] 中华人民共和国住房和城乡建设部.绿色建筑工程消耗量定额:TY01-01(02)—2017[S].北京:中国计划出版社,2017.

[44] 陈剑秋,徐卫,谭宏卫,等.可持续教育建筑——上海市委党校二期工程可持续技术应用示范[M].上海:同济大学出版社,2012.

[45] 陈刚,马赋.谈小区雨水收集利用系统的初期雨水弃流[J].给水排水,2013,39(3):84-86.

[46] 林涛.某住宅小区雨水回用系统设计简介[J].给水排水,2008,34:289-291.

[47] 许好设,田西满.某工程雨水回用系统设计与分析[J].辽宁化工,2015,44(5):552-554.

[48] 郭晗,吴超.城市雨水处理研究现状与进展[J].科技与企业,2014(2):115-115.

[49] 李梅,李佩成,于晓晶.城市雨水收集模式和处理技术[J].山东建筑大学学报,2007,22(6):517-520.

[50] 翟善龙.建筑雨水回用的应用与解决方法[J].江西建材,2015(8):48-48.

[51] 孙金金.雨水回用技术在绿色建筑中运行实施分析及建议[J].住宅产业,2015(11):69-71.

[52] 魏天云.节水用水器具选择的思考与建议[J].福建建设科技,2016(3):73-75.

[53] 张旭,邴海涛,秦法增.节水型生活用水器具的应用分析[J].山西建筑,2013,39(4):208-209.

[54] 于凯斌.建筑节水器具与建筑给排水管道技术研究[J].民营科技,2013(5):55-56.

[55] 王同言,何春利.节水型坐便器有关问题的探讨[J].陶瓷,2010(12):27-28.

[56] 付婉霞,曾雪华.建筑节水的技术对策分析[J].给水排水,2007(33):47-48.

[57] 白羽.试论节水器具的开发推广应用及管理[J].北京节能,1997(3):34-36.

[58] 郭仙.节水灌溉在城乡绿化方面的应用[J].农业资源与环境,2012(7):159-160.

[59] 万燕妮,杨泗光.城市园林景观节水灌溉技术的应用[J].科技创新与应用,2012(18):234-234.

[60] 韩策.城市园景观林节水灌溉技术的应用[J].现代园艺,2016(14):141-141.

[61] 冯大明.提升我国园林灌溉行业竞争力的对策研究[D].北京:对外经济贸易大学,2007.

[62] 吴普特,牛文全.节水灌溉与自动控制技术[M].北京:化学工业出版社,2001.

[63] 苏德荣,韩烈保,尹淑霞,等.解决城市生态绿地灌溉用水的途径[J].节水灌溉,2005(4):10-13.

[64] 花伟军,秦福云,宋桂龙.城市草坪绿地节水技术[J].中国花卉园艺,2014(6):54-55.

[65] 何国富,刘伟,徐慧敏.景观水体修复方法及生态示范工程案例[J].第三届全国河道治理与生态修复技术交流研讨专刊:225-230

[66] 童宁军,潘军标,赵绮.常用园林生态水处理技术的研究[J].中国园林,2011,27(8):21-24.

[67] 周金娥,卢璟莉.城市景观水生态化处理问题的探讨[J].江西植保,2005,28(3):143-144.

[68] 邹平,江霜英,高廷耀.城市景观水的处理方法[J].中国给水排水,2003,19(2):24-25.

[69] 陈超,梁卓,李小燕.生态修复在景观水体治理中的应用[J].安徽农学通报,2010,16(1):136-138.

[70] 杨平荣.河流生态修复[J].科技信息,2009(1):754-755.

[71] 北京市勘察设计与测绘管理办公室.北京市绿色建筑设计标准指南[M].北京:中国建筑工业出版社,2013.

[72] 上海市城乡建设和管理委员会.太阳能热水系统应用技术规程:DG/TJ 08-2004A—2014[EB/OL].(2014-12-10)[2018-2-28].http://www.zzguifan.com/webarbs/book/10901/1619321.shtml.

[73] 中华人民共和国建设部,中华人民共和国国家质量监督检验检疫总局.地源热泵系统工程技术规范:GB 50366—2005[S].北京:中国建筑工业出版社,2005.

[74] 上海市建筑建材业市场管理总站.地源热泵系统工程技术规程:DG/TJ 08-2119—2013[EB/OL].(2013-05-1)[2018-2-28].http://doc.mbalib.com/view/ee6a9c37f8c26a5e6e904ab3e106e94b.html.

[75] 中华人民共和国建设部,中华人民共和国国家质量监督检验检疫总局.可再生能源建筑应用工程评价标准:GB/T 50801—2013[S].北京:中国建筑工业出版社,2012.

[76] 上海市城乡建设和管理委员会.可再生能源建筑应用测试评价标准:DG/TJ 08-2162—2015[EB/OL].(2015-03-16)[2018-2-28].http://www.5177517.com/1172841.html.

[77] 夏麟,范昕杰.太阳能光伏建筑一体化设计关键技术研究[C]//2017国际绿色建筑与建筑节能论文集.

[78] 夏麟.上海地区建筑多种可再生能源组合策略浅析[C]//2017国际绿色建筑与建筑节能论文集.

[79] 郝赫,张素芳. 负荷平衡度对地源热泵系统的影响[J]. 暖通空调,2014,44(2):51-54.

[80] 陆游,王恩宇,杨久顺,等. 地源热泵系统土壤温度变化的影响因素分析[J]. 河北工业大学学报,2015,44(1):66-72.

[81] 陈镔. 辐射供冷系统简析[J]. 发电与空调,2010(31):69-72.

[82] 中国建筑标准设计研究院. 空调系统热回收装置选用与安装[M]. 北京:中国计划出版社,2006.

[83] 董明. 星级酒店中央空调冷凝热回收利用项目分析[J]. 能源工程,2003(3):63-64.

[84] 李美霞. 住宅建筑室内自然通风分析[J]. 绿色建筑,2012(2):43-46.

[85] 赵建,崔浩,等. 住宅建筑隔声降噪的初步研究与防治对策[J]. 工程质量,2015(s1):150-152.

[86] 李娥飞. 暖通空调设计与通病分析[M]. 2 版. 北京:中国建筑工业出版社,2004.

[87] 周新军. 我国推行能耗实时监测系统的难点及解决思路[J]. 节能,2014(8):4-7.

第3篇
滨海盐碱土生态可持续绿地景观建设

沿海城市每年围垦造地数百平方千米,新造土地土壤含盐量高、土质偏碱性、有机质含量少,不适合农业利用和植树绿化。滨海盐碱地的自然脱盐过程非常缓慢,而传统人工脱盐方法不仅费用高昂,需要的时间也很长,并伴随土壤次生盐渍化现象,影响围垦土地的可持续使用。在此背景下,上海市科技馆联合上海建筑设计研究院有限公司、上海应用技术大学等科研单位和工程单位,在2015年10向上海市科委申请了"上海天文馆工程建设关键技术研究与应用"课题。上海市应用技术大学作为子课题承担单位承担部分研究任务——结合项目区盐碱土的成因类型和现状条件及项目景观规划设计,经过土壤改良措施、筛选适宜植物类型、研究以植物多样性与生态群落构建为目标的植物设计方法,制定以防止土壤次生盐渍化及地力培肥为目标的绿地管理技术及规程,确保上海天文馆绿地生态景观的成功建设及长期低成本维持,为上海市滨海盐碱土的改良和生态环境建设提供示范与技术支撑。

第6章

烟气脱硫石膏改良盐碱土的风险评估

6.1 研究背景

上海天文馆地处滨海地区,地势低洼,地下水位高,土壤含盐量高、土质碱性、贫瘠,限制了大多数植物特别是常规绿化乔木的生长,制约了给该类地区的绿化建设,并为绿地的长期养护带来困难和投入增加。

盐碱土改良之所以被认为是世界性难题主要是由于盐碱土的形成是多方面的,且随着不同地域的气候、地形地貌、水文地质、土壤质地与结构、土壤和地下水盐分类型等的不同而其成因有所不同,改良措施也有所变化,单项改良措施也很难有效。因此,结合当地盐碱土的成因类型和现状条件及项目景观规划设计,研究盐碱土壤改良的措施,筛选适宜植物类型、研究以植物多样性与生态群落构建为目标的植物设计方法,制定以防止土壤次生盐渍化及地力培肥为目标的绿地管理技术及规程,确保上海天文馆绿地生态景观的成功建设及长期维持,为上海市滨海盐碱土的改良和生态环境建设提供示范与技术支撑。

希望通过本项研究,总结出滨海盐碱地修复和可持续发展策略,提出烟脱硫石膏使用安全性进行评估,明确其风险等级,并提出相应的控制措施,对可能出现的重金属风险或事故予以最大限度的防范,确保工程顺利实施。另外,本项研究同时总结出滨海盐碱土改良后的植物养护管理策略,对于上海市后续的滨海盐碱地绿化工程乃至全国在类似环境的风险识别、风险评价和风险管理也有较大的参考价值。

6.2 滨海盐碱土的现状

6.2.1 盐碱土现状

1. 盐碱土简介

盐碱土是地球陆地上分布广泛的一种土壤类型,约占陆地总面积的25％。在我国从滨海到内陆,从低地到高原都分布着不同类型的盐碱土壤。

盐碱土是土壤中含可溶性盐分过多的盐土和含代换性钠较多的碱土的统称,两者的性质虽有很大的不同,但在发生形成上有密切联系,而且常交错分布,所以常统称为盐碱土。当土壤含盐量为0.1％,或土壤pH为8.0,钠碱化度(ESP)为5％时,就属于盐渍土的范围。而大多数土壤在盐化的同时,其碱化的程度也很高,两者在形成过程中有着密不可分的联系。

2. 盐碱土的分布与分类

我国幅员辽阔，盐渍环境条件异常复杂，在生物气候带的控制下，我国盐碱土的组合类型具有较明显的区域性。根据《中国土壤分类暂行草案》，我国盐碱土分为盐土和碱土两大类。其中，盐土又分为滨海盐土、草甸盐土、沼泽盐土、洪积盐土、残余盐土和碱化盐土6个亚类；碱土又分为草甸碱土、草原碱土和龟裂碱土3个亚类。而从宏观上，我国土壤盐碱类型可分为四大类，即现代盐渍类型、残余盐渍类型、碱化类型和潜在盐渍类型。

我国盐碱土地分布范围相当广阔，几乎占我国国土面积的1/3。除了长江以南的滨海盐碱土外，其分布地区的干燥度均大于1，总的趋势是年平均蒸发量与降水量的比值愈大，土壤积盐愈强，积盐层也愈厚。其中，滨海盐土主要分别在辽宁、河北、山东、苏北沿海平原海岸地区且呈带状分布，在苏南、浙江、福建、台湾等省区的沿海也有零星分布。

3. 盐碱土的成因与形成过程

在土壤中常见的可溶性盐类，碳酸盐和重碳酸盐的溶解度最小，硫酸盐的溶解度次之，氯化物和硝酸盐的溶解度最大。因此，土壤盐分的垂直分布，在最高处往往是碳酸盐和重碳酸盐，往低处是硫酸盐，低洼处为氯化物和硝酸盐。盐碱土的形成过程还包括一个重要的过程即土壤的碱化过程：碱化过程是指土壤溶液中的 Na^+ 进入土壤胶体，使土壤胶体中含有较多的可置换性钠，由于它们的作用，土壤溶液呈高碱度，并引起土壤物理性质恶化的过程。

一般认为土壤盐渍化过程包括盐化和碱化两个不同的成土过程。盐化过程通常是指 $NaCl$，$CaCl_2$，Na_2SO_4，$MgSO_4$ 等中性或近中性盐类在表层及土体中的积累过程，使土壤呈中性或碱性反应。在积盐初期，盐类常在土体及表层积聚，当达到一定数量足以危害植物生长的程度时即发生盐化。碱化过程是指一定数量的 Na^+ 进入土壤胶体所发生的吸收性复合体的过程。此时，土壤溶液中含有一定数量的 CO_3^{2-} 和 HCO_3^- 离子，并呈强碱性，pH 常达 10 左右。土壤颗粒高度分散，物理性状恶劣。

盐碱土多发生在地形较低的河流冲积平原、低平盆地、河流沿岸以及湖滨周围。从低洼地的局部地形看，在洼地边缘和洼地的局部高起部位，地表水分蒸发相对强烈，水分易散失，盐分容易积聚，常形成斑状盐碱土。土壤中的盐分，除来自宇宙尘埃和火山活动外，还有来自海洋、岩石和人类通过河流将可溶性盐流入海洋，使海洋中的盐分与日俱增，日积月累，越来越多。再通过一定的方式从海洋转移到陆地。可通过风吹，将海水带到陆地，也可以通过地下渗透将海水渗入到沿海的陆地。另外，沉积在海洋中的化石盐，也可以被重新溶解带到陆地上，或通过地下水流到植物根际，逐渐形成一定含盐量的土壤。

4. 盐碱土的危害

土壤盐碱化对植物的危害可分为两类：原初盐害和次生盐害。在原初盐害中又可分为直接原初盐害和间接原初盐害。直接原初盐害主要指盐胁迫对质膜的直接影响，如膜的组分、透性和离子运输等发生变化，使膜的结构和功能受到伤害。质膜受到伤害后，进一步影响细胞的代谢，从而不同程度地破坏细胞的生理功能，这就是间接原初盐害。

（1）直接原初盐害：在 20 世纪 50 年代，人们开始注意到盐的原初伤害作用。一般认为这种盐害是由盐离子直接诱导的质膜透性增大和对质膜的某种效应形成的，并且推测这种伤害变化发生在膜脂和膜蛋白方面。

（2）间接原初盐害：盐分过多抑制某些植物的光合速率，其抑制程度随盐浓度的增大而增大。因为盐分过多会破坏细胞中的色素-蛋白质-脂类复合体，并降解叶绿素和其他色素；引起气孔关闭，抑制 CO_2 的吸收；抑制光合过程中一些重要酶的活性。

次生盐害是由于土壤盐分过多，使土壤水势进一步下降，从而对植物产生渗透胁迫。另外，由于离子间的竞争也可引起某种营养元素的缺乏,从而干扰植物的新陈代谢。

（1）渗透胁迫盐害:土壤盐分过多,即水势较低,使植物根系吸水困难,或者根本不能吸水,甚至排出水分,于是植物遭受渗透脱水,形成生理干旱,产生伤害。盐分渗透胁迫主要来自土壤盐度。

（2）营养亏缺胁迫的伤害作用:盐分胁迫所诱导的营养亏缺,主要是由于植物在吸收矿质元素的过程中盐与各种营养元素相互竞争,从而阻止植物对一些矿质元素的吸收而造成的。

6.2.2　上海滨海盐碱土现状

我国滨海盐碱地的分布范围较广,从北部起点的鸭绿江口至南部终点北仑河口的全长约32 000 km长的海岸线上及海岸线周边的大小岛屿,凡是直接或间接受海水(潮)影响的地区,都基本分布着具有滨海特性的盐碱地。其分布主要包括长江以北的辽宁、河北、山东、江苏的滨海冲积平原和长江以南的浙江、福建、广东的沿海一带的部分地区,面积约 106 hm²。这些地区受海洋暖式气流的影响,海洋性气候较明显。

滨海盐碱土的盐分主要来自海水,由于在成土过程之前就开始了地质积盐过程。滨海盐碱土的主要类型是滨海浅色草甸盐土和滨海滩地盐土。滨海浅色草甸盐土多分布在数十年一遇的海潮区,因侵袭间隔时间较长,土壤及地下水受雨水的长期淋洗,盐分逐渐减少,具有可开垦利用性。滨海滩地盐土多分布于滨海草甸盐土的外围地区,海拔高程较低,常受数年一遇的海潮侵袭,含盐碱的成土母质在雨水淋洗作用下,由于地质作用开始向生物成土过程过渡,逐渐形成滨海滩地盐土。

上海位于长江三角洲前缘,太湖平原东侧,北枕长江,东濒东海,南临杭州湾,三面江海怀抱。上海的滨海盐渍土可分为滨海盐土和盐化土两个土属。滨海盐土的可溶性盐含量表层一般在6 g/kg以上,1 m土层的平均含盐量在4 g/kg左右,返盐季节的平均含盐量为(4.5±0.63)g/kg,个别新围垦滩涂地采用海水吹泥淤高地面,致使盐分富集。盐分组成以氯化钠为主,其阴、阳离子组成中,氯离子和钠离子均大于80%。滨海盐化土的1 m土层的土壤含盐量均在4 g/kg以下,最低者只有2 g/kg左右,平均含盐量为(2.6±0.8)g/kg,盐分组成仍以 NaCl 为主,但氯离子和钠离子的相对百分比下降趋势十分明显,碳酸氢根离子和钙离子、镁离子的相对百分比明显提高。

上海的滩涂土壤质地80%以上是粉砂土和粉砂壤土,土壤紧实,粉砂土表层板结,土壤石灰性很强。土地盐碱化造成了资源的破坏,农业生产的巨大损失,表现出环境和经济两方面的危害。一些环境问题的出现与发展也引发或加重了盐碱化问题。另外,盐碱化过程常与荒漠化过程相伴生,甚至互相促进和转化。这带来的一系列问题,最终将影响人类的日常生活和生态系统健康。

工程场地位于上海市南汇海滨,浦东新区临港新城临港大道与环湖北三路口,大部分土地系在东海潮上带围垦的滨海盐渍土,土壤表层含盐量高达 12.1 g/kg。经过挖塘养鱼和由蓑草群落向芦苇群落的植物繁衍,土壤迅速由滨海盐土向滨海盐化土转化:目前 0~60 cm 土层平均水溶性盐含量为 2.2 g/kg,土壤 pH≥8.4,土壤有机质含量≥1%。

6.2.3　影响上海滨海盐碱土可持续发展的因素

影响滨海盐碱地持续利用的制约因素有许多,其中植被生态、水资源、次生盐渍化是环境因素中最重要,也是影响园林绿化最明显的三个因素。

1. 生态系统脆弱

滨海盐碱地区植物资源相对贫乏,历史上的粗放耕作、盲目垦殖、围海造地等使原有的湿地生态受到进一步破坏,森林覆盖率低,且植被相对单一、贫乏,稳定性差,没有从整体上形成应有的生态防护林体系。

由于受海水侵蚀、河流改道和人类生产活动的影响,盐碱化危害有不断加剧的趋势,加上水资源紧张,使原生植被引起逆向演替,工业三废、城市污水使环境更加恶化,这一切均使生态系统受到影响,城市绿化工作变得更加困难。

2. 水资源短缺

淡水资源短缺,城市供水紧张,滨海盐碱地城市面临水资源危机。高矿化度地下水不能采用,河流便成为唯一的淡水来源。处于河流下游的地区受到上游引水量加大、地下水超采、气候干旱、水资源浪费和水质污染等影响,供需矛盾日益突出。

3. 次生盐渍化危害加剧

滨海盐碱地区多是退海之地,呈高盐性。由于土壤盐碱化程度不断扩大。土壤次生盐碱化是自然因素和人为因素综合作用的结果,不利的自然因素是土壤发生盐碱化的前提条件,人为活动的干预,则促进了土壤次生盐碱化的形成和发展。不合理的绿地浇灌方式,如洒水车喷灌,水分不渗入地下仅局限在地表,这会引起了土壤的返盐。

6.3 国内外盐碱土改良的研究现状

滨海盐碱土壤的盐渍化是严重影响滨海地区可持续发展的重要限制因素,盐碱土中的盐分和有害离子是植物正常生长的屏障,使大部分植物无法正常生长。在人口不断膨胀的今天,扩大土地利用面积和提高单位面积产量是我们城市可持续发展过程中的头等大事。而盐碱土壤的改良利用更是重中之重。为此,长期以来国内外对盐碱土的改良利用开展了广泛且深入的研究,并投入了大量的人力与物力。

6.3.1 盐碱土改良与治理

盐碱地绿化是世界各国园林绿化遇到的普遍问题,经过多年的实践,国内外对盐碱地绿化施工提出了很多改良措施,但是任何一种工程的改良措施其效果都是有限的,适用的场地环境和土壤类型也有所差异。另外,由于盐碱地区受制于区域自然条件和人为因素的影响,通常呈现出极易返盐返碱的现象,由此可见,盐碱地改良必须是应地适宜综合性和持续性的进行。目前,主要的盐碱地改良措施可以归纳为物理措施、化学措施、生物措施和工程措施。

1. 物理改良方法

许多研究认为,整地深翻,适时耕耙,增加有机肥,合理施用化肥,躲盐巧种,耕作层下铺设隔盐层等都是盐碱土改良利用的有效措施。特别是畜禽粪便和枯落叶等有机物料,来源广、数量大,可以通过坑沤和堆置等腐熟后施入土壤,也可通过机械粉碎直接还田,增加土壤有机质,提高肥力和缓冲性能,降低含盐量,调节 pH,减轻盐害。通过进一步分析施肥量和作物产量间的关系,建立数学模型,确定最佳经济施肥量,在改良利用同时获得高产稳产。

2. 化学改良方法

在碱化土壤上施用化学药剂,其作用原理是改变土壤胶体吸附性离子的组成,从而改善土壤的物理性质,使土壤结构性和通透性增加,既有利于土壤脱盐与抑制返盐,又有利于植物生长。常利用的化学改良剂有石膏、过磷酸钙、腐殖酸类和硫酸亚铁等。

化学改良措施包括了钙离子、亚铁离子、铝离子和氢离子的改良。这些离子能够与交换性钠之间起化学反应,会造成交换性钠的减少或消失。在化学改良当中,以钙离子形成的海绵状的胶体的品质最好。钙盐当中,碳酸钙在碱化土壤中普遍存在,是自然脱碱过程中主要的钙盐。但是,碳酸钙的溶解度太低,对碱化度高的土壤难以发挥作用,改良极为缓慢。硫酸钙的溶解度虽小,只有 2 g/L,但在碱化土壤改良过程中,其溶解度往往能提高 10 倍以上,乃至出现石膏深层渗漏的现象。氯化钙的溶解度非常高,溶解度在 500~1 000 g/L,但是在改良过程中,在灌溉的条件下渗漏损失比较厉害,改良效果不一定比硫酸钙的效果好,而且氯化钙的造价更高一些,不利于大面积推广使用。

3. 生物改良方法

土壤生物活动有利于改善土壤有机质,增加有效养分,改良土壤结构。此外,种植物可增强植被蒸腾,降低地下水位,加速盐分淋洗,延缓或防止积盐反盐。目前,生物改良方法主要有:种植树木、种植抗性较强的牧草、种植高抗盐植物和提高植物的抗盐能力等。

4. 工程改良方式

工程措施改良盐碱土是根据水盐运动的特点,通过建设相关水利设施以淋水、灌水、排水等方式进行盐碱地的洗盐、排盐或阻断土壤与外环境的水盐运动使该地区水盐平衡的过程,以达到盐碱改良的目的。工程措施大致可分为灌水洗盐、设隔离层、地下暗管排盐等。

其中,地下暗管排盐是在滨海盐碱地绿化种植中应用较为广泛的一种形式。滨海盐碱地区由于其地势往往较低,或因海水的潮汐作用,地下水位偏高,水中大量的盐分会随地下水上升到土壤表层,表层水分蒸发,盐分就会在地表聚集,形成高浓度的盐碱地,从而导致植物的生理性缺水,进而影响城市植物景观的营造。如若能在地下铺设合理的排水暗管,降低种植地的地下水位,水中的盐分就不会随地下水上升并聚焦在地表,进而能从根本上解决表层土壤发生次生盐碱化的危险,而且暗管排盐技术不占用土地,非常适合城市环境和符合城市建设的需要。该措施经常与设隔离层法一同使用,在隔断地下水分浸润的同时,及时排除多余的水分,起到防控结合的效果。

6.3.2 国内盐碱地改良的案例

1. 天津滨海新区施用脱硫石膏改良案例

天津滨海新区地处华北平原北部,位于山东半岛与辽东半岛交汇点上、海河流域下游、天津市中心区的东面,渤海湾顶端。开发区的前身是一片淤泥质盐渍土滩涂,也是一片一望无际的水田式的卤化地,由于长期海水制盐,以至土壤表层沉积大量盐分,含盐量 7%以上。天津滨海区一直以来在盐碱地改良上做了很多尝试,也应用了很多措施,其中端锰文等人在对施用脱硫石膏改良剂并结合合理灌溉后高羊茅的生长情况研究中发现,当脱硫石膏施用量达到 450 g/m^2 时,土壤脱盐效果较好,高羊茅种子发芽率较高,苗期生长量也较快。施用脱硫石膏明显提高了高羊茅的叶片宽度,草坪盖度和草坪色泽,同时高羊茅草坪表层根量和底层根量都呈现增加的趋势。

2. 杭州湾开发区树穴改良种植案例

杭州湾滨海盐碱地主要是近年来新围垦海涂,其特点是土壤盐分与海水盐分一致,土壤中氯化钠含量占全盐 80%左右,同时,不仅土壤表层积盐重,底土含盐量也很高。由于杭州湾南岸拥有大面积的盐碱滩涂,在大区绿化中要对整个区域进行盐碱地改良需要大量的人力、物力、财力且耗时较久。为此,杭州湾开发区在园区的绿化建设中经常采用树穴改良种植法。树穴改良种植法其本质就是将隔离法、客土改良法、化学改良法结合在一起,针对性地应用于乔木种植的树穴。在工程实施前,首先根据施工图进行定点放线、树穴开挖。树穴开挖完成后在穴底铺设厚 15~20 cm 的砻糠作为隔离层,使下层高含盐的水分难以上升。然后在树穴周围增施有机肥,使土壤疏松,改善土壤理化性能。同时,在树穴内按比例投放化学改良基质,改善植物根部生长环境。根据观测,杭州湾开发区在采用了树穴改良法种植后的乔木,其生长势头明显优于未采用该措施的其他苗木。

在对天津、杭州湾两个地方的盐碱地改良措施案例进行解读后,不难发现盐碱地改良技术正在朝着更加综合性、科学性的方向发展,各地对盐碱地改良的要求也在不断提高。盐碱地改良技术已经不再是过去单一的改良技术,而是一门包括农业、生物、化学、物理、水利等多方面的综合应用技术。盐碱地改良的各项措施不再是相互孤立的,而是相辅相成的,一切应着眼于综合措施,寻求解决盐碱地绿化的关键技术。然而,目前国内大部分盐碱地绿化仍然停留在单一改良的技术措施上,改良措施效果差、有效期短的现象普遍存在。在选择盐碱地措施时,对当地的盐碱地成因缺乏了解,相关措施缺乏针对性,使得盐碱地区部分绿化管理部门造成"改良就是浪费"的错误理解。这些现象都对推进盐碱地绿化建设,提高盐碱地改良技术造成了不小的负面影响,所以如何合理地应用盐碱地改良措施就显得尤为重要。

6.3.3　滨海盐碱地现有绿化模式及其局限性

现有的滨海盐碱地绿化模式中主要有微区改碱、淡水洗盐、管线排碱及更换客土等。其中的微区改碱、淡水洗盐、管线排碱只是局部应用,客土绿化则占相当大的比例。重点地段、重点工程、道路绿化实行客土种植,是速见成效的有效手段,但大规模客土则是对土地资源的严重浪费,具有明显的局限性。

(1) 客土挖运在破坏了外地土地资源地形地貌的同时,也破坏了客土地段的原土资源。

(2) 盐碱土有它本身的进化演替规律,从土地生态角度讲,挖除原土就破坏了土地表层的某种平衡。因地下水位升高,蒸发量加大,客土发生次生盐渍化的趋势是难以避免的。

(3) 客土绿化成本巨大,客土费用约占绿地成本的2/3,加上客土建植草坪多是冷季型进口草坪,浇水修剪频繁,建成后养护、管理成本逐年递增。不难看出,建立在巨大资金支持基础上的客土绿化,浪费了土地资源、水资源,并因管理费用提高,限制了城市绿化面积的进一步扩大。

(4) 不利用盐碱土的改良,破坏了盐碱地的土壤种植物演替规律,在一定程度上加剧了生态环境的进一步恶化。

6.3.4　烟气脱硫石膏改良盐碱土的研究

1. 烟气脱硫石膏的现状

在众多烟气脱硫工艺中,湿式石灰石-石膏法因其技术成熟、稳定高效等特点而被广泛应用。与此同时,随着石灰石-石膏法的推广应用,将会产生大量烟气脱硫副产物。此副产物主要是 $CaSO_4$ 和 $CaSO_3$ 等的混合物,性质与天然石膏相似(通称脱硫石膏),并含有丰富的钙、硫、硼、钼、硅等植物必需或有益的矿质营养。

上海正在全面开展电厂烟气脱硫工程建设,目前已经完成 650.8 万 kW 燃煤机组的脱硫工程,如外高桥 2 台 30 万 kW 机组、宝钢 1 台 35 万 kW 机组的脱硫工程。根据上海"十一五"规划,于 2010 年全市已安装脱硫装置的燃煤机组达到 957.2 万 kW。若上海全部采用石灰石石膏湿法脱硫,按照煤含硫量 1% 计算,2010 年产生的脱硫石膏就达 132.33 万 t。虽然上海已成功推广脱硫石膏在纸面石膏板、粉刷石膏、水泥添加剂等方面的大量应用,但建材市场对脱硫石膏的需求仍存在很大的不确定性。若这些逐年递增的副产物处置不当,不仅会浪费大量可利用的矿质营养资源,而且也易引起二次污染和土地占用问题。因此,寻求烟气脱硫石膏综合利用的更多途径、实现更广阔的资源化利用仍是值得研究的课题。

2. 脱硫石膏改良滨海盐碱土的契机

我国沿海城市每年围垦造地数百平方千米。上海到 2010 年止,已经在海岸线促淤 733.3 km,使得圈围滩涂达 400 km²,面积相当于 20 个黄浦区,使上海土地面积扩大 6.31%。上海占地 20 km² 的浦东国际机场、40 km² 的海港新城等,都建在圈围的滩涂之上。上海地区的土壤质地主要属于粉砂土,粉砂土易板结、不透水、不透气,如果不经改良,很难种植植物。在面临着大量耕地面积减少、淡水资源匮乏的今天,我们必须将盐碱地这样的土地资源进行高附加值的开发利用。同时,上海市的所有火电厂、钢铁厂等企业为了减少 SO_2 的排放而引入脱硫工艺,产生了大量的脱硫副产品——脱硫石膏。如果我们能将脱硫石膏应用到改良滨海盐碱土的方法上来,不仅可以为电厂等脱硫企业找到副产物更加生态的利用途径,还能实现大量滨海盐碱地得到快速改良,尽早投入农业生产,实现生态环境和社会经济效益高度统一。

6.4　脱硫石膏的特性及生态安全性评估

本书将上海某燃煤电厂的脱硫石膏添加到上海滨海盐碱土中,对土壤进行脱盐改良。在实验之前对实验用到的盐碱土和脱硫石膏进行了基本成分的检验分析。脱硫石膏属于外源添加剂,本身也含有微量的重金属,掺入烟气脱硫石膏是否会对原有土壤造成污染,其生态安全性如何?针对这个问题,我们在使用脱硫石膏作为土壤改良剂之前,对两者本身的重金属含量也进行了分析,最后给出脱硫石膏改良滩涂盐碱土的生态安全评估结果。

6.4.1　盐碱土特性分析

对示范场地内盐碱土的基本成分做化学分析,结果显示土壤样品的碱化度很高,达到 20.3%,pH 为 8.86,可溶性全盐量达到 2.57 g/kg,阳离子交换量为 12.1 cmol/kg,钠的含量为 5.63 g/kg,其中可交换性钠占到 16.2%。土壤有机质偏低,总氮含量也偏低。其他组分见表6-1。

表 6-1　示范场地盐碱土物理化学特性分析

检测项目		数值	单位	标准 a	标准 b
pH		8.86	无量纲	适合喜或耐碱性植物	
含水量	分析基	41.1	%		
	干基	69.7	%		
全盐量(可溶性)		$2.57×10^3$	mg/kg		
有机质		2.20	%	不合格	不合格
孔隙度		58.39	%		
容重		1.077 6	g/cm³		
可溶性钙		82.4	mg/kg		
可溶性镁		59.6	mg/kg		
可溶性硫酸银		36.4	mg/kg		
可溶性碳酸根		未检出	mg/kg		
可溶性碳酸氢根		526	mg/kg		
交换性钾		257.8	mg/kg		
交换性钠		911.8	mg/kg		
交换性钙		3.22	mg/kg		
交换性镁		5.92	mg/kg		
氯离子		504	mg/kg		
全钠		$5.63×10^3$	mg/kg		

（续表）

检测项目	数值	单位	标准 a	标准 b
总氮	0.104	mg/kg		不合格
总磷	971	mg/kg		一级
总钾	3.97×10^4	mg/kg		一级
速效钾	1.28×10^3	mg/kg	优秀	
阳离子交换量	12.1	cmol/kg		
土壤碱化度	20.30	%		

注：(1) 标准 a 为绿化种植土标准(CJ/T 340—2011)；
　　(2) 标准 b 为深圳市地方标准-园林绿化种植土质量(DB 440300/T 34—2008)。

研究结果表明，滨海盐碱土壤中重金属(总砷、总铬、总汞、总硒、总铜、总镉、六价铬)的指标浓度均符合《农产品安全质量无公害蔬菜产地环境要求》(GB/T 18407.1—2001)、《农产品安全质量无公害水果产地环境要求》(GB/T 18407.2—2001)、《无公害农产品产地环境质量要求标准》(DB 13/310—1997)、《土壤环境质量标准》(GB 15618—1995)，并且达到《绿化种植土标准》(CJ/T 340—2011)中的 I 级标准；总铅含量符合《农产品安全质量无公害水果产地环境要求》(GB/T 18407.2—2001)、《无公害农产品产地环境质量要求标准》(DB 13/310—1997)、《土壤环境质量标准》(GB 15618—1995)，并与总镍含量一同达到《绿化种植土标准》(CJ/T 340—2011)中的 II 级标准(表 6-2)。

表 6-2　盐碱土重金属成分分析

检测项目	单位	结果	标准 a	标准 b	标准 c	标准 d	标准 e
总砷	mg/kg	13.1	25	25	I 级	20	20
总铬	mg/kg	86.3			I 级	350	350
总铅	mg/kg	221	150	350	II 级	350	350
总汞	mg/kg	0.084	1	1	I 级	1	1
总硒	mg/kg	ND*					
总镍	mg/kg	50.4			II 级	60	
总铜	mg/kg	37.8			I 级	100	
总镉	mg/kg	0.0716	0.6	0.6	I 级	0.6	0.6
六价铬	mg/kg	ND*	250	250			

注：(1) 以上标准值均对应碱性土壤(pH>7.5)。
　　(2) 标准 a 农产品安全质量无公害蔬菜产地环境要求(GB/T 18407.1—2001)。
　　(3) 标准 b 农产品安全质量无公害水果产地环境要求(GB/T 18407.2—2001)。
　　(4) 标准 c 绿化种植土标准(CJ/T 340—2011)。
　　(5) 标准 d 土壤环境质量标准(GB 15618—1995)。
　　(6) 标准 e 无公害农产品产地环境质量要求标准(DB 13/310—1997)。
　　(7) ND* 未检出。

6.4.2　烟气脱硫石膏重金属含量分析

1. 烟气脱硫石膏与矿物石膏的比较

表 6-3 给出了天然矿物石膏与烟气脱硫石膏的比较。与天然的矿物石膏相比较，烟气脱硫石膏无论在化学品质上还是物理特性上，都优于矿物石膏。

表 6-3　天然矿物石膏与烟气脱硫石膏的比较(Dontsova et al., 2005)

特性/元素	脱硫石膏	矿物石膏	特性/元素	脱硫石膏	矿物石膏
物理性质			植物所需的微量元素/($\times 10^{-6}$)		
水分	5.5%	0.38%	B	13	99
$CaSO_4 \cdot 2H_2O$	99.6%	87.1%	Cu	<0.38	<0.60
不可溶残渣	0.4%	13%	Fe	150	3800
颗粒尺寸			Mn	0.62	225
250 mm	0.14%	100%	Mo	3.2	<0.60
150～250 mm	3.2%	0	Ni	<3.0	<0.60
105～150 mm	33%	0	Zn	1.2	8.7
74～105 mm	33%	0	环境关注的元素/($\times 10^{-6}$)		
<74 mm	31%	0	As	<11	462
植物需要的营养元素			Ba	5.5	76
Ca	24.3%	24.5%	Cd	<1.0	<0.12
S	18.5%	16.1%	Cr	<1.0	10.4
N/ppm	970	—	Pb	<5.0	100
P/ppm	<1.0	30	Se	<25	<0.60
K/ppm	<74	3 600			
Mg/ppm	200	26 900			

2. 我国若干燃煤电厂烟气脱硫石膏的重金属含量

烟气脱硫石膏中有些重金属元素含量一般高于土壤自然背景值含量;一些主要的重金属元素,如 Pb,Cd,Cr,As,Hg 等指标,基本上都低于国标最高容许量和土壤环境质量二级标准,符合国家控制标准。但土壤中的重金属较难迁移,具有残留时间长、隐蔽性强、毒性大等特点,并且可能经作物吸收后进入食物链,从而威胁人类的健康与其他动物的繁衍生息。因此,掌握烟气脱硫石膏重金属含量可能对土壤环境的影响,对于正确评估烟气脱硫石膏的生态风险至关重要。

表 6-4 给出了我国若干燃煤电厂烟气脱硫石膏的重金属含量。从这些已有研究中看,虽然烟气脱硫石膏中重金属的含量不高,但由于使用的燃煤产地不同、脱硫过程控制等问题,某些电厂的烟气脱硫石膏中某些重金属的指标还是相当高的。

曹晴等(2012)采集和分析了我国不同地区 25 个燃煤电厂脱硫石膏样品中的汞含量,这些电厂的燃煤主要来自河北、河南、山东、贵州、云南、四川、陕西、山西、内蒙古和越南的原煤,燃煤汞含量从 0.09 mg/kg 到 1.63 mg/kg 不等。分析结果表明,这 25 个燃煤电厂脱硫石膏中汞的平均含量为 0.352 0 mg/kg,浸出液中汞的理论最大值为 0.071 mg/L。按照《固体废物浸出毒性浸出方法硫酸硝酸法》(HJ/T 299—2007)规定标准汞含量以 0.1 mg/L 计,则脱硫石膏浸出液中汞含量已接近限值。

从目前已经获得的数据上看,尽管烟气脱硫石膏在农业和环境上的应用前景广泛,然而我们还是要重视烟气脱硫石膏中含有的重金属可能对土壤和其他环境造成的影响,即要设立用于农业和环境的烟气脱硫石膏的重金属标准。

表 6-4 我国若干电厂烟气脱硫石膏的重金属含量

工厂名称	重金属含量/(mg·kg⁻¹)					
	As	Hg	Pb	Cr	Cd	Zn
北京石景山电厂	2.71	0.17	14.86	21.31	0.49	
内蒙古海勃湾电厂	2.20	0.20	1.60	0.89	0.44	
内蒙古托克托电厂	0.21	0.20	8.30	2.70	2.10	
内蒙古乌拉山电厂	6.60	0.20	0.20	0.88	0.22	
内蒙古通辽电厂	6.60	0.20	0.60	1.70	0.21	
内蒙古霍林河电厂	0.10	0.10	0.10	2.00	0.10	
天津军粮城电厂	8.80	0.10	0.10	2.90	0.10	
天津杨柳青电厂	17.00	0.10	1.60	1.50	0.10	
哈尔滨热电厂	0.01	0.01	0.01	4.00	0.01	
吉林珲春电厂	30.00	0.50	6.40	2.00	0.50	
北方某电厂	13.00	0.50	6.40	8.60	0.50	
甘肃张掖电厂	30	<1.00	6.4	2	<1.00	
宁夏马莲台火电厂	6.93	0.34	32	23.99	0.08	
太原第一热电厂		2.32				
上海吴淞电厂	5.1	0.20	14.7	0.47	—	
山东愉悦电厂	0.43	0.07	2.8L	14.1	—	
平均值	3.01	0.26	4.71	4.12	0.12	
2008(二级)*	20~45	0.2~1.5	50~80	120~350	0.25~1.0	300
1995(一级)**	15	0.15	35	90	0.2	100

《土壤环境质量标准(修订)》(GB 15618—2008),土壤无机物污染物的环境质量第二级标准值,农业用地的全部范围(从 pH≤5.5 到 pH>7.5,包括水田、旱地和菜地)。

《土壤环境质量标准》(GB 15618—1995),一级标准。

3. 烟气脱硫石膏对土壤重金属(Cd, Cu, Ni, Zn, Pb, Cr)的作用

滩涂围垦土壤是重金属等难降解污染物的主要最终归宿场所之一,其重金属的解吸将影响重金属的迁移性、生物有效性和潜在毒性,研究重金属的解吸对土壤污染评价、修复及环境容量预测至关重要。童泽军等(2009)研究了烟气脱硫石膏对广州市南沙滩涂围垦土壤重金属的解吸效果,并分析了烟气脱硫石膏对重金属形态的影响。结果表明,随着脱硫石膏施用量的增加,经过振荡离心后的滩涂围垦土壤中重金属质量分数先急剧下降,之后变化趋于平缓。说明烟气脱硫石膏能降低土壤对重金属的吸附,经振荡离心后能降低土壤中重金属的毒性和生物可利用性。

王淑娟等(2013)通过土柱淋滤实验,分析研究了加入不同重量比例脱硫石膏的不同盐碱土壤层中重金属 Pb, Cd, Cr, As, Hg 含量分布。结果显示,加入脱硫石膏的盐碱土壤 pH、电导率值及碱化度有明显降低,表明脱硫石膏对于盐碱土具有明显的改良作用。总体而言,脱硫石膏的加入

并未引起土壤重金属含量的显著变化;重金属在各土层中的最高含量均符合《土壤环境质量标准》(GB 15618—1995)要求,表明脱硫石膏在改良盐碱土过程中不会导致土壤重金属污染而影响土壤环境质量。

4. 烟气脱硫石膏对土壤重金属 Hg 的作用

由于不同燃煤产地、不同脱硫过程控制等,某些电厂的烟气脱硫石膏中汞含量可能偏高。王立志等(2011)采用太原第一热电厂的烟气脱硫石膏,Hg 的含量高达 2.32 mg/kg,一次性施用后土壤中 Hg 的含量由原来未种植苜蓿前的 0.13 mg/kg 提高到苜蓿收获后的 0.16 mg/kg。苜蓿茎叶中 Hg 的含量分别为 0.04 mg/kg 和 0.06 mg/kg,比对照组的苜蓿茎叶的 Hg 含量都提高了一倍。王淑娟等(2013)通过土柱淋滤实验发现,随着脱硫石膏的加入,在 60~80 cm 土层中镉(Cd)含量增加、汞(Hg)含量在 40~60 cm 土层中增加。Kelin Wang(2012)在他的研究中发现,较高的烟气脱硫石膏的施用量会造成土壤中的 Hg 含量的石膏,从而导致土壤向大气中释放 Hg 的数量以及植物根和叶中 Hg 含量的升高。高温和多雨(水)对土壤中 Hg 的释放有利,植物根叶中的一部分 Hg 来自大气。

曹晴等(2012)采集和分析了我国不同地区 25 个燃煤电厂脱硫石膏样品中的汞含量,这些电厂的燃煤主要来自河北、河南、山东、贵州、云南、四川、陕西、山西、内蒙古和越南的原煤,燃煤汞含量从 0.09 mg/kg 到 1.63 mg/kg 不等。分析结果表明,这 25 个燃煤电厂脱硫石膏中汞的平均含量为 0.352 0 mg/kg,浸出液中汞的理论最大值为 0.071 mg/L。按照《固体废物浸出毒性浸出方法硫酸硝酸法》(HJ/T 299—2007)规定标准汞含量 0.1 mg/L 计,脱硫石膏浸出液中汞含量接近限值。

从目前已经获得的数据上看,尽管烟气脱硫石膏在农业和环境上的应用前景广泛,必须重视烟气脱硫石膏中含有的重金属可能对土壤和其他环境造成的影响,即要设立用于农业和环境的烟气脱硫石膏的重金属标准/指导限值。

6.5　烟气脱硫石膏安全使用指南

由于烟气脱硫石膏存有一些可能引起生态和环境安全问题的污染物质,大规模循环利用或使用必须进行风险评估,按照一定的质量标准和规范指南进行,并在使用过程中对可能产生的生态和环境安全问题采取预处理、风险规避或防范措施。为了科学地使用烟气脱硫石膏,确保土壤环境的生态安全,必须考虑:

(1) 使用烟气脱硫石膏的特殊目的(例如脱盐或增加产量等);

(2) 烟气脱硫石膏的重金属含量;

(3) 土壤重金属的背景含量;

(4) 使用成本(运输、存储、施放和辅助设施等)。

其中,土壤重金属的背景含量是计算烟气脱硫石膏安全使用量的基础。

在实际运用中,通常会遇到如表 6-5 中的几种情况和处理方法。当烟气脱硫石膏所关注的重金属含量都小于土壤重金属的背景含量时,使用烟气脱硫石膏一般不会产生生态安全性问题;当烟气脱硫石膏部分所关注的重金属含量都大于土壤重金属的背景含量时,就要尽可能地减少烟气脱硫石膏的使用量和使用次数,以免造成土壤重金属的累积;当烟气脱硫石膏中多数重金属含量大于土壤重金属的背景含量时,要慎用或弃用烟气脱硫石膏。后两者情况下,还应该做一些实验室和现场研究,评估烟气脱硫石膏的重金属含量可能给土壤和作物带来的生态安全风险。

表 6-5　烟气脱硫石膏使用情景及建议

重金属含量	使用建议	实验研究
烟气脱硫石膏＜土壤背景	可以直接使用	一般不需要
烟气脱硫石膏部分重金属愈土壤背景	尽可能地减少烟气脱硫石膏的使用量和使用次数	需要一定的实验研究(土壤),评估可能风险
烟气脱硫石膏大部分重金属愈土壤背景	慎用或弃用	需要实验研究(土壤和作物),评估可能生态和安全风险

在目前还没有烟气脱硫石膏农业和环境用途的重金属含量指导限值时,建议:

(1) 采用《土壤环境质量标准》(GB 15618—1995)的一级标准作为烟气脱硫石膏农业和环境用途的指导限值的Ⅰ级标准(用于庄稼蔬菜等与食物链有关的用地),采用《土壤环境质量标准(修订)》(GB 15618—2008),土壤无机物污染物的环境质量第二级标准值的最小值作为为烟气脱硫石膏农业和环境用途的指导限值的Ⅱ级标准(用于林地、滩涂、娱乐等用地)。

根据表 6-6 的分析,除了 Hg 以外,燃煤电厂的烟气脱硫石膏重金属平均含量一般都低于《土壤环境质量标准》(GB 15618—1995)的一级标准,可用于庄稼、蔬菜等农业用地的土壤改良或环境(例如面源控制)污染物控制;也低于《土壤环境质量标准(修订)》(GB 15618—2008)中土壤无机物污染物的环境质量第二级标准值的最小值,可用于非食物链的其他用地(例如林地、滩涂、娱乐等)的土壤改良或环境污染物控制。

表 6-6　拟定的烟气脱硫石膏中重金属的指导限值　　　　　　　单位:mg/kg

不同类别	As	Hg	Pb	Cr	Cd	Zn	Cu	Ni	用途
烟气脱硫石膏重金属测值	3.01	0.26	4.71	4.12	0.12	—			
土壤环境质量标准 GB 15618—2008(二级)	20	0.2	50	120	0.25	150	50	60	用于林地滩涂娱乐用地
土壤环境质量标准 GB 15618—1995(一级)	15	0.15	35	90	0.20	100	35	40	用于庄稼蔬菜等用地

特别关注烟气脱硫石膏中重金属元素 Hg,一般不采用 Hg 超过标准值的烟气脱硫石膏。燃煤电厂要注意研发和控制降低烟气脱硫石膏中 Hg 的技术措施;即便是作为建材使用,也要控制烟气脱硫石膏原料中的 Hg 含量。

6.6　滨海盐碱地绿化种植养护和管理措施

通过对滨海盐碱地绿化景观工程的可持续发展和改良措施进行评估,以此为基础进行盐碱土壤的改良,并在改良土壤上进行绿化种植。滨海盐碱地绿化种植工程完成后,一般进入全面养护管理阶段,首先对工程进行全面总结,建立必要的施工技术档案,包括苗木种植技术措施和工程中采取的特殊技术方案、施工中重点和难点等,同时对后期养护工程中可能出现的风险进行评估,在此基础上综合运用各类养护技术防止次生盐碱化,不断改善植物生长环境,维护绿化成果。

环境的复杂性和气候的多变性:天文台建设区域的滨海盐碱地,不仅含盐量高,碱性强,地下水位普遍偏高,而且沿岸数百千米的出海口基本无山体阻挡,冬季干冷风强盛,夏秋季节台风风暴潮灾害频繁,生态环境极为恶劣,整个生态系统脆弱。

土壤盐碱性的长期危害:绿化工程完成后,并不是将盐渍土改变了,只不过是通过各种改良措施将土壤中的盐害抑制或减轻了一些,只是在局部改变了盐碱地的环境,盐渍土区的潜在盐害是长期存在的,若不精心养护,时间愈长,土壤盐碱化很容易卷土重来。绿化工程只是改变了树木种植的局部土壤小环境,无法改变树木生长的盐碱地大环境,恶劣的气候条件、淡水的缺乏等因素都时刻影响着树木的生长。若处理不当,或养护失误及人为干扰,就使已绿化区域,也易发生次生盐渍化,对植物造成盐害。轻则植物根系生长受抑,地上部分出现枝干、叶焦,变成不死不活的老小树,影响绿化效果;重则整株、整片死亡。

工程的自身特征。工程所在地地处偏僻,养护的任务重、难度大、技术要求高,综合性强;不仅要求相关人员须有丰富的绿化工程管理、种植养护技能,还需要对盐碱地专业知识的掌握,不仅需要了解常规园林植物,还要了解适于滨海盐碱地造林绿化的。

6.6.1　滨海盐碱地绿化种植措施

1. 重视绿化种植中乔、灌、草的结合

在自然界不同生态环境下,乔灌草能很好地结合,巧妙和谐地生活在一起,构成多样的植物群落。乔、灌、草各有其不同的生态功能,它们占据不同的空间,发挥着各自的作用。

2. 选择应用较耐盐碱的绿化树种

(1) 选择适应性强的乡土树种。选择适应性强的乡土树种或品种作为骨干树种或基调树种,这是滨海盐碱地区绿化的重中之重。实践证明,在上海地区的滨海盐碱绿化中有一定量的耐盐碱植物可以作为首选树种,具有其他树种不可替代的作用。

(2) 引进一些抗盐碱性强的新树种。在充分利用好当地乡土树种的同时,适量引进筛选一些新树种,丰富天文台区域绿化树种结构,提高绿化质量。

3. 采用合理的绿化工程技术措施

在滨海盐碱地区进行绿化施工中,除选择好抗性强的树种、品种之外,还要结合必要的工程技术措施,使绿化植物能够持久良好生长。采取何种工程技术措施(本篇后面有详细的研究和说明),要根据不同的立地条件、绿化要求及资金情况而定。

(1) 在绿化场地内开挖排水沟,排除积水,降低地下水位。滨海盐碱土的一大特点是地下水位高,蒸发量大,把大量带有盐分的水通过毛细管水蒸发后,将盐分留于地面,因此治盐碱首先要降低地下水位。这项工作可以与场地的总体规划布局和地下管线以及景观布局等结合起来,完善排水系统。使积水得到排除,大大降低了场地的地下水位。

(3) 施有机肥改盐治碱。农业上改造盐碱地的行之有效的办法是在盐碱地上大量施用有机肥,有机肥不但能改善土壤结构,而且在有机质腐解过程中还能产生酸性物质中从而和盐碱,有利于树木根系生长,提高树木的成活率。

(4) 在城市绿化中,如果绿化要求高、资金充足,也可采用客土提升地面法、控制返盐法、铺设隔盐层法、铺设地下管网滤水排盐法、塑料膜隔离层防盐法等,以降低地下水位、减少蒸发、滤水排盐、抑制返盐,给树木创造一个良好的生长环境。

(5) 使用盐碱地改良剂。在盐碱地土壤中施加烟气脱硫石膏等物质,可有效降低其 pH 值,降低土壤碱化度,并能增加土壤中的营养物质,确保植物正常生长。

6.6.2　滨海盐碱地绿化管理养护措施

苗木定植后,及时抓好各个环节的管理工作,根据不同花木的生长需要与景观的要求及时对花木进行疏松土壤、增施有机肥和适时适量灌溉、修剪、病虫害防治、防风技术措施,可在一定程度上降低土壤盐分。随着绿化目标逐步实施就涉及其后的养护管理,在绿化建设中常说"三分种,七分养",说明养护管理在绿化中的重要性,因为在绿化中所种植的都是有生命的植被,尤其是在滨海盐

碱地上所进行的绿化,其成果更是来之不易,所以高效的管理和科学的养护是巩固和提高园林绿化建设成果的关键环节。

1. 制订科学的养护方案和管理措施

制订全年养管工作计划及方案,确保养护各项保障措施,手段、方法完善落实;滨海盐碱地养护应该严格参照执行《城市绿地养护质量标准》和《国家园林绿化技术规程》操作;制订养护期内苗木保活率的措施,除了一般园林工程养护措施外,必须制订抗击自然灾害(台风)的应对措施;制定养护方案和技术措施,建立专业养护项目队伍,配备有丰富养护管理工作经验和责任心强的专业技术人员和养护人员,同时配备必要的养护机具;制订严格的绿地安全管理和文明养护管理措施。

2. 浇水管理

滨海盐碱土绿化养护的浇水过程要把握盐碱土盐分运动规律,做到科学浇灌。种植之处要先灌大水压盐碱,并及时松土,过2周左右趁盐碱未返上来前再浇一次透水,把盐碱压下去,有利于树木根系生长而促进成活。第二次浇水后,在树周围进行及时封堰,这样既保水又防止返盐碱。在以后的管理过程中,浇水必须浇足浇透,不浇半截水,也不要频繁浇水。盐碱地浇水最忌小水喷淋。根据"大水压碱、小水引碱"的治盐经验,要做到大雨排水、小雨灌水,尤其后者,因为小雨将地表盐分溶至根层,会引起根细胞水分外渗,死苗现象更为严重。小雨后灌水,水要一次性浇透,才能有效地抑制土壤返盐,保证植物正常生长。

根据上海的气候特点,结合树木的生长规律,每年7—10月份是植物需水的关键时期,在雨量较少的情况下,需要大量浇水。浇灌时,要以缓流延时浇灌,给够浇透,保证土壤的浸润深度达到40～60 cm。返盐较重的地区应加大浇水量。灌溉时间在下午三四点开始,盛夏在傍晚浇水,第二天上午松土切断毛管水。另外,要注意灌排分开,排水系统保持畅通,决不用排水渠的水灌溉。

3. 施肥及覆盖

解决养护中的土壤盐碱问题,其中一个行之有效的办法是在盐碱地上施用有机肥料。滨海盐碱地绿化的施肥原则应该是少量多次,薄肥勤施,不能集中过量施肥;施肥方法包括绿地施肥分基肥、追肥和根外追肥。基肥以有机肥(可使用枯枝落叶堆肥)和缓释型肥料为主,追肥和根外追肥以速效型肥料为主。有机肥料不但能改善土壤结构,而且在腐烂过程中,还能产生酸性物质中和盐碱,有利于树木根系生长,提高树木的成活率。

此外,在绿地养护过程中可利用枯枝落叶堆肥和树皮等回收材料对裸漏的土壤进行覆盖,一方面可以减少蒸发量,降低浇水次数;另一方面,表面覆盖的堆肥材料也可以慢慢渗入到土壤中,增加土壤表面的有机肥含量。在天文台绿地中,应该确保每年1次施用有机肥料,主要为树枝粉碎堆肥,既可节约成本,又可以有效促进绿化植物的生长。利用植物秸秆等覆盖表土可提高树木的成活率,这种方法需要材料大,可通过就近收割芦苇和野草,但效果不持久。种植地被植物的方法可以持续发挥覆盖抑盐的作用。

4. 病虫害防治

滨海盐碱地特殊的立地条件,风大、雾重,对植物生长造成很大影响,树势差,容易发生病虫害,因此需及时防治病虫害。主要易发生病虫害的树种如垂柳、白蜡等要提前预防、提前防治。

此外,绿化苗木在移栽的过程中,由于通过锯截、移栽导致苗木的伤口多,萌芽的树叶又嫩,树体的抵抗力弱,容易遭受病害、虫害,如不注意防范,造成虫灾或树木染病后可能会迅速死亡,所以要加强预防。刚长出的枝叶极易引发蚜虫危害,可用多菌灵或托布津、敌杀死等农药混合喷施防治。上海地区可以分4月、7月、9月三个阶段,每个阶段连续喷药,每星期一次,正常情况下可达到防治的目的,对易发生病虫害的树木,应有专人经常观察,采取措施及时防治。

在日常的绿化养护中,可以通过了解害虫的习性特点,使用黑灯光、糖醋液、粘虫板等诱杀害虫的方法来辅助单一的化学药物防治,提高病虫害防治效果。

5. 夏季养护管理

上海滨海地区的主汛期在 7 月下旬至 8 月上旬,雨水较多,空气中含水量较多,高温高湿,在此期间需注意排水防涝。要特别注意检查排盐管设施,及时疏通排水集水井,使其通畅,达到排盐的目的。如遇高温干旱天气,注意及时浇透水,防止干旱和土壤返盐。

6. 定时修剪以及防盐尘、台风

定期对绿化植物进行整形修剪,根据各种树种的生态特性,采用相应的管理措施,促进绿化树种尽快成林很有必要。修建时应避开春季高温干旱风大的天气,防止在返盐高峰期进行整形。当年栽植的植物,应以提高成活率为目的;栽植成活的植物,应以发挥绿化美观效果,发挥生态最大绿量为原则进行修剪整形。为防止台风和海风对树体的影响,还应及时搭建支架,稳固树体。每月定期检查,防治扎绳缠进树皮,影响苗木正常生长,同时检查固定情况,出现毁坏松动应立即修复,防止树体根部摇晃。

所有的绿化植物要在返青前先要清楚地表积累的盐尘,避免盐尘随水入渗到土壤,整个生长季还要进行多次叶面喷水,冲洗掉叶片表面附着的盐尘、粉尘等污物。在夏季,台风高发季节,对于不抗风的浅根性树种,要及时做好支撑,枯树死枝及时清除。

对草坪的管理,要侧重苗期的浇水、修剪、除草;对多年的草坪管理,要侧重施肥、防治病虫害、打孔透气等工作。否则,在草坪生长过程中得不到应有的养分,极易造成叶色失绿、抗塑性降低、草坪品质下降、退化早衰,从而缩短草坪寿命。

7. 防暑抗旱以及重点区域防止返盐

作为滨海盐碱地地区,如果地表土层缺水,则很容易使带有盐碱的水通过土壤毛细管上升到地表层,从而导致盐分留到地面上,给绿化养护工作带来困难。因此,做好防暑抗旱养护工作,是搞好盐碱地绿化的重要环节。重盐碱区域开挖排水沟、降水位排盐。针对个别小区域出现返盐现象时可开挖排水沟或者排水井,降低地下水位,抑制地下水上升,从而达到降低表层土壤含盐量的目的。

第7章

滨海盐碱土生态可持续绿地景观建设研究

7.1 研究概述

生态、绿色、优美的环境与现代建筑相结合,为公众创造舒适宜人的活动空间是上海天文馆建设项目的基本要求,也是现代大型公共建筑空间建设的发展趋势。生态、绿色、优美的环境离不开各种具有生态功能和观赏价值的植物和植物景观规划设计。在此基础上,由上海科技馆主持,上海市科学技术委员会 2015 年 11 月立项"上海天文台工程建设关键技术研究及应用"项目,由上海应用技术大学生态学院承担子课题四"滨海盐碱土生态可持续绿地景观建设"研究项目。

上海天文馆建设项目地处滨海地区,因地势低洼,地下水位高,土壤盐碱、贫瘠,从而限制了各类植物特别是乔木的生长,制约了该类地区的绿化建设,并为绿地的长期养护带来困难,也会使投入增加。盐碱土改良之所以被认为是世界性难题主要是由于盐碱土的形成是多方面的,且随着不同地域的气候、地形地貌、水文地质、土壤质地与结构、土壤和地下水内的盐分类型等的不同而其成因有所不同,改良措施也有所变化,单项改良措施也很难有效。因此,结合当地盐碱土的成因类型和现状条件及项目景观规划设计,研究土壤改良的措施,筛选适宜植物类型、研究以植物多样性与生态群落构建为目标的植物设计方法,制定以防止土壤次生盐渍化及地力培肥为目标的绿地管理技术及规程。确保上海天文馆绿地生态景观的成功建设及长期维持,为上海市滨海盐碱土的改良和生态环境建设提供示范与技术支撑。

7.1.1 主要研究内容

1. 基于脱盐、改碱、地力培肥的——体化土壤修复技术研究

多项研究表明,上海地区滨海盐碱土除高含盐量外,其淋洗脱盐过程一般伴随碱化,pH 高达 9 以上,同时,土壤瘠薄。在脱盐的同时,考虑脱盐中的碱化和土壤地力培肥的问题,实现脱盐、降低 pH、改善土壤结构、培肥土壤肥力一体化。在实验室条件下,对盐碱地使用烟气脱硫石膏和腐解物(园林树木修剪下枯枝落叶经过高温腐解的有机物料)进行改良和改造后,用于绿化种植按不同脱硫石膏配比、不同腐解物配比进行盆栽试验及大田示范研究。采用已获得的烟气脱硫石膏、腐解物的配比等技术参数,对盐碱地进行改良,评估和确认烟气脱硫石膏对滨海盐碱地土壤改良的作用。

2. 滨海盐碱土绿化植物的筛选研究

在广泛调查基础上,筛选耐盐碱、抗病虫、管理经济的乔木、灌木、宿根花卉、草坪与地被植物种类等。

3. 滨海盐碱土植物生态景观设计研究

海滨盐碱土植物生态景观设计研究从植物品种选择、群落化种植设计等方面入手,通过种类、群落、形式的合理配置,遵循生物多样性和景观群落化建设方法,使盐碱土绿化生态功能和效益提高。

7.1.2　预期成果

　　通过对上海地区滨海盐碱土的改良试验,得出在不同配比的腐解物、脱硫石膏的条件下,对滨海盐碱土的试验研究。结合项目区盐碱土的成因类型和现状条件及项目景观规划设计,经过土壤改良措施、筛选适宜植物类型、研究以植物多样性与生态群落构建为目标的植物设计方法,制定以防止土壤次生盐渍化及地力培肥为目标的绿地管理技术及规程,确保上海天文馆绿地生态景观的成功建设及长期低成本维持,为上海市滨海盐碱土的改良和生态环境建设提供示范与技术支撑。

7.2　研究地点和示范工程建设

7.2.1　试验研究地点

　　实验室研究是在上海应用技术大学生态技术与工程学院的人工气候室和校内植物园内进行。示范工程设在海湾旅游区海滨进行。

7.2.2　示范基地的建设

　　图 7-1 给出了示范工程的基本结构,即由:①处理地块;②排水沟渠;③排水收集塘和④排水设施四部分组成。试验基地占地面积 5 亩(图 7-2),建设有风力排水系统。

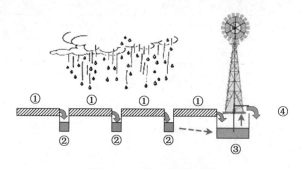

图 7-1　示范工程示意图

(a) 示范基地建设

(b) 排水风机和排水沟渠

| (c) 现场试验地全景 | (d) 已成活的本地物种 |

图 7-2　示范基地

7.2.3　试验材料

1. 烟气脱硫石膏

从上海某燃煤电厂收集的烟气脱硫石膏(FGD Gypsum)样品为乳黄色,粉末状固体,并委托第三方鉴定机构华测公司测定了石膏中 Ca^{2+} 含量与重金属含量(As、Ag、Ba、Cr、Pb、Hg、Se、Ni、Cu)。检测结果如表 7-1 所示。

表 7-1　烟气脱硫石膏和试验盐渍土重金属元素含量的比较　　　　　单位:mg/kg

	As	Cr	Pb	Hg	Ag	Se	Ni	Cu	Cd
烟气脱硫石膏	5.1	0.47	14.7	0.20	0.47 L*	5.0L	15.0	11.5	ND
试验盐渍土	12.2	49.7	7.94	0.08	0.60	5.0L	18.0	40.0	—
土壤环境质量标准 (GB 15618—1995)**	≤20	≤250	≤350	≤1.0	—	—	≤60	≤100	≤0.6

注: * 低于检测限;
　　** 土壤环境质量标准(GB 15618—1995)二级标准(pH>7.5)。

2. 盐渍土

盐渍土土壤样品采于上海浦东新区临港新城天文台工程项目区的(盐渍土 2)建设工程基地内,采集质量约 500 kg,在现场用环刀采集了土壤样品,供测定容重(0.93~1.22 g/cm³)和含水率(31.3%~44.1%),并委托第三方鉴定机构华测公司测定了物理化学指标(表 7-2)。

表 7-2　天文馆项项目工程的盐碱土物理化学特性分析

备注	盐渍土	单位
pH	9.08	无量纲
全盐量(可溶性)	1.29	g/kg
有机质	1.52	%
可溶性钙	44.0	mg/kg
可溶性镁	18.2	mg/kg
可溶性硫酸根	45.2	mg/kg
可溶性碳酸根	1.75	mg/kg

（续表）

备注	盐渍土	单位
可溶性碳酸氢根	5.59	mg/kg
交换性钙	8.62	mg/kg
交换性镁	4.56	mg/kg
氯离子	387	mg/kg
全钠	912	mg/kg
总氮	0.10	mg/kg
总磷	322	mg/kg
总钾	1 770	mg/kg
速效钾	75.4	mg/kg
阳离子交换量	10.3	cmol/kg

3. 植物

（1）黑麦草(Lolium perenne)；

（2）银杏(Ginkgo bioloba)；

（3）乌柏(Sapium sebiferum)；

（4）紫薇(Largerstroemia indica)；

（5）竹柳(Salicacea Bamboo)。

4. 腐解物

腐解物是指园林树木修剪下的枯枝落叶经过高温腐解形成的有机物料,它不仅可以改良土壤的理化性质,也作为土壤营养的来源,还有一定的抑制土壤水分蒸发和保持水土的作用。

当今,随着城市公园绿地的迅速增加以及扩大,植物枯枝落叶也大量产生。一直以来,随着每年绿化植被的生长更新,大片大片的落叶在一定程度上影响了城市的整洁美观,因而常常被视为固体废弃物,成为公园绿地养护管理的清除对象。这不仅影响了公园绿地生态系统的能量流动和物质循环,更使土壤肥力得不到自我维持,土壤质量下降,制约了城市公园绿地生产力的提高。因此,对城市枯枝落叶的研究利用就成了必然。

7.3　植物种植对滨海盐碱土壤改良的影响

在实验室和现场条件下(图 7-3),通过向滨海盐碱土添加不同比例的烟气脱硫石膏和腐解物的种植试验,研究和评估烟气脱硫石膏和腐解物对植物生长的影响,为示范工程寻找适合的脱硫石膏和腐解物添加比例和种植条件。

7.3.1　植物种植对滨海盐碱土壤的试验影响

本实验选择实验室盆栽试验方法是由于使用的盆钵体积小,一些影响植物生长的因素如光照、灌水量、温度等可以得到良好的控制,保障实验的顺利有效进行,有利于对实验因素和指标的测定。

(a) 杞柳扦头　　　　　　　　　　　　　　(b) 种植的银杏

(c) 种植的竹柳　　　　　　　　　　　　　(d) 种植的乌桕

图 7-3　现场种植和实验室培育

1. 研究材料及试验仪器

1）研究材料

本次实验用植物材料是一年生黑麦草，取种于江苏省，黑麦草是禾本科植物。既可作为观赏材料，大面积种植还有饲用和食用价值。黑麦植株种植于上海应用技术大学大棚温室内，采用的是种子种植(图 7-4)；并于种植黑麦草之前在应用技术大学第二学科楼四楼生态学院实验室恒温箱进行了发芽率试验(图 7-5)。本次试验所用土壤取于上海市临港新城滨海地区盐碱土(图 7-6)；腐解物取于上海植物园。

(a) 撒种　　　　　　　　　　　　　　　　(b) 浇水

图 7-4　种子种植实验图片

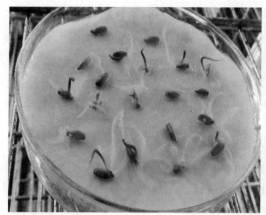

图 7-5　黑麦发芽率实验图片

图 7-6　基质配比图片

已有研究表明当烟气脱硫石膏与盐碱土质量比为 40∶1 时改良土壤盐碱性效果最佳,本次试验按照 40∶1 原土与脱硫石膏混合的基础上增添不同质量分数的腐解物,以此进一步探究改良盐碱土的更有效措施。试验是设置了不同比例的原土、脱硫石膏、腐解物,共分为 6 组:其中基础基质是原土(T)1.8 kg+脱硫石膏(F)45 g,原土(T)、原土与脱硫石膏(后记作 T+F 基质)、质量比 5% 腐解物+T+F 基质、质量比 10% 腐解物+T+F 基质、质量比 15% 腐解物+T+F 基质、质量比 20% 腐解物+T+F 基质六组。

实验中,严格按照质量比 40∶1 配置脱硫石膏与原土,将腐解物按照质量配比 5%、10%、15%、20% 依次加入配好的几组基质中,并预留原土和原土与脱硫石膏配比的对照实验,且每种梯度做 5 个重复试验。基质配比完成后统一移进相同规格的盆内,浇水湿透,使基质充分吸收后,于每盆中种植 20 颗黑麦种子,然后放在温室内统一培养,并注意尽量将温度维持在适宜的范围内,同时注意观察并进行统一浇水,重点观察种子发芽过程,并对整个实验过程中的黑麦生长情况进行观测记录,其中盆栽阶段主要记录黑麦发芽率和黑麦植株高度。实验时间大约 30 d,每组取出相同规格和数量的植物进行下一步植株理化性质的测定,并相对应地对土壤性质进行测定,实验结果采取多次测定取平均值的方法。

2) 实验用具及仪器

实验仪器及试剂:盆栽塑料盆,EL-320 电子天平,消化炉,SKD-100 凯氏定氮仪,250 mL 三角瓶,凯式烧瓶,硫酸(ρ1.84),30% 氢氧化钠,硼酸,硼酸-指示剂混合液,0.05 mol/L 盐酸;火焰光度计,震荡机,100 mL 三角瓶,100 mL 容量瓶,50 mL 量筒,漏斗;721 型分光光度计,50 mL 容量瓶,移液管(5 mL,10 mL),0.05 mol/L 碳酸氢钠溶液,硫酸钼锑贮存液,钼锑抗混合显色液;扩散皿,半微量滴定管,碱性甘油;硬质试管(20 mm×180 mm),数显电子油浴锅,铁丝笼,滴定管,吸水纸,0.133 3 mol/L 重铬酸钾溶液,0.2 mol/L 硫酸亚铁溶液,邻菲罗啉指示剂。

2. 研究方法

1) 不同基质成分配比

在配好的各处理基质中种植 20 粒黑麦种子,在温室条件下进行培养。发芽后每两天统计一次发芽率,每种配比中选取 10 棵长势最好且相近的植株统计高度。大约一个月的时间,待植株生长不显著的时候,实验结束并取出所有植株,把根冲洗干净,统计地上地下部分长度,地上地下部分湿重与干重,植株营养元素测定。每组基质的配比见表 7-3。

表 7-3　实验基质配方(质量)

组别	原土	脱硫石膏	腐解物
基质 1	1.8 kg	0	0
基质 2	1.8 kg	45 g	0
基质 3	1.8 kg	45 g	90 g
基质 4	1.8 kg	45 g	180 g
基质 5	1.8 kg	45 g	270 g
基质 6	1.8 kg	45 g	360 g

2) 植株、土壤测定指标

在此实验中,主要测定黑麦在不同基质配比中生长一段时间后的生长情况(发芽率,植株高度),并通过测定植物体内营养元素(全磷、总氮、全钾)含量与土壤理化性质(pH、EC 值、水解性氮,有机质,有效磷,速效钾含量)变化,以此显示腐解物对脱硫石膏处理后盐碱地的改良效果,为进一步制定盐碱地改良措施的依据。

3) 植物形态指标测定

(1) 发芽率以及植株高度测定。

植株发芽后每隔两天对植物发芽率以及高度进行一次测定,连续测定 10 次左右,并对结果进行统计分析。在植物生长发育不再出现明显变化时,试验结束,取出植物体,选取 10 株长势相近的植株将根冲洗干净后,测定地上地下部分的长度以及湿重,然后放到烘箱以 85℃ 进行 12 h 烘干后取出,进行地上地下部分干重测定。发芽率测定结果见表 7-4,植株高度测定结果见表 7-5,生物量测定见表 7-6。

表 7-4　不同基质配比实验植物发芽率

日期	基质配比 0					平均值	发芽率	基质配比 10%					平均值	发芽率
12.10	3	4	2	1	1	2.2	11%	3	5	3	1	1	2.6	13%
12.12	7	6	4	0	1	3.6	18%	7	7	6	1	1	4.4	22%
12.14	8	6	6	0	2	4.4	22%	8	6	6	1	2	4.6	23%
12.16	8	6	6	0	1	4.2	21%	8	6	6	1	2	4.6	23%
12.18	8	6	6	1	3	4.8	24%	8	6	6	1	3	4.8	24%

（续表）

日期	基质配比 0					平均值	发芽率	基质配比 10%					平均值	发芽率
12.20	8	6	6	3	4	5.4	27%	8	6	6	3	4	5.4	27%
12.22	8	6	6	4	5	5.8	29%	8	6	6	4	5	5.8	29%
12.24	8	6	5	4	4	5.4	27%	8	7	6	4	5	6	30%

表 7-5　植株高度部分测定　　　　　　　　　　　　　　　　　单位:cm

日期	基质配比 0										基质配比 10%									
12.12	35	35	36	37	38	36	35	37	36	39	45	46	47	49	48	46	47	46	48	46
12.14	89	90	92	93	91	90	89	92	92	90	95	96	97	98	96	97	98	99	95	96
12.16	117	119	118	120	121	120	118	119	120	118	124	123	124	125	126	135	124	126	124	126
12.20	147	149	151	150	148	149	150	149	148	149	150	152	153	154	152	151	153	154	152	153
12.24	159	161	162	163	163	160	159	162	161	159	172	170	170	173	172	174	172	173	174	173
12.28	171	172	170	174	173	172	173	172	174	173	185	186	187	188	186	185	186	188	186	187
1.1	184	185	186	187	185	183	186	186	185	187	208	209	210	210	211	212	209	208	211	212

表 7-6　植株生物量测定

生物量	基质配比 5%							
盆 1								
总长/cm	44	41	47	49	42	49	46	39
地上长/cm	17	17	19	24	17	24	24	21
地下长/cm	27	24	28	25	25	25	22	18
叶片数	3	3	5	2	4	5	4	4
	地上	地下						
湿重/g	2.3	0.7						
干重/g	0.292 5	0.125 7						
盆 2								
总长/cm	29	26	26	41	27	43	31	
地上长/cm	20	17	19	17	19	22	22	
地下长/cm	9	9	7	24	8	21	9	
叶片数	4	3	3	3	3	4	4	
	地上	地下						
湿重/g	1.6	0.4						
干重/g	1.241 7	0.071 0						

（2）植株养分含量测定。

首先，将烘干后的植株进行研磨，每种处理分别取 3 份进行实验，用消化炉进行消煮后再进行各个指标测定。

① 全氮的测定。

采用半微量蒸馏法测定植物全氮。对植物进行全氮的测定对诊断植物营养水平以及指导施肥具有非常重要的意义。植物体内有机氮经过消煮碱化后置于定氮仪，用稀碱水解，使植物有效氮碱解转化为氨，并不断扩散逸出由硼酸吸收，再用标准酸溶液滴定，计算出样品中碱解氮数值。结果如表 7-7 所示。

表 7-7　黑麦全氮数据测定

	处理			平均值	总氮
N(%)	1%	2%	3%	—	—
0%	1.4%	1.6%	1.5%	1.50%	4.268%
T+F 2.5%	1.6%	1.7%	1.7%	1.67%	5.584%
T+F 5%	1.8%	1.9%	1.9%	1.87%	6.957%
T+F 10%	2%	2.2%	2.1%	2.10%	8.662%
T+F 15%	2.2%	2.2%	2.3%	2.23%	9.333%
T+F 20%	2.3%	2.5%	2.4%	2.40%	10.238%

② 全磷的测定。

采用钼锑抗比色法测定植物全磷。经过消化后的提取液用钼锑抗混合显色剂在常温下进行还原后，通过比色计计算得出土壤中的全磷含量。测量结果如表 7-8 所示。

表 7-8　植株全磷含量测定　　　　　　　　　　　　单位：mg/kg

不同处理	1	P 浓度	2	P 浓度	3	P 浓度	全磷
0%	0.9	1.92	0.772	1.64	0.851	1.81	0.224
2.5%	0.503	1.06	0.654	1.39	0.188	0.39	0.119
5%	0.679	1.44	0.630	1.34	0.487	1.03	0.159
10%	0.616	1.31	0.697	1.48	0.564	1.20	0.166
15%	0.739	1.57	0.723	1.54	0.695	1.48	0.191
20%	0.666	1.41	0.831	1.77	0.77	1.64	0.201

首先，磷标准曲线的绘制。

其次，分别吸取 5 mg/L 磷标准溶液 0，1 mL，2 mL，3 mL，4 mL，5 mL 于 50 mL 容量瓶中，再逐个加入 0.5NaHCO₃ 溶液至 10 mL，并沿容量瓶壁慢慢加入硫酸钼锑抗混合显色剂 5 mL，充分摇匀，排出 CO_2 后加蒸馏水定容至刻度，充分摇匀，此系列溶液磷的质量浓度分别为 0，0.1 mg/L，0.2 mg/L，0.3 mg/L，0.4 mg/L，0.5 mg/L 静置 30 min，然后同待测液一起进行比色。以溶液质量浓度作横坐标，以吸光度作纵坐标，用 Excel 软件，绘制标准曲线，计算回归方程。

$$全磷(P，\%) = C \times V \times ts \times 100 \times 10^{-6}/m \tag{7-1}$$

式中　C——从工作曲线上查的显色液的 ppm 数；

V——显色液体积,50 mL;

ts——分取倍数,ts=待测液体积(mL)/吸取待测液体积(mL);

m——烘干叶片或者根部的质量;

10^{-6}——将微克换算成克数的倍数。

③ 全钾的测定。

采用火焰光度计法测定植株内全钾,测定结果如表 7-9 所示。

首先,标准曲线的绘制:分别吸取 100 mg/kg 钾标准液 0,2.5 mL,5 mL,10 mL,15 mL,20 mL,40 mL 于 100 mL 容量瓶中,用 1 mol/L 醋酸铵溶液定容摇匀后可得 0,2 mg/kg,5 mg/kg,10 mg/kg,20 mg/kg,40 mg/kg 钾(K)标准系列溶液,然后在火焰光度计上依次进行测定,以检流计读数为纵坐标,钾(K)浓度为横坐标,绘制标准曲线。

其次,将 50 mL 的容量瓶放在火焰光度计上测定,记录读数,然后从标准曲线上查得待测钾浓度(mg/L)。

再次,结果计算:

$$全钾(K,\%) = C \times V \times ts \times 100 \times 10^{-6}/m \qquad (7\text{-}2)$$

式中 C——从工作曲线上查的显色液的 ppm 数;

V——显色液体积,50 mL;

ts——分取倍数,ts=待测液体积(mL)/吸取待测液体积(mL);

m——烘干叶片或者根部的质量;

10^{-6}——将微克换算成克数的倍数。

表 7-9 植株全钾含量

腐解物 K							
不同处理	1	K浓度	2	K浓度	3	K浓度	全钾
0%	126	39.68%	138	43.53%	132	41.60%	5.2
2.5%	141	44.49%	145	45.77%	144	45.45%	5.641
5%	161	50.90%	142	44.81%	153	48.33%	6
10%	155	48.97%	159	50.26%	145	45.77%	6.041
15%	174	55.06%	172	54.42%	169	53.46%	6.803
20%	262	83.27%	180	56.99%	113	35.51%	7.324

最后,土壤化学性质测定:

a. pH、EC 值测定(表 7-10、表 7-11)。

(a) 仪器与试剂。

酸度计,电导率计,pH 玻璃电极,小烧杯,量筒,天平,粉碎机。

(b) 测定方法。

在使用 pH 计之前,先用 pH 4.01 标准缓冲液、pH 6.85 标准缓冲液和 pH 9.18 标准缓冲液校正。

(c) 测定 pH、EC 值。

将待测土样溶于加水的烧杯中不断搅拌,直到全部溶解,然后进行过滤,采取多次过滤的方法,直到溶液澄清。用 pH 计直接读出 pH，用 EC 计读出电导率值。

表 7-10　土壤 pH 测定

不同处理	1	2	3	4	5	平均值
TO	8.64	8.6	8.61	8.58	8.62	8.61
T+F 2.5%	7.68	7.71	7.64	7.65	7.69	7.67
T+F 5%	7.11	7.14	7.17	7.15	7.18	7.15
T+F 10%	6.89	6.95	6.91	6.92	6.95	6.92
T+F 15%	6.68	6.68	6.67	6.64	6.67	6.67
T+F 20%	6.66	6.63	6.57	6.59	6.62	6.61

表 7-11　土壤 EC 值测定

不同处理	1	2	3	4	5	平均值
TO	0.19	0.138	0.175	0.161	0.136	1.24
T+F 2.5%	2.33	2.35	2.26	2.36	2.29	2.32
T+F 5%	2.29	2.27	2.18	2.15	2.23	2.22
T+F 10%	2.11	2.16	2.21	2.18	2.24	2.18
T+F 15%	1.99	2.17	2.03	1.94	2.10	2.05
T+F 20%	2.00	2.17	2.1	1.9	2.02	2.04

b. 土壤有机质的测定。

在进行土壤有机质含量测定前，需要初步了解测定有机质含量的方法及注意事项。在加热条件下，用稍过量的标准重铬酸钾-硫酸溶液氧化土壤有机碳，由所消耗标准硫酸亚铁的量得出有机碳量，从而推算出有机质的含量（表 7-12）。

$$有机质（\%）= C(V_0 - V) \times 0.003 \times 1.724 \times 1.1 \times 100 / (风干土样重) \qquad (7-3)$$

式中　C——硫酸亚铁消耗摩尔浓度；

　　　V_0——空白实验消耗的硫酸亚铁溶液的体积；

　　　V——滴定待测土样消耗的硫酸亚铁溶液的体积；

　　　0.003——1/4 mmoL 碳的克数（g/mol）；

　　　1.724——由土壤有机碳换算成有机质的换算系数；

　　　1.1——校正系数（用此法氧化率为 90%）。

表 7-12　土壤有机质含量

不同处理				平均值	有机质含量
空白	23.3%	22.2%	22.8%	22.77%	0
TO	16.7%	16.7%	16.9%	16.77%	2.276%
T+F 2.5%	17.9%	18.1%	18.2%	18.07%	1.783%
T+F 5%	14.5%	14.8%	15%	14.77%	3.034%

（续表）

不同处理				平均值	有机质含量
T+F 10%	11.5%	11.7%	11.9%	11.7%	4.199%
T+F 15%	10.2%	10.3%	10.1%	10.2%	4.768%
T+F 20%	6.5%	6.6%	6.3%	6.47%	6.182%

c. 土壤氮磷钾含量测定

（a）水解性氮的测定。

水解性氮含量的高低能大致反映出近期内氮素情况，与作物生长和产量有一定相关性。用稀碱水解土壤样品，使植物有效态氮碱解转化为氨，并不断扩散逸出由硼酸吸收，再用标准酸滴定，计算出碱解氮含量（表7-13）。

表 7-13 土壤水解性氮 单位:mg/kg

不同处理			平均值	水解性氮
空白	0.05	0.05	0.05	0.05	0
TO	1.6	1.7	1.8	1.7	115.5
T+F 2.5%	0.7	0.9	0.8	0.8	52.5
T+F 5%	1	1.1	1.2	1.1	73.5
T+F 10%	1.3	1.4	1.2	1.3	87.5
T+F 15%	1.6	1.5	1.7	1.6	108.5
T+F 20%	2.2	2.3	2.1	2.2	150.5

（b）有效磷的测定。

首先，取风干土样 2.5 g，加入 $NaHCO_3$ 后在震荡机上振动 15 min，然后用无磷滤纸过滤，滤液于100 mL干燥的三角瓶中，采取多次过滤的方法。将提取液在常温下进行还原，然后通过比色计算得到土壤中的有效磷含量（表 7-14）。其次，绘制磷标准曲线。最后，结果计算。

土壤中有效磷（mg/kg）=显色液磷浓度（mg/L）×显色液体积×分取倍数/烘干土样（g）

$$(7-4)$$

其中，显色液磷浓度是从回归方程求得的显色液磷浓度（mg/L）；显色液体积取 50 mL；分取倍数由浸提液总体积（50 mL）/吸取浸出液体积（10 mL）计算所得。

表 7-14 土壤有效磷测定 单位:mg/kg

不同处理			平均值	显色液 P 浓度	有效磷
TO	0.135	0.152	0.112	0.13	0.1941	19.413
T+F 2.5%	0.102	0.081	0.093	0.09	0.1357	13.575
T+F 5%	0.167	0.181	0.156	0.17	0.2525	25.252
T+F 10%	0.194	0.203	0.189	0.2	0.2963	29.631
T+F 15%	0.211	0.224	0.237	0.22	0.3255	32.55
T+F 20%	0.241	0.255	0.281	0.26	0.3839	38.389

(c) 速效钾的测定。

称取通过 1 mm 筛孔的风干土样 2.50 g 于 100 mL 三角瓶中,加入 1 mol/L 中性醋酸溶液 25 mL,用橡皮塞塞紧,震荡 15 min,立即过滤,滤液承接于 25 mL 小烧杯中,采取多次过滤的方法,直接在火焰光度计上测定,记录火焰光度计的读数,从标准曲线上查得待测钾浓度(mg/L),结果如表 7-15 所示。

表 7-15 土壤速效钾含量测定
单位:mg/kg

不同处理			平均值	标准线 K	速效钾
TO	87	87	89	87.67	20.769 9	207.669
T+F 2.5%	53	58	55	55.33	12.913 6	129.136
T+F 5%	93	94	93	93.33	22.141 4	221.414
T+F 10%	111	113	115	113.00	26.918 0	269.180
T+F 15%	128	126	122	125.33	29.912 1	299.121
T+F 20%	141	150	145	145.33	34.768 9	347.689

3. 结果与分析

对实验结果进行处理后,从黑麦的各项指标以及土壤指标可以得出不同质量分数腐解物对植物和土壤的影响,并以此得出最适宜植物生长的基质配比。

1) 基质配比对土壤性质的影响

(1) 对土壤酸性的影响。

土壤酸碱性是土壤的重要性质,它的变化(图 7-7)对土壤养分、微生物活动和作物生长发育有很大影响。电导率变化(图 7-8)则可以反映土壤总的含盐量。

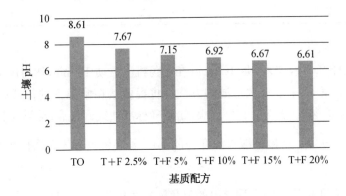

图 7-7 土壤 pH 变化柱状图

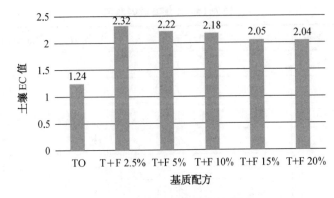

图 7-8 土壤 EC 值变化柱状图

从图 7-7 中可以看出,处理后的土壤 pH 均有所下降,且都降到 8.0 以下。随着腐解物质量分数的增加,pH 降幅逐渐增大,当质量分数大于等于 10% 时,pH 均在 6.2~7.0 之间,符合一般植物土壤要求中性偏酸的 pH 要求。

从图 7-8 中可以看出,各处理后的基质明显增加了土壤 EC 值,这是因为脱硫石膏中有大量的 Ca^{2+} 和 SO_4^{2-};其中经质量分数为 2.5% 脱硫石膏处理后土壤 EC 值增加最多,增值率为 46.6%,加入不同质量分数腐解物后,土壤 EC 值在脱硫石膏处理的基础上有所下降,其中当加入 15% 和 20% 腐解物后降幅最大,相对于质量分数为 2.5% 脱硫石膏处理组则分别下降 11.6% 和 12.1%。

(2) 对土壤有机质的影响。

对于了解土壤肥力情况,进行施肥,改变土壤有一定的指导意义,土壤有机质变化如图 7-9 所示;土壤营养元素水解性氮能大致反映出近期内土壤氮素的供应情况(图 7-10);有效磷对于施肥有一定的指导意义(图 7-11);速效钾是作为合理施用钾肥的重要依据(图 7-12)。

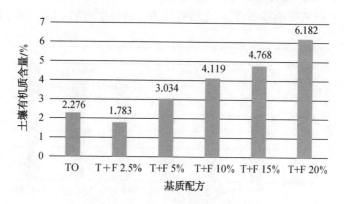

图 7-9　土壤有机质变化柱状图

从图 7-9 中可以看出当施加脱硫石膏以后,土壤有机质含量有所下降,降幅为 21.7%。当施加腐解物以后,土壤有机质含量呈现上升趋势,且均高于原土状态中有机质含量,当腐解物质量分数为 20% 时,土壤有机质增值最大,相对于原土增加 63.2%,相对于只施加脱硫石膏的基质增加 71.2%。

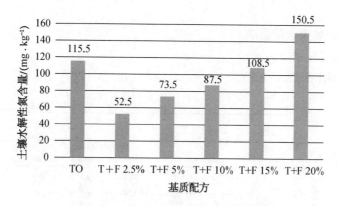

图 7-10　土壤水解性氮变化柱状图

从图 7-10 中可以看出当施加脱硫石膏以后,土壤中水解性氮含量有所下降,降幅为 54.5%。当施加腐解物以后,水解性氮含量呈现上升趋势,且当质量分数为 20% 时,土壤中水解性氮含量高于原土中含量,增幅为 23.3%。

从图 7-11 中可以看出当施加脱硫石膏以后土壤有效磷的含量有所降低,降幅为 30.1%。当施加

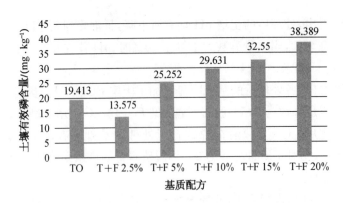

图 7-11 土壤有效磷变化柱状图

腐解物后,有效磷含量呈上升趋势,且都高于原土中含量,当腐解物的质量分数为 20% 时,增幅最大,相对于原土和只施加脱硫石膏的基质而言,土壤有效磷含量分别增加 49.4% 和 64.4%。

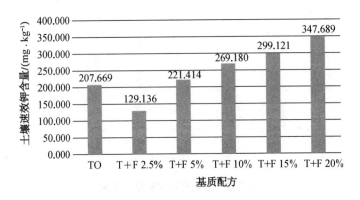

图 7-12 土壤速效钾变化柱状图

从图 7-12 中可以看出当施加脱硫石膏以后,土壤中速效钾含量有所下降,且降幅为 37.8%。当施加腐解物以后土壤中速效钾含量呈上升趋势,且都高于原土中含量,当腐解物质量分数为 20% 时,增幅最大,相对于原土与只施加脱硫石膏的基质而言,土壤中速效钾含量分别增加 40.3% 和 62.9%。

2) 基质配比对植物生长的影响

(1) 黑麦生物量变化结果。

① 发芽率变化(图 7-13)。

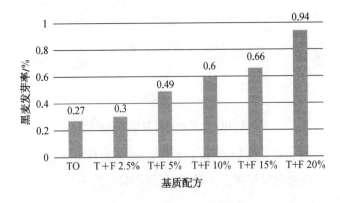

图 7-13 黑麦发芽率变化柱状图

从图 7-13 中可知:几种处理基质中黑麦的发芽率均高于两组对照组,并以腐解物质量分数为 20%时,黑麦的发芽率最高,达到了 94%。相对于两对照组分别增加 71.3%和 68.1%。

② 株高变化(图 7-14)。

从图 7-14 中可知:处理组高度高于对照组,并以腐解物质量分数 20%最高,相对于 TO 和 T 2.5%组,黑麦高度分别增加 24.7%和 14.7%。

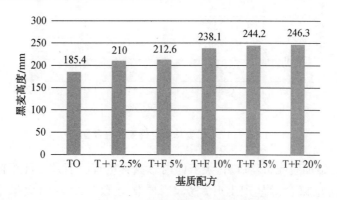

图 7-14　黑麦高度变化柱状图

③ 质量变化(图 7-15)。

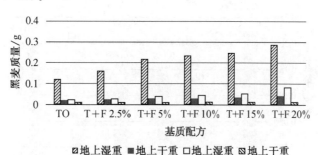

图 7-15　黑麦质量变化柱状图

从图 7-15 中可知:不管是地上湿重、地下湿重还是地上干重、地下干重,几种处理中黑麦质量均高于两组对照,且以腐解物质量分数为 20%时最大,相对于 TO 和 T2.5%两组对照,植株湿重分别增加 60.6%和 48.5%,植株干重分别增加 45.1%和 37.7%。

④ 黑麦高度和叶片变化(图 7-16)。

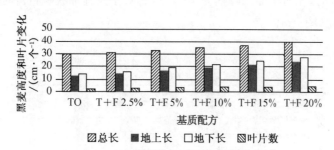

图 7-16　黑麦高度与叶片变化柱状图

从图 7-16 中可知:总长、地上长度、地下长度和叶片数,几种处理组均高于 TO 和 T2.5%两组对照。且以腐解物质量分数为 20%时,各项指标达到最大,其中地上长度相对于两组对照分别增加 47.2%和 39.8%,地下长度相对于两组对照分别增加 507%和 41.4%,叶片数相对于两组对照分别增加36.4%和 31.8%。

（2）黑麦营养元素变化结果。

① 总氮含量变化(图7-17)。

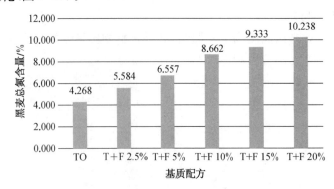

图 7-17　黑麦总氮含量变化柱状图

由图7-17可知:施加脱硫石膏以后,黑麦体内总氮含量有所上升。且随着增施脱硫石膏质量分数的增加黑麦体内总氮含量呈现上升趋势,当质量分数为20%时效果最好,相对于TO和T2.5%两组对照,黑麦总氮含量分别增加58.3%和45.5%。

② 全磷含量变化(图7-18)。

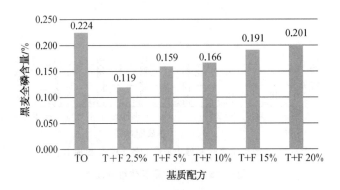

图 7-18　黑麦全磷含量变化柱状图

由图7-18可知:施加脱硫石膏以后,黑麦体内总氮含量有所下降,降幅为46.9%。施加有机质和枯枝落叶堆肥以后全磷含量有所上升,以质量分数20%最大,不过均低于原土中全磷含量,腐解物质量分数为20%时,相对于原土降幅为10.3%,相对于只施加脱硫石膏时增幅为46.9%。

③ 全钾含量变化(图7-19)。

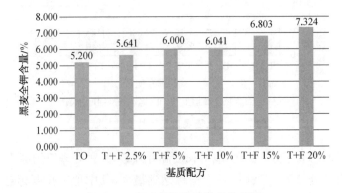

图 7-19　黑麦全钾含量变化柱状图

由图 7-19 可知:施加脱硫石膏以后,黑麦体内全钾含量有所上升。且随着增施脱硫石膏质量分数的增加黑麦体内总氮含量呈现上升趋势,当质量分数为 20% 时效果最好,相对于两组对照分别增加 29% 和 23%。

4. 实验结论与讨论

1) 不同基质配比对土壤离子的影响

本实验共有 6 组基质配比,将不同浓度的脱硫石膏混合到需改良的盐碱土壤中,种植黑麦草植物后,测量黑麦草的植物生长指标和土壤理化指标。通过实验测定黑麦草的出苗率反映脱硫石膏对黑麦草出芽和生长初期的影响,施加脱硫石膏后,黑麦草的出苗率均小于对照组,这可能与黑麦草对盐胁迫的忍耐力较小,而脱硫石膏的加入增加了土壤中的可溶性盐含量有关。因脱硫石膏中含有丰富的 Ca^{2+} 和 SO_4^{2-},虽然 Ca^{2+} 会置换土壤中的 Na^+ 和 K^+,但是却增加了 Ca^{2+};另一方面因为该试验是在温室做的盆栽实验,所以浇水方面存在不足或不当之处,导致盐类不能充分排出,累积在土壤中。总体上,Na^+ 含量的减少说明措施还是起到了一定的改良效果。

2) 基质配比对植物生长的影响

本实验共有 6 种基质配比,希望通过不同的基质配比中植物的生长变化,从而得出最适宜植物生长的基质配比。此次试验发现综合植物生长以及土壤的各项指标,发现当腐解物施用量为 20% 时效果最好。在对黑麦草的地上部分的生长状况和总生物量的分析中,可以看出在施用的脱硫石膏浓度低时,黑麦草的株高和总生物量都高于对照组,说明脱硫石膏的加入对黑麦草的生长起到一定的促进作用,此时脱硫石膏浓度低,土壤的可溶性盐含量较低,对黑麦草生长的影响较小。脱硫石膏浓度高时,土壤中可溶性盐含量有了很大的增加,导致初期植物的生长受到了负面影响,而脱硫石膏的加入可以增加土壤中团粒结构的分散性,增强透水性等,又可以促进黑麦草的生长。

只施加脱硫石膏以及在脱硫石膏基础上腐解物质量分数 0~20% 的施用量均能促进黑麦的生长(发芽率、高度、干重、湿重、地上地下长度以及叶片数),说明几种基质配比中增加的土壤含盐量不会对植物的生长造成盐害。脱硫石膏施入以后,会参与土壤团粒结构的形成,改善土壤,降低 pH,脱硫石膏中含有的 Ca、S 等元素有利于植物的生长发育,同时施入腐解物以后,土壤 pH 进一步降低,除了原土以外,几个处理中 pH 均小于 8.0,且质量分数为 10%、15% 和 20% 时 pH 处于 6.2~7.0 之间,属于中度偏酸性,适宜一般植物生长发育(Richards,1954)。

3) 基质配方对植物元素吸收的影响

从盆栽实验结果显示:施加脱硫石膏以后,植物体内总氮以及全钾含量均有所增加,且在此基础上增施腐解物以后效果更显著,含量进一步增加,且当腐解物质量分数为 20% 时效果最好。但是施加脱硫石膏以后植物体内总磷含量有所降低,虽然增施腐解物以后总磷含量呈现上升趋势,但是在本次试验范围内,均未超过原土中全磷含量。但是植株整体生物量呈现上升趋势,所以,植物体内总磷含量的下降不会影响植物的总体生长发育。

从土壤 pH、盐碱性、营养元素含量变化、植物生物量以及体内营养元素的变化情况分析:在于土壤中施加脱硫石膏的基础上增施腐解物对盐碱土具有一定的改良效果。

7.4　烟气脱硫石膏对滨海盐碱土的改良效果及生态安全性研究

滨海盐碱地是滨海区域发展的重要土地资源,目前我国海岸带滨海盐土面积为 193.97 万 hm^2,占海岸带土壤总面积的 17.17%,而开发面积尚不足一半。修复滨海盐碱地对我国沿海岸地区增加土地面积、实现农林业和绿化建设的可持续发展,具有十分重要的战略意义。由于多数滨海盐碱地系冲积平原,地下水矿化度高且埋深浅,导致土壤盐碱化严重,且土地贫瘠,养分利用率差,限制了植物特别是乔木的生长,对开展农林生产和绿化建设均造成了较大的限制。目前,开展滨海盐碱地的改良研究和工程实践普遍采用灌溉压盐、植物脱盐、埋管排盐等各种方法,但是已有研究表明依靠自然降水淋洗和植物自然演替改良盐碱地的速度很慢,即便是在雨水充沛的长三角地区,依靠自然降水淋洗和植物自然演替,仍然需要数十年,甚至更长时间才能改良成为轻度盐碱化土地。

近年来,由燃煤电厂烟气脱硫而产生的烟气脱硫石膏($CaSO_4 \cdot 2H_2O$)对盐碱地的土壤改良和修复效应等受到广泛关注。国外大量研究证明了采用烟气脱硫石膏改良盐碱土壤性质和增加作物产量的有效性,烟气脱硫石膏被认为是一项成本低、修复速率快的土壤改良剂。近年来,国内学者的研究也表明烟气脱硫石膏改良盐碱地能变废为宝,使废弃地资源重新得到利用,并能减少环境污染,显著降低土壤碱化度和交换性 Na^+,提高作物出苗率、成活率和产量,并初步确定了部分地区盐碱土壤改良的烟气脱硫石膏施用量、施用时期和施用深度等。此外,作为燃煤电厂脱硫副产物的烟气脱硫石膏携带的重金属可随烟气脱硫石膏被释放到土壤、水体中,或者被动植物吸收,成为环境安全隐患。李彦等[16-17]也对新疆、宁夏等地区的烟气脱硫石膏施用后,对土壤或者植物造成的重金属影响进行了初步研究。

目前,国内外关于烟气脱硫石膏对盐碱土改良的研究主要集中在干旱半干旱地区,对于植物的生长作用研究也多集中于农作物或者小型草本植物生长、产量方面。而烟气脱硫石膏对滨海盐碱土特别是高降雨地去滩涂盐碱地的改良作用及其对绿化乔灌木生长影响的研究很少。滨海滩涂盐碱地是上海未来发展非常重要的后备土地资源,长江口海岸线滨海滩涂面积约为$9.04 \times 10^4 \ hm^2$,盐碱化成为制约上海滨海滩涂盐碱地综合利用的主要限制因素。本研究在野外实验条件下,开展了两年的工程示范,探讨不同烟气脱硫石膏施用量对滨海滩涂盐碱地土壤理化性质的影响,通过对供试植物银杏和紫薇的生长效应研究,探讨烟气脱硫石膏改良上海地区滨海滩涂盐碱土壤的实际效果,并对土壤重金属含量进行测定以评价烟气脱硫石膏在滨海盐碱地施用的环境安全性。

7.4.1　材料与方法

1. 试验地点

示范工程项目位于上海奉贤海湾地区,该区域是典型的亚热带季风气候,受冷暖空气交替影响,四季分明,年均降雨量 1 069 mm,年平均气温为 27.4℃,气候温润有利于植物的生长。实验场地占地面积 5 亩,为 2010 年后新围垦的土地,土壤透气、通水性较差。

2. 试验材料

本研究所用的烟气脱硫石膏采自上海外高桥电厂,主要成分为 $CaSO_4 \cdot 2H_2O$,含有丰富的 S、Ca 等植物必需的有益矿物质营养(表 7-16)。土壤基本理化性质显示供试土壤的肥力极低,有机质和营养物质含量较低(表 7-17),难以保证植物生长的营养需求。因此,在改良盐碱土壤的工程实践中配合使用有机肥料。

表 7-16　烟气脱硫石膏的性质

材料	pH	湿度	CaSO₃	CaSO₄	Ca(OH)₂	其他物质	钙	硫
烟气脱硫石膏	7.2	5.0%	0	90.0%	6.0%	4.0%	24.3%	18.5%

表 7-17　供试盐碱土壤的性质

材料	pH	总盐/(mg·kg⁻¹)	ESP	有机质	EC/(mS·cm⁻¹)	总氮/(mg·kg⁻¹)	总钾/(mg·kg⁻¹)	总磷/(mg·kg⁻¹)
土壤	8.6~8.8	230	26%~30%	2.52%	1.4~1.6	647	1 270	750

供试植物分别为紫薇(Largerstroemia indica L.)和银杏(Ginkgo bioloba L.),其中紫薇属于绿化小乔木,对土壤要求不严,但喜欢肥沃的沙壤土;银杏属于绿化高大乔木,喜欢中性或者微酸性土壤,两种植物均是近年来在上海地区种植较为广泛的绿化树种。

3. 试验设计

示范工程采用随机分组试验,共设计了 15 组 10 m×10 m 的试验小区,小区之间用深80 cm、宽 50 cm 的排水沟分隔。2012 年冬季完成土地准备和烟气脱硫石膏的施用,先平整土地,然后将烟气脱硫石膏与表层土壤充分混匀,统一翻深 50 cm。烟气脱硫石膏的施用量分别为 0(空白)、15 t/hm², 30 t/hm²、45 t/hm² 和 60 t/hm²,各三次重复。

2013 年春季分别选取株高和胸径一致的紫薇和银杏进行栽植,植物种植密度均为 2.0 m×2.0 m。各处的灌溉、施肥等管理措施均一致。场地周边设置排水沟渠,及时排出经自然降雨淋洗出的盐分。

4. 指标测定

在施用烟气脱硫石膏 2 年后,采用"S"形取样法,用土钻在每个地块采集 0~30 cm 土层的土壤样品,处理后的土样自然风干,混匀研碎、磨细过 2 mm 筛以备测试土壤指标。

土壤 pH 采用酸度计实测,土壤电导率采用电导仪测定;Ca^{2+},Mg^{2+} 采用 EDTA 滴定法;K^+ 和 Na^+ 采用火焰光度计测定;土壤的碱化度(ESP)按照下式计算:

$$土壤碱化度(ESP) = \frac{[Na^+]}{[Na^+]+[K^+]+[Ca^{2+}]+[Mg^{2+}]} \times 100\%$$

土壤速效磷采用碳酸氢钠浸提-钼锑抗分光光度法(Olsen 法)测定;速效氮采用碱解扩散法测定;速效钾采用乙酸铵提取-火焰光度法才测定;烟气脱硫石膏和土壤的 Hg 和 As 采用原子荧光光度计(AFS-830)测定;其余重金属采用电感耦合等离子光谱仪(OPTIMA8300DV)测定。

植物生长指标测定主要在生长旺盛期利用米尺测定植株株高,并利用测树胸径尺测定植株的胸径。

5. 数据处理

试验结果统计与分析采用 Excel 2015 和 SPSS 17.0 软件进行。土壤理化性质、植物指标均以试验重复平均值显示,不同处理间各类指标的差异采用 Duncan 法检验。

7.4.2　结果与分析

1. 烟气脱硫石膏对滨海盐碱土壤化学性质的影响

1) 土壤 pH 和碱化度的变化

土壤 pH 是反映土壤酸碱程度的重要指标,pH 可以用来大致判断碱化土壤的碱化程度以及是否含有游离的碱金属碳酸盐等,是碱化土壤分类、分级和改良的重要指标之一。实验场地盐碱土由于土壤胶体中含有大量的交换性钠离子和可溶性碳酸盐(Na_2CO_3 和 $NaHCO_3$),因而土壤的 pH 高(pH>8.5)。从图 7-20 可以看出,施用烟气脱硫石膏后的土壤 pH 较对照土壤均有显著下降,降幅在5.7%~14.3%之间,且随着脱硫石膏施用量增加,pH 的下降幅度也逐渐增大。30 t/hm² 以上各处理的土壤 pH 都降到 8.0 以下,呈弱

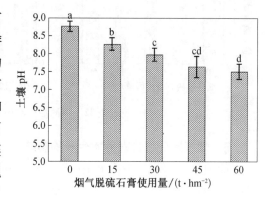

图 7-20　不同烟气脱硫石膏使用量下的土壤 pH 变化

223

碱性,适宜大部分植物的生长要求。

碱化度(ESP)是指土壤胶体所吸附的交换性 Na^+ 数量占交换性阳离子总数的百分比,而盐碱土的许多不良性质都与其含有大量的交换性钠离子密切相关,通过测定碱化度能确定土壤的碱化程度。土壤碱化度对土壤的理化性质,尤其是对透水性和透气性有很大影响,当土壤碱化度大于15%,植物的出苗率以及生长发育会收到不同程度的影响。随着烟气脱硫石膏使用量的不断增加,各处理土壤碱化度呈现逐渐减小的趋势,降幅在 28.6%~73.5%。与对照相比,所有处理下的土壤 ESP 均显著降低,其中 45 t/hm² 和 60 t/hm² 烟气脱硫石膏处理的土壤 ESP 降低幅度均较大,均已达到非碱土水平。

2) 土壤 EC 值的变化

EC 值是测定土壤水溶性盐的指标,而土壤水溶性盐是土壤的一个重要属性,是判定土壤中盐类离子是否限制作物生长的因素。研究结果表明,施用烟气脱硫石膏会引起土壤 EC 值和可溶性盐组分发生显著变化(图 7-21)。与对照处理相比,各烟气脱硫石膏处理均显著增加了土壤 EC 值,并以 60 t/hm² 处理的土壤 EC 值最大,增幅达 3.5 倍。分析其原因是烟气脱硫石膏本身也是一种无机盐类,施用后在降雨淋溶作用下溶解产生大量可溶性的 Ca^{2+} 和 SO_4^{2-},从而增加了土壤的全盐含量。

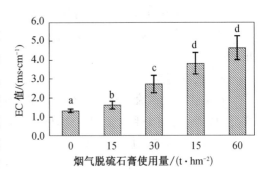

图 7-21　不同烟气脱硫石膏使用量下的土壤 EC 值变化

2. 烟气脱硫石膏对滨海盐营养物质影响

对滨海盐碱土进行改良的目的是为了能够更好地开发和利用滨海滩涂盐碱土地,将其用在农业、绿化等方面,这些都需要土壤能够有足够的肥力供植物的种植和生长。利用烟气脱硫石膏来改良滨海滩涂盐碱土,在钙-钠离子交换的同时,土壤中的营养成分也发生着变化。如图 7-22 所示,当烟气脱硫石膏施用量为 15 t/hm² 和 30 t/hm² 时,土壤的速效磷与对照相比无显著差异,其余烟气脱硫石膏处理组(45~60 t/hm²)与对照相比均差异显著,含量降低了 35.6%~41.1%。所有烟气脱硫石膏处理的盐碱土壤的速效氮均与对照相比无显著差异。与对照相比,烟气脱硫石膏处理的土壤速效钾含量与对照相比均有显著降低,含量降低了 21.9%~48.5%。

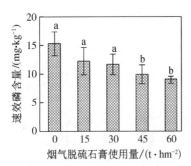 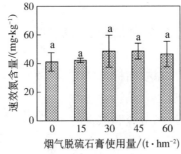 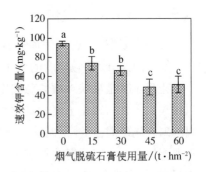

图 7-22　不同烟气脱硫石膏使用量下的土壤营养物质变化

3. 烟气脱硫石膏对乔木生长的影响

如图 7-23 显示,在低剂量(15~45 t/hm²)烟气脱硫石膏处理下,银杏和紫薇的株高与对照处理相比均有增加,但差异不显著;另外,除 45 t/hm² 烟气脱硫石膏处理的紫薇胸径外,低剂量(15~45 t/hm²)烟气脱硫石膏处理对两类植物的胸径也无显著影响。只有当烟气脱硫石膏施用量为 60 t/hm² 时,两种植物的株高和胸径显著高于对照和低剂量处理,其中银杏和紫薇的株高比对照处理分别增长了 25.08％和 34.7％,胸径分别增加了 64.5％和 35.2％。结果表明,施用足量烟气脱硫石膏短期内即可能降低土壤碱化度和 pH,使土壤理化性质发生明显的改变,改善了植物根系的生长环境,并且增加 Ca 和 S 营养元素,能够很快地促进绿化植物的生长。

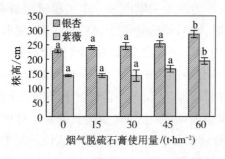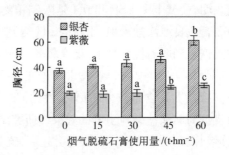

图 7-23 不同烟气脱硫石膏施用量下的植物生长特征

4. 不同烟气脱硫石膏施用量土壤重金属变化

通常燃煤电厂的飞灰中含有一定量的重金属,而烟气脱硫石膏中往往混有灰飞,因此其中可能含有重金属。如果重金属元素随有益成分一起进入土壤中,一方面可被植物吸收进而影响植物生长,另一方面可留在土壤中或者进入地下水,形成一种威胁环境安全的隐患。而且,土壤中的重金属较难迁移,具有残留时间长、隐蔽性强、毒性大等特点,也有可能会经作物吸收后进入食物链,从而威胁人类的健康与其他动物的繁衍生息。因此,研究烟气脱硫石膏对土壤重金属分布的影响,对于正确评估烟气脱硫石膏的环境风险至关重要。

如表 7-18 所示,随着烟气脱硫石膏的施入,盐碱土壤表层(0～30 cm 土层)中的铅元素含量较对照处理有所降低,但变化趋势不显著。银和铜等重金属元素的含量与对照相比均无显著变化。镉元素含量除 45 t/hm² 处理的烟气脱硫石膏质量情况下较对照有所增加,其余处理均无显著变化。铬元素含量呈现先升高后降低的趋势,在 15 t/hm² 和 30 t/hm² 的烟气脱硫石膏处理下较对照有所增加,其余处理均无显著变化。各个烟气脱硫石膏处理下,土壤中的砷、汞元素的含量均较对照有明显增加,砷元素的含量呈现逐渐增加的趋势;汞元素的含量则呈现出逐渐升高的趋势,且随着使用量的增加,变化显著。各烟气脱硫石膏处理下的土壤重金属含量均小于《土壤环境质量标准》(GB 15618—1995)二级标准,数据显示脱硫石膏施用量即使达到 60 t/hm²,也不会造成土壤重金属污染,这与以往的研究结果一致。

表 7-18 不同脱硫石膏使用量水平下土壤重金属元素的变化 单位:mg/kg

烟气脱硫石膏	Ag	As	Cd	Cr	Hg	Pb	Cu
0 t/hm²	0.45±0.139a	10.54±0.803a	0.25±0.031a	89.83±7.316a	0.15±0.012a	27.73±0.558a	22.99±0.276a
15 t/hm²	0.46±0.002a	15.56±2.005b	0.26±0.024a	98.29±5.115b	0.17±0.014b	24.20±0.062a	23.18±0.551a
30 t/hm²	0.46±0.003a	15.58±1.159b	0.27±0.031a	95.46±1.096b	0.17±0.009b	25.50±0.315a	23.20±0.382a
45 t/hm²	0.45±0.009a	15.99±2.042b	0.29±0.015b	89.91±7.344a	0.18±0.013bc	25.85±0.148a	23.02±0.344a
60 t/hm²	0.46±0.204a	16.82±1.449b	0.28±0.033a	91.38±2.866a	0.19±0.007c	25.00±0.094a	03.22±0.340a
GB 15618—1995 二级标准(pH>7.5)	—	<20	<0.6	<250	<1.0	<350	<100

7.4.3　实验结论与讨论

1. 烟气脱硫石膏对滨海盐碱土壤特性的影响

研究表明,盐碱土中 ESP 和 pH 是限制植物生长的两个关键因素。本工程示范研究中,利用烟气脱硫石膏改良滩涂盐碱地,土壤的 pH 得到明显控制,均远远低于对照组土壤,使本来呈强碱性的盐碱土恢复到弱碱性水平上,能在较长的时间内两年保持稳定;添加烟气脱硫石膏到盐碱土壤后,其中的 Ca^{2+} 与土壤中的 Na^+ 发生离子交换反应,交换出来的 Na^+ 向下淋溶,随淋洗液排出,导致土壤中交换性 Na^+ 含量减少,而交换性的 Ca^{2+} 含量增加,从而在一定程度上降低了土壤碱化度,起到了改良滨海滩涂盐碱地土壤的效果。研究结果也表明,由于烟气脱硫石膏是一种中等溶解度盐,可以连续释放 SO_4^{2-} 和 Ca^{2+},从而引起钙、硫养分增加和土壤全盐量的增加,该示范工程中最高的 EC 值到达 4.65 ms/cm,可能会影响到植物的生长发育。但相关研究也表明,烟气脱硫石膏施用只是暂时增加土壤可溶性盐离子浓度,随着改良时间的推移和不断的自然降雨、灌溉淋洗导致可溶性盐总量随着水分迁移至更深土层或周边水体,耕层可溶性盐总量还是会减少。本区域位于南方滨海地区,年均降雨量较大,结合高的降雨淋洗水量或者结合一定排水洗盐措施,后期应该会降低土壤中总的盐分。滨海盐碱地改良是一个较为复杂的综合治理系统工程,李小平等的研究结果表明烟气脱硫石膏对滩涂盐碱地的改良效果主要在于加速了盐碱土壤的脱盐过程。

2. 烟气脱硫石膏对植物生长的影响

株高和胸径是对绿化或造林植物生长状况评价的重要指标,研究结果显示随着烟气脱硫石膏施用量的增加,银杏和紫薇的株高及胸径均逐渐增大,特别是高剂量($45\ t/hm^2$ 或 $60\ t/hm^2$)施用时,植物的株高和胸径增加显著,说明该范围烟气脱硫石膏的施用量虽然导致土壤全盐量增加,但还不足以对植物生长产生盐害,而土壤 pH 和 ESP 的降低在促进植物生长中起着更为重要的作用。此外,已有研究也表明烟气脱硫石膏不仅可以降低土壤的 pH 和 ESP,并且它含有的高价离子可以使土壤胶体表面的电位势降低,有利于土壤胶体的凝聚,使土壤形成团粒结构,增加土壤的透水性和透气性,提供给植物根系一个好的生长环境,植物得以健康生长。此外,烟气脱硫石膏的使用可以增加土壤中 Ca、S 等植物所需养分,也是有利于植物的生长发育。此结果与李玉波等人利用烟气脱硫石膏改良盐碱地,玉米和油葵等农作物的生长趋势一致。

土壤速效磷降低的原因应该是烟气脱硫石膏中含有大量的钙离子,它们在交换盐碱土壤胶体上的钠离子后,仍会有较大量的钙离子以交换性态形式留在土壤中,并与土壤中富集的磷酸根离子发生反应,形成难溶性的、对植物生长来说是潜在磷源的磷酸钙盐。土壤速效钾降低则是由于在钙-钠置换的同时也会发生钙-钾置换,降低了土壤中钾离子的含量。但土壤速效磷和速效钾的降低,在一定范围内不会影响植物的生长发育,已有的研究结果也表明无机氮磷钾等养分并不是玉米生长的主要制约因素,关键在于消除土壤盐渍化危害。而在本研究中,土壤速效磷和速效钾的降低并没有显著影响到植物对磷素的吸收,具体表现为植物株高和胸径均比对照高,这与 Stout 等利用脱硫石膏改良种植三叶草的研究结果一致。

3. 脱硫石膏的重金属污染风险评估

由于在电厂湿法脱硫的过程中可能会混入少量飞灰,因此烟气脱硫石膏的环境安全是必须要考虑的问题。在该工程示范研究中,烟气脱硫石膏施用两年后,各个处理下的土壤重金属含量均小于《土壤环境质量标准》(GB 15618—1995)的二级标准(农业背景),数据显示脱硫石膏施用量即使达到 $60\ t/hm^2$,也不会造成土壤重金属污染。已有研究表明,燃煤电厂烟气脱硫石膏可能包含一些比石膏矿更高的金属,但其浓度大多低于规定的土壤背景值,李小平等利用 $60\ mg/hm^2$ 烟气脱硫石膏用于崇明东滩的围垦滩涂土地,研究结果也显示重金属处于安全范围内。国外对于烟气脱硫石膏对环境的影响的研究结果也大多是正面的,即使按照 $280\ mg/hm^2$ 的施用量用于废弃煤矿土地复垦也是安全的。还有许多研究表明,烟气脱硫石膏中的重金属及其应用于土壤后被植物吸收或对周边水体的潜在释放都不会造成任何严重的环境问题。国内学者王淑娟、童泽军等人的研究也表明,一次性使用烟气脱硫石膏没有环境安全隐患。但由于不同燃煤产地、不同脱硫过程控制等,某些电厂的烟气脱硫石膏中汞含量可能偏高,在本工程示范中汞元素的含量也呈现出随着脱硫石膏使用增加逐渐升高的趋势,因此烟气脱硫石膏在施用前要考虑对汞含量进行测定,其他的重金属元素一般不会对环境安全造成影响。

7.5　滨海盐碱土绿化植物筛选研究

7.5.1　研究方法

1. 试验及示范

上海应用技术大学植物园是一个集科研、科普、游憩、生产及珍稀濒危植物迁地保护任务于一体的大型综合性旅游场所。上海应用技术大学植物园(以下简称"校植物园")筹建于 2008 年,占地约 $18\ 666\ m^2$,是一个集实验教学、实习和观赏性于一体的多功能景观园。园区植物种类丰富,初步统计有乔木、灌木、草坪和地被植物、水生植物约 400 多种(含栽培品种)。目前,园区内已建成 3 个玻璃温室、2 个塑料大棚及花卉学、设施园艺学和园林树木学等主干实验课程的教学与操作实验室,为教学和科研提供广阔的平台,建成后的植物园既是植物科研和科普的基地,也为广大师生提供了一个鲜花盛开、放松心情的休憩场所。我校植物园种植耐盐绿化植物及表现如表7-19 所列。

表 7-19　植物园耐盐绿化植物表

序号	植物名称	生长状况	序号	植物名称	生长状况
1	银杏	生长正常	17	现代月季	生长正常
2	荷花木兰	长势弱	18	玫瑰	生长正常
3	含笑花	生长正常	19	枇杷	长势弱
4	日本五针松	生长正常	20	火棘	生长正常
5	合欢	生长正常	21	"小丑"火棘	生长正常
6	圆柏	生长正常	22	染井吉野	生长正常
7	龙柏	生长正常	23	美国红火球	生长正常
8	三角槭	生长正常	24	菲油果	生长正常
9	元宝槭	生长正常	25	红千层	生长正常
10	鸡爪槭	生长正常	26	光皮梾木	生长正常
11	羽毛槭	生长正常	27	楝	生长正常
12	桃	生长正常	28	栾树	生长正常
13	石楠	生长正常	29	黄山栾树	生长正常
14	红梅	生长正常	30	槐	生长正常
15	紫叶李	生长正常	31	金枝槐	长势弱
16	关山樱	生长正常	32	龙爪槐	生长正常

序号	植物名称	生长状况	序号	植物名称	生长状况
33	柽柳	生长正常	69	杂种鹅掌楸	生长正常
34	枸骨	生长正常	70	乌桕	生长正常
35	无刺枸骨	生长正常	71	雪松	生长正常
36	绣球	生长正常	72	十大功劳	生长正常
37	木槿	生长正常	73	阔叶十大功劳	生长正常
38	高砂芙蓉	生长正常	74	春鹃	生长正常
39	罗汉松	生长正常	75	金线柏	生长正常
40	洒金千头柏	生长正常	76	五彩桎树	长势弱
41	"金边"凤尾丝兰	生长正常	77	蓝花草	生长正常
42	金边千手丝兰	生长正常	78	直立冬青	长势弱
43	红花檵木	生长正常	79	"银边"枸骨叶冬青	生长正常
44	接骨木	生长正常	80	枫杨	生长正常
45	"花叶"青木	生长正常	81	琼花	生长正常
46	"金叶垂枝"榆树	生长正常	82	忍冬	生长正常
47	垂柳	生长正常	83	地锦	生长正常
48	龙爪柳	生长正常	84	五叶地锦	生长正常
49	海桐	生长正常	85	蓝冰柏	生长正常
50	龟甲冬青	生长正常	86	紫薇	生长正常
51	红花锦鸡儿	生长正常	87	"黄斑"北美翠柏	生长正常
52	石榴	生长正常	88	莱兰柏	生长正常
53	柿树	生长正常	89	"火焰"南天竹	生长正常
54	金柑	生长正常	90	椿寒樱	生长正常
55	香泡	生长正常	91	"小绿萼"梅	生长正常
56	"紫叶"加拿大紫荆	生长正常	92	单体红山茶	生长正常
57	二球悬铃木	生长正常	93	花叶香桃木	生长正常
58	木槲	生长正常	94	异叶冬青	生长正常
59	女贞	生长正常	95	紫藤	生长正常
60	花叶女贞	生长正常	96	中山杉	生长正常
61	杂种凌霄	生长正常	97	青木	生长正常
62	樟	生长正常	98	紫竹	生长正常
63	榉树	生长正常	99	金镶玉竹	生长正常
64	无患子	生长正常	100	小蜡	生长正常
65	苏铁	生长正常	101	欧洲红瑞木	长势弱
66	棕榈	生长正常	102	日本女贞	生长正常
67	瓜子黄杨	生长正常	103	花叶木槿	生长正常
68	迷迭香	生长正常	104	黄果火棘	生长正常

（续表）

序号	植物名称	生长状况	序号	植物名称	生长状况
105	千叶兰	生长正常	140	"紫叶红碧"桃	生长正常
106	"钟花"粉白溲疏	生长正常	141	菊花桃	生长正常
107	西番莲	生长正常	142	厚皮香	生长正常
108	毛叶山桐子	生长正常	143	香桃木	生长正常
109	京红久忍冬	生长正常	144	梨	生长正常
110	红白忍冬	生长正常	145	连翘	生长正常
111	"金焰"粉花绣线菊	长势弱	146	"吉野"东京樱花	生长正常
112	厚叶石斑木	生长正常	147	金叶女贞	生长正常
113	金叶美国梓树	生长正常	148	"金禾"小蜡	生长正常
114	梓	生长正常	149	"阳光"小蜡	生长正常
115	花叶芦竹	生长正常	150	银姬小蜡	生长正常
116	洋常春藤	生长正常	151	"银霜"日本女贞	长势弱
117	蜡梅	生长正常	152	"金森"日本女贞	生长正常
118	水果蓝	生长正常	153	"白花"木通	生长正常
119	红叶石楠	生长正常	154	麦李	生长正常
120	滨柃	生长正常	155	紫荆	生长正常
121	月桂	生长正常	156	珊瑚树	生长正常
122	花叶芦竹	生长旺盛	157	垂丝海棠	生长正常
123	凤尾竹	生长正常	158	"银边"绣球	生长正常
124	鹅毛竹	生长正常	159	枣	生长正常
125	金叶大花六道木	生长正常	160	蓝剑柏	生长正常
126	胡颓子	生长正常	161	蓝叶忍冬	生长正常
127	花叶胡颓子	生长正常	162	"彩叶"杞柳	生长正常
128	金边埃比胡颓子	生长正常	163	北美稠李	生长正常
129	金心埃比胡颓子	生长正常	164	金丝桃	生长正常
130	"美人"梅	生长正常	165	山麻秆	生长正常
131	绣球荚蒾	生长正常	166	白丁香	生长正常
132	琉球荚蒾	生长正常	167	湿地松	生长旺盛
133	蔓长春花	生长正常	168	碧桃	生长正常
134	"花叶"蔓长春花	生长正常	169	布迪椰子	生长正常
135	八角金盘	生长正常	170	大叶黄杨	生长正常
136	熊掌木	生长正常	171	金边大叶黄杨	生长正常
137	金钟花	生长正常	172	海滨木槿	生长正常
138	"千瓣白"桃	生长正常	173	卫矛	生长正常
139	"照手粉"桃	生长正常	174	肉花卫矛	生长正常

序号	植物名称	生长状况	序号	植物名称	生长状况
175	大花四照花	生长正常	203	平枝枸子	生长正常
176	粉团	生长正常	204	"王族"海棠	生长正常
177	单瓣李叶绣线菊	生长正常	205	紫叶矮樱	生长正常
178	金丝桃	生长正常	206	彩叶桂	生长正常
179	"金宝石"齿叶冬青	长势弱	207	北美枫香	生长正常
180	厚叶石斑木	生长正常	208	榆树	生长正常
181	北美冬青	生长正常	209	"金叶"榆树	生长正常
182	美国红栌	生长正常	210	皂荚	生长正常
183	构树	生长正常	211	喜树	生长正常
184	圆果毛核木	生长正常	212	扶芳藤	生长正常
185	紫珠	生长正常	213	金叶锦带花	长势弱
186	"蝴蝶"鸡爪槭	长势弱	214	花叶锦带花	长势弱
187	枸骨	生长正常	215	葱兰	生长正常
188	桦叶槭	生长正常	216	二月兰	生长正常
189	葡萄	生长正常	217	八宝景天	生长正常
190	中红杨	生长正常	218	匍匐筋骨草	生长正常
191	水杉	生长正常	219	柳叶马鞭草	生长旺盛
192	"金叶"水杉	生长正常	220	红花酢浆草	生长正常
193	"金叶"银杏	生长正常	221	水飞蓟	生长正常
194	枫香树	生长正常	222	麦冬	生长正常
195	"帚状"榉树	生长正常	223	矮麦冬	生长正常
196	"五色"榉树	生长正常	224	金边山麦冬	生长正常
197	"飞黄"玉兰	生长正常	225	小叶野决明	生长正常
198	野迎春	生长正常	226	紫娇花	生长正常
199	浓香茉莉	生长正常	227	玉带草	生长正常
200	河桦	生长正常	228	德国鸢尾	生长正常
201	红枫	生长正常	229	黄菖蒲	生长正常
202	穗花牡荆	生长正常	230	美丽月见草	生长旺盛

2. 国内外研究总结

1) 国内对耐盐植物种类筛选概况

我国的耐盐植物品种筛选工作近20年来得到迅速发展,尤其在作物和牧草品种鉴定方面的研究居多。李树华等研究了在土壤盐碱胁迫下13个小麦品种的农艺性状和生理反应,认为以苗期作为小麦耐盐鉴定的时期,以出苗率和保苗率作为耐盐性鉴定指标较为快捷有效。汤巧香曾针对天津市引进的几个草种进行耐盐性鉴定,其综合耐盐性顺序为碱茅＞黑麦草＞高羊茅＞百克星。吴玉英通过金山中央大道景观工程滨海盐渍土改良实践,指出合欢、垂柳、夹竹桃、女贞、石榴、月季、紫穗槐、乌桕、柽柳、海滨木槿、芦竹、千屈菜等耐盐性较强。高彦花等对天津滨海地区营造的白刺、杜梨、银水牛果3种林地的土壤微生物数量、养分和盐分质量分数进行了研究,结果表明:白刺改良盐碱土的效果最好,杜梨次之,银水牛果较差。刘金虎对引进的 23 个耐盐碱树种品种在天津市汉沽区进行了为期 2 年的观测研究,筛选出在滨海地区耐盐性和抗逆性表现较好的 10 个植物:金叶莸、红叶臭椿、金枝槐、栾树、大叶醉鱼草、圆蜡 2 号、欧洲白蜡、金叶榆、白刺、枸杞(耐盐能力在 0.3% 以上)。苑增武等对大庆地区 9 种主要造林树种的耐盐能力进行评价,认为 109 柳、柽柳、枸杞耐盐能力最强,是盐碱地改良绿化的主要造林树种。汪贵斌等以叶片中 Na^+ 浓度、Na^+/K^+ 作为树木耐盐能力评价指标,认为刺槐和侧柏最强,银杏次之,火炬松较差。崔心红等根据土壤含盐量,结合存活率、生长量、叶绿素含量和胁迫症状将长三角滨海地区 132 种植物划分 4 个耐盐能力等级:Ⅰ级(土壤含盐量≥5‰)、Ⅱ级(3‰≤土壤含盐量<5‰)、Ⅲ级(1‰≤土壤含盐量<3‰)、Ⅳ级(土壤含盐量<1‰)。魏凤巢等以金山石化地区盐渍土绿化实践,试验筛选出柽柳、多枝柽柳、海滨木槿、无花果、珊瑚树、凤尾兰、单叶蔓荆、黄花草木犀等强耐盐性植物,并根据 11 个耐盐梯度将耐盐植物归纳为 5 个耐盐等级,其中 1~2 级适用于滨海盐土,3~5 级适用于滨海盐化土。

2)国外对耐盐植物种类筛选概况

美国联邦农业部于 20 世纪 60 年代就成立了国家盐碱地实验室,建立了草本、蔬菜、粮食和果树等多种植物的相对耐盐性数据库。Taleisnik 等对心叶稷的两个品种的耐盐性进行评价,认为在短期试验控制条件下,品种 Klein Verde 的生长受盐害相对较轻。Niknam SR 和 McComb Jen 通过对待选植物不同产地耐盐性、温室和田间耐盐性、幼苗和成株耐盐性的比较,认为温室幼苗的筛选与田间成株耐盐性选择无显著差异。Moya J L 等利用盐敏感型柑橘和耐盐型柑橘的相互嫁接试验对其可传递耐盐性状进行鉴定,认为叶中氯化物含量较低、茎生长量少和木质部中导管较小是最重要的可传递耐盐性状。Corney H J 等指出叶绿素荧光参数可作为赤桉耐盐性的评价指标。美国 Curtis E. Swift 博士收集并总结了西科罗拉多三河地区的各种温带观赏植物的耐盐性,包括乔木、灌木、藤本和草本植物,对盐碱地引种、栽培和造林具有重要的指导意义。

总体来说,适宜在我国盐碱地区造林的植物材料还是相当有限的。研究工作较为破碎,系统性不强且效果不好,到目前为止,过去存在的选择树种少,造林成本高,缺乏统一造林技术标准等问题依然存在,严重制约了盐碱地改良、沿海防护林建设和城乡绿化的发展。

3)项目现场调研

经过对浦东新区、崇明岛、金山区以及奉贤区现有盐碱植物的实地调查研究,初步筛选出一些抗盐碱能力强且观赏价值高的适合上海地区滨海盐碱土绿化植物:柽柳、布迪椰子、枸骨、琼花、海桐、厚叶石斑木、红千层、海滨木槿、金心埃比胡颓子、金边黄杨、迷迭香、紫叶加拿大紫荆、铺地柏、穗花牡荆、日本五针松、三色络石、苏铁、旱伞草、百子莲、灯芯草、黄菖蒲、再力花、花叶芦竹、葡匐筋骨草、千屈菜、杂种凌霄、紫娇花、阔叶补血草、北美枫香、垂柳、二球悬铃木、枫杨、构树、合欢、河桦、厚皮香、黄山栾、金叶刺槐、金叶白蜡、垂枝金叶榆、榉树、蓝冰柏、苦楝、凤尾兰、火棘、龙柏、圆柏、落羽杉、木槿、女贞、枇杷、山麻秆、湿地松、石楠、乌桕、无患子、香根菊、杂种鹅掌楸、梓树、紫薇、蒲苇、斑茅、芦苇、紫叶李等。

柽柳   布迪椰子   枸骨与琼花

海桐花　　　　　　　　厚叶石斑木　　　　　　　红千层与瓜子黄杨

海滨木槿　　　　　　　金心埃比胡颓子　　　　　金边黄杨及迷迭香

紫叶加拿大紫荆　　　　铺地柏　　　　　　　　　穗花牡荆

日本五针松　　　　　　苏铁与三色络石　　　　　旱伞草与花叶芒

百子莲　　　　　　　　灯芯草　　　　　　　　　黄菖蒲与再力花

232

花叶芦竹　　　　　　　匍匐筋骨草　　　　　　　千屈菜

杂种凌霄　　　　　　　紫娇花　　　　　　　阔叶补血草

美枫香　　　　垂柳　　　　二球悬铃木　　　　枫杨

构树　　　　合欢　　　　河桦　　　　厚皮香

黄山栾　　　　金叶刺槐　　　金叶白蜡与垂枝金叶榆　　　榉树

蓝冰柏　　　　苦楝与丝兰属植物　　　龙柏与美丽月见草　　　落羽杉

木槿　　　　　　女贞　　　　　　枇杷　　　　　　山麻秆

湿地松　　　　　乌桕　　　　　　无患子　　　　　香根菊

圆柏与广玉兰　　　杂种鹅掌楸　　　梓树与斑茅　　　紫薇与蒲苇

火棘　　　　　芦荟　　　　　石楠　　　　　紫叶李

图 7-24　适合上海地区滨海盐碱土绿化植物

7.5.2　耐盐绿化植物选择

1. 植物耐盐与耐盐性分级

1) 植物的耐盐性

各种植物不同的耐盐阈值是由其生理适应性决定的,耐盐阈值高的植物称"盐生植物"。盐生植物可以正常的在盐渍土土壤上生长并完成其生活史。盐渍生境的最主要特点是含有大量的盐离子,例如 Na^+, Cl^-, SO_4^{2-} 等,植物要适应这种盐渍化的生境,就必须具备克服盐离子毒害(离子胁迫)和抵抗低水势(渗透胁迫)的能力。根据盐生植物的生理和形态学特点,将盐生植物分为 3 种生理类型:

(1) 聚盐性植物:这类植物对盐土的适应性很强,能生长在重盐渍土上,能从土壤中吸收大量可溶性盐分并积聚在体内而不受害。这类植物的原生质对盐类的抗性特别强,能忍受 6% 甚至更浓的 NaCl 溶液。它们的细胞液浓度很高,并具有极高的渗透压,其渗透压高达 40 大气压以上,甚至高达 70~100 个大气压,大大超过土壤溶液的渗透压,所以能从高盐度土中吸收水分,故又称为真盐生植物。常见的代表植物如生长在滨海重盐碱土上的碱蓬、盐地碱蓬、盐角草、盐蒿等。

(2) 泌盐植物:这类植物也能从盐碱土中吸取过多的盐分,但并不积存在体内,而是通过茎、叶表面密布的盐腺细胞把吸收的盐分分泌排出体外,分泌排出的结晶盐在茎、叶表面又被风吹雨淋扩散,故具有盐腺细胞的植物称为泌盐植物。典型的代表植物如大米草、二色补血草、各种柽柳等。

(3) 不透盐植物:又称为拒盐植物。这类植物虽然能生长在盐碱土中,但其根部细胞膜和其他组织对盐离子具有很强的选择性,或拒绝或很少吸收 Na^+ 和 Cl^-,将 NaCl 积累在根部或地上茎的下部,而不向地上部分运输,从而使地上部分避免受到盐害。芦荟就是一种典型的拒盐植物。

2) 影响植物耐盐性的因素

(1) 植物耐盐性与其科、属相关。

试验发现,植物耐盐性有科、属的"家族"关系。如柽柳属的植物都极耐盐;桑科的桑、构树和无花果都耐盐;豆科的槐属、刺槐属、紫穗槐属、决明属、合欢属等均具有不同程度的耐盐性;杨柳科杨属和柳属也多为耐盐树种;木犀科的白蜡树属和女贞属植物也较耐盐;大戟科、楝科、榆科、柏科和卫矛科也有部分耐盐树种;蔷薇科梨属较耐盐等。植物耐盐性的科、属关系为今后扩大耐盐树种选择范围提供了有价值的参考。

(2) 植物耐盐性与其分布地区有关。

植物在其分布区界中心地带耐盐性最强,反之则弱。如我国北方干旱地区和内陆盐土地区的侧柏、沙枣、火炬树等一直被认为是盐渍土绿化树木的翘楚,在上海耐盐树种筛选试验中却表现不佳:侧柏不如龙柏、圆柏,沙枣不如胡颓子,火炬树不如刺槐。

(3) 植物耐盐性与其抗逆性有关。

试验发现:凡耐旱力强的植物如各种柽柳、杨树、石榴、马蔺、狗牙根等皆耐盐;耐水湿的木麻黄、乌桕、海滨木槿、紫穗槐、杞柳、垂柳等亦耐盐;抗大气污染的植物如夹竹桃、凤尾兰、火棘等皆较耐盐。总之,凡生长强健、抗逆性强的植物耐盐性亦强;反之则弱。

(4) 植物耐盐性与其适宜 pH 的关系。

盐渍土都偏碱性,所有适宜 pH 大于 7 的植物大多较耐盐碱;而一般喜酸性植物大多不耐盐碱。

3) 耐盐等级的划分

根据魏凤巢等对耐盐植物耐盐等级的划分标准,结合我校植物园植物表现及近几年绿化工程实际,增加了一些新品种,调整了个别树木的耐盐等级(表 7-20)。

表 7-20 园林植物耐盐性分级

耐盐性级别	耐盐性阈值(0~60 cm 土层)含盐量/(g·kg^{-1})	植物名称
1	≥6	柽柳、多枝柽柳
2	3.3~5.9	狗牙根、高羊茅、凤尾兰、金边凤尾丝兰、金边千手丝兰、"红巨人"澳洲朱蕉、日本结缕草、马尼拉草、紫穗槐、无花果、喜盐鸢尾、夹竹桃、金叶刺槐、金叶白蜡、乌桕、龙爪槐、鹿角桧、穗花牡荆、厚叶石斑木、皂荚、补血草、小叶野决明、单叶蔓荆、枸杞、玉带草、香根菊
3	2.5~3.2	丝棉木、柞木、龙柏、圆柏、蓝冰柏、铺地柏、河桦、金叶菱、射干、蜀葵、湿地松、苦楝、棕榈、合欢、海桐花、构树、香椿、臭椿、复叶槭、花叶胡颓子、金心埃比胡颓子、金边埃比胡颓子、木槿、花叶木槿、垂丝海棠、北美海棠、二球悬铃木、榆树、椰榆、杜梨、女贞、石榴、金叶锦带花、花叶锦带花、火棘、枣、珊瑚树、伞房决明、盐肤木、东方杉、墨西哥落羽杉、滨柃、枫杨、无患子、毛叶山桐子、中红杨、云南黄馨、落羽杉、加拿利海枣、泡桐、重阳木、木芙蓉、紫叶李、紫叶矮樱、美人梅、榉树、石楠、柿树、紫藤、红花酢浆草、鸢尾、麦冬、金边山麦冬、白车轴草、布迪椰子、蔓长春、花叶蔓长春、扶芳藤、胡枝子、旱柳、垂柳、龙爪柳、日本女贞、金森女贞、红千层、金银花、金叶大花六道木、迷迭香、彩叶杞柳、大花秋葵、旱伞草、花叶芒
4	1.3~2.9	桤木、紫薇、现代月季、洒金千头柏、沙枣、火炬树、紫荆、金丝桃、银杏、紫叶加拿大紫荆、大叶醉鱼草、朴树、连翘、金钟花、贴梗海棠、小蜡、阳光小蜡、金禾女贞、金叶女贞、枸骨、无刺枸骨、龟甲冬青、绣球荚蒾、琼花、粉团、八仙花、卫矛、桃、溲疏、罗汉松、金枝槐、淡竹、金银木、金边大叶黄杨、瓜子黄杨、蚊母树、三角枫、黄秆乌哺鸡竹、马蹄金、浓香茉莉、池杉、葱兰、枫香树、北美枫香、"银之王"北美枫香、"圆裂"北美枫香、黄山栾、喜树、弗吉尼亚栎、南酸枣、水杉、香泡、山麻秆、枫杨、垂丝海棠、海棠花、杜仲、毛梾、金柑、金镶玉竹、紫竹、鹅毛竹、凤尾竹、地中海荚蒾、棣棠花、美丽月见草、复叶槭、结香、杂种鹅掌楸、红果金丝桃、红梅、红花檵木、香蒲、花叶芦竹、黄菖蒲、百子莲、千屈菜、紫叶小檗、水葱、八宝景天、火炬花、大花美人蕉、粉美人蕉、鸢尾、德国鸢尾、萱草、梓树、金叶梓、紫丁香、再力花、矮麦冬、"黑龙"沿阶草、匍匐筋骨草、大吴风草
5	1.1~1.3	麦李、枇杷、广玉兰、粉花绣线菊、红雪果、红豆杉、阔叶十大功劳、雪松、迎春花、鸡爪槭、熊掌木、水果蓝、栀子花、春鹃、香樟

2. 常见绿化植物的耐盐性

1) 耐盐乔木

常绿:布迪椰子、加拿利海枣、圆柏、龙柏、红千层、棕榈、蓝冰柏、南方红豆杉、梅地亚红豆杉、罗汉松、女贞、杨梅、枇杷、香樟、蚊母树。

落叶:金叶刺槐、池杉、东方杉、水杉、落羽杉、弗吉尼亚栎、黄山栾、榉树、无患子、柿树、金叶榆、垂枝榆、榔榆、旱柳、垂柳、构树、合欢、重阳木、乌桕、苦楝、白蜡、金叶白蜡、臭椿、朴树、皂荚、杂种鹅掌楸、杜梨、二球悬铃木、复叶槭、紫薇、紫叶李、石榴、紫丁香、海滨木槿、木槿、垂丝海棠、北美海棠、紫荆、紫叶加拿大紫荆、绣球荚蒾、琼花、粉团。

2）耐盐灌木

常绿：夹竹桃、鹿角桧、厚叶石斑木、铺地柏、海桐花、火棘、花叶胡颓子、金心埃比胡颓子、金边埃比胡颓子、滨柃、日本女贞、金森女贞、红千层（灌木型）、迷迭香、浓香茉莉、现代月季、洒金千头柏、桂花、枸骨、无刺枸骨、龟甲冬青、金边大叶黄杨、瓜子黄杨、金柑、地中海荚蒾、阔叶十大功劳、水果蓝、云南黄馨、石楠、金叶大花六道木、迷迭香。

落叶：紫穗槐、穗花牡荆、金叶莸、木槿、花叶木槿、花石榴、金叶锦带花、花叶锦带花、盐肤木、木芙蓉、紫叶矮樱、胡枝子、彩叶杞柳、紫荆、金丝桃、大叶醉鱼草、连翘、金钟花、平枝枸子、贴梗海棠、小蜡、金禾女贞、金叶女贞、八仙花、卫矛、结香、红果金丝桃、紫叶小檗、迎春花、香根菊。

3）耐盐草坪草与地被植物

马尼拉草、日本结缕草、狗牙根、高羊茅、洋常春藤、地锦、凤尾兰、金边凤尾丝兰、金边千手丝兰、"红巨人"澳洲朱蕉、喜盐鸢尾、草木犀、小叶野决明、单叶蔓荆、枸杞、玉带草、射干、红花酢浆草、鸢尾、麦冬、金边山麦冬、白车轴草、蔓长春、花叶蔓长春、扶芳藤、大花秋葵、黄秆乌哺鸡竹、马蹄金、葱兰、金镶玉竹、紫竹、鹅毛竹、凤尾竹、美丽月见草、百子莲、八宝景天、补血草、火炬花、大花美人蕉、鸢尾、德国鸢尾、大花萱草、矮麦冬、"黑龙"沿阶草、匍匐筋骨草、大吴风草。

4）耐盐水生植物

香蒲、花叶芦竹、黄菖蒲、千屈菜、水葱、粉美人蕉、再力花、芦苇、旱伞草。

7.6 滨海盐碱土植物生态景观设计研究

上海滨海地区具有土地盐碱性强、风力大、植物种植不易成活等特点。海滨盐碱土植物景观不仅建设投资多、实施难度大、见效慢，而且建成后每年需要投入大量的人力、物力和财力来实施绿地的后期养护、管理。海滨盐碱土不同于一般立地的植物造景，海滨盐碱土植物生态景观设计研究需要从植物品种选择、群落化种植设计等方面入手，通过合理的种类、群落、形式的合理配置，形成绿地植被自身健康循环的状态。

规则整齐的形式、单一的群落、移栽名贵树种是近年来绿地植被的主要设计与建设模式。很多现有绿地的植物造景形式重视视觉价值而忽视建设和管护成本。在海滨盐碱土立地条件下，其生存、生长条件对绿地植被健康构成较大的威胁，须打破常见的"公园式""景观式"种植模式，让海滨盐碱土绿地植被摆脱对人工的依赖，发挥更大的生态效益。因此，亟待探索滨海盐碱土植物生态景观设计模式，促进其生态、社会和经济功能的发挥，为广阔的滨海盐碱土空间的绿化提供理论依据和技术支持，为建设多树种、多层次、高效益的滨海盐碱土园林起到积极的促进作用。

7.6.1 上海地区滨海盐碱土景观植物选择

盐碱地绿化树种选择以耐盐碱、抗风强、易成活的树种为主，主要树种以长势较好的乡土树种为主。根据土壤的情况，参照表 7-20 园林植物耐盐性分级，选择不同耐盐程度的绿化树种。

优先选择耐盐碱的树种，同时以"适地适树、因地制宜"为原则，尽量多地选择乡土树种，以提高成活率。上海地区比较有代表性的耐盐碱乡土树种有旱柳、乌桕、苦楝、水杉等。

有些抗性很强的野生植物，虽在园林绿化中不常用，也可作为潜在的种类选择。如单叶蔓荆，自然分布于山东、浙江、福建、广东等地的沿海沙地，自然植物群落覆盖能力很强，一旦形成群落后，具有很强的抗风、抗旱、抗盐碱能力,可形成庞大的植物群落,覆盖丘陵薄地、瓦砾等劣质土壤地表。

7.6.2　上海地区滨海盐碱土植物生态景观设计模式

以上海地区滨海盐碱土适生种类,构建5种滨海盐碱土植物生态景观设计模式。

1. 乔灌地被模式

在乔灌地被模式下,乔木占主导优势,灌木和地被生长在乔木林下或林缘适生地段。不同乔木种类以斑块状交织,形成物种多样、景观多样的群落。

根据不同的景观特色,乔灌地被模式有3种类型,分别是四季景观型、秋色观赏型和自然野趣型。

四季景观型(图7-25)考虑以形态优美的乔木树种形成骨架,主要是大叶女贞、榉树、栾树、合欢,常绿和落叶比例约1∶1。局部用喜树等高大乔木形成层次背景,并点缀东方杉、水杉等尖塔形树丛,作为层次补充。外侧用石榴、樱花、紫荆、红叶李、海滨木槿等色叶或开花植物作为前景。大片落叶树种前侧,局部点缀石楠、罗汉松等造型整齐的常绿小乔木作为前景。

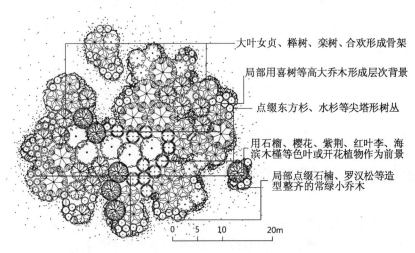

图7-25　乔灌地被模式(四季景观型)配置示意图

秋色观赏型(图7-26)考虑以在上海地区有美丽秋色叶的乔木树种形成骨架,主要是乌桕、黄连木、无患子等。东方杉、水杉、池杉、落羽杉等作为秋色景观好的尖塔形树丛,也成组成团布置。局部点缀大叶女贞、湿地松树丛,使其冬季不至于一片凋零。外侧用圆柏、石楠等常绿植物作为前景。

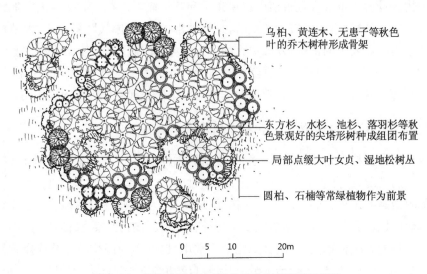

图7-26　乔灌地被模式(秋色观赏型)配置示意图

自然野趣型(图 7-27)是以上海滨海湿地中的一些自然稳定的典型群落为蓝本,比如崇西湿地、东滩湿地。考虑以在旱柳、水杉、池杉为建群种,喜树、苦楝、乌桕、朴树、泡桐等粗放、低养护的乡土树种穿插其中,自然演替,形成稳定、自然的群落。在林缘局部成丛种植法国冬青、夹竹桃、海桐等抗性好、生长自然的常绿植物。

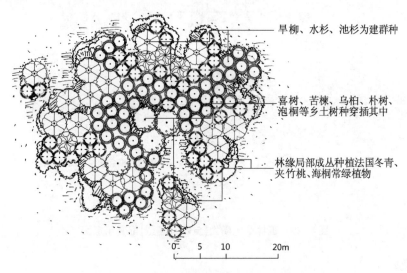

旱柳、水杉、池杉为建群种

喜树、苦楝、乌桕、朴树、泡桐等乡土树种穿插其中

林缘局部成丛种植法国冬青、夹竹桃、海桐常绿植物

0　5　10　　20m

图 7-27　乔灌地被模式(自然野趣型)配置示意图

2. 疏林草地模式

在疏林草地模式下,乔木、灌木和地被优势相当,乔木在上部形成 30% 左右的盖度,林缘和林下光照条件较好,有较多的灌木和地被适生地段。不仅不同种类的植物形成水平混交,还以大乔木、小乔木、灌木、地被的多样层次形成垂直混交,形成物种多样、景观多样的群落。

根据不同的景观特色,疏林草地模式有两种类型,分别是四季景观型和自然野趣型。

四季景观型(图 7-28)主要以形态优美、枝叶舒展的榉树、栾树等形成乔木骨架,紫薇、红叶李、石榴、丁香、樱花、西府海棠、垂丝海棠、碧桃、紫荆、海州常山、柿树等小乔木也以树丛的形式成组成团,海桐、铺地柏、胡颓子、大叶黄杨等常绿灌木和珍珠梅、丰花月季、金丝桃等开花灌木作为前景。局部可点缀萱草、八宝景天等宿根开花植物。

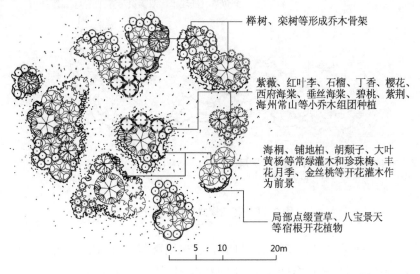

榉树、栾树等形成乔木骨架

紫薇、红叶李、石榴、丁香、樱花、西府海棠、垂丝海棠、碧桃、紫荆、海州常山等小乔木组团种植

海桐、铺地柏、胡颓子、大叶黄杨等常绿灌木和珍珠梅、丰花月季、金丝桃等开花灌木作为前景

局部点缀萱草、八宝景天等宿根开花植物

0　5　10　　20m

图 7-28　疏林草地模式(四季景观型)配置示意图

自然野趣型(图 7-29)以旱柳、水杉、池杉等形成乔木骨架,法国冬青、夹竹桃、海滨木槿等小乔木也以树丛的形式成组成团,林缘和空旷地种植海桐、醉鱼草、枸杞、金银花、单叶蔓荆等粗放、抗性好、覆盖力强的植物。局部可以种植慈孝竹、乌哺鸡竹。

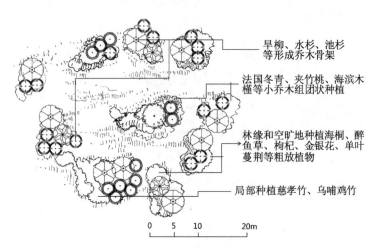

旱柳、水杉、池杉等形成乔木骨架

法国冬青、夹竹桃、海滨木槿等小乔木组团状种植

林缘和空旷地种植海桐、醉鱼草、枸杞、金银花、单叶蔓荆等粗放植物

局部种植慈孝竹、乌哺鸡竹

0 5 10 20m

图 7-29　疏林草地模式(自然野趣型)配置示意图

3. 花境模式

在花境模式下,主要以灌木地被为主,形成有观赏价值和视觉焦点作用的植物景观。根据不同的立地条件,花境模式有两种类型,分别是林缘半荫型和阳生型。

林缘半荫型(图 7-30)处于乔木林缘,观赏面是单面。从生境来看,宜选用喜阳耐半荫的种类。可用石楠、罗汉松等形成中部比较高的骨架,外侧以斑块交织的形态种植各种开花灌木和宿根、地被类。比较高而且形态稳定的后背景植物可以选择胡颓子、醉鱼草、红瑞木、双荚决明等,前侧低矮的植物可以选择铺地柏、鸢尾、射干、萱草、马蔺、桔梗、紫露草、地被石竹、玉带草等。局部可点缀龟甲冬青、无刺构骨等灌木球。

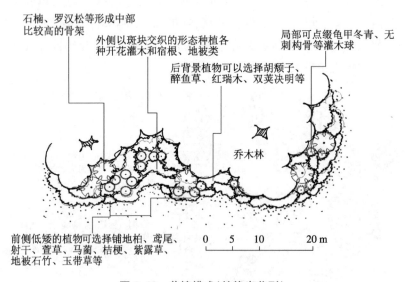

石楠、罗汉松等形成中部比较高的骨架

外侧以斑块交织的形态种植各种开花灌木和宿根、地被类

后背景植物可以选择胡颓子、醉鱼草、红瑞木、双荚决明等

局部可点缀龟甲冬青、无刺构骨等灌木球

乔木林

前侧低矮的植物可选择铺地柏、鸢尾、射干、萱草、马蔺、桔梗、紫露草、地被石竹、玉带草等

0 5 10 20 m

图 7-30　花境模式(林缘半荫型)

阳生型(图 7-31)处于空旷地,观赏面是四面,宜选用喜阳。可用紫薇、花叶柽柳等形成中部比较高的骨架。背景植物可以选择金叶女贞、小叶女贞、十大功劳、六月雪、云南黄馨、醉鱼草、紫叶小檗、木芙蓉等,前侧低矮的植物可以选择千屈菜、美丽月见草、八宝景天、蜀葵、宿根天人菊、福禄考、

地被石竹、荷兰菊等。局部可点缀细叶芒、花叶芦竹等观赏草和灌木球。

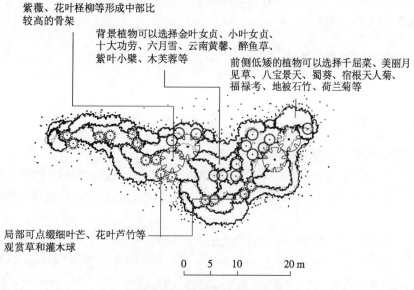

图 7-31 花境模式(阳生型)

4. 自然草地模式

全光照区域宜选择自播型、适合粗放管理的草本。成片生长之后,即可成为耐踩踏的草本野生植物,营造近自然的植被景观。许多草本植物都有良好的季相变化,它们基本不需要养护管理,而又能创造良好的群落景观,丰富色彩、优美形状构成了独特而优美的风景线,同时也带来了较高的观赏价值。建群种可选用狼尾草、高羊茅、狗牙根等;伴生种可选择、蜀葵、千屈菜、美丽月见草、鸢尾、宿根天人菊、白三叶等。

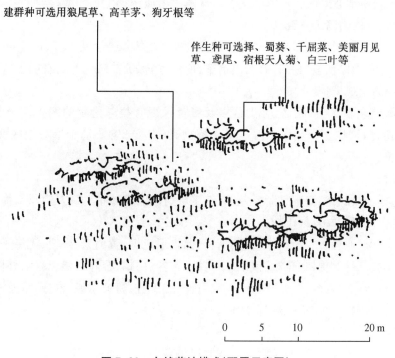

图 7-32 自然草地模式(配置示意图)

5．草坪模式

上海地区滨海盐碱土草坪适生种类主要有结缕草（马尼拉）、日本结缕草、狗牙根、高羊茅。抗性比较以结缕草（马尼拉）最优。

7.7 结论和对策建议

7.7.1 研究结论

1．滨海盐碱土生态可持续研究成果

使用烟气脱硫石膏可以安全地缩短滨海盐碱地的自然脱盐过程。实验室和现场试验研究的结果验证了烟气脱硫石膏可以通过钙钠离子交换将滨海盐碱地自然脱盐过程缩短到数年内的科学假设，数据表明：

（1）采用烟气脱硫石膏作为滨海盐碱地土壤的改良剂，可以通过 Ca^{2+} 和 Na^+ 的交换，加速围垦滨海盐碱地的自然脱盐过程。在年平均降雨量 1 050 mm 的条件下，60 t/hm^2 的烟气脱硫石膏添加量可在 2 年内将土壤碱化度（ESP）降低至 10％～15％。

（2）烟气脱硫石膏可以改变围垦滨海盐碱地土壤的化学和物理特性，促进滨海植被的多样性和演替。2 年的植被样方调查表明，在烟气脱硫石膏添加的第二年，就会出现一般围垦多年才会生长的非盐生草本植物；烟气脱硫石膏添加量较高，乔木植物的存活率也会较高。

（3）采用烟气脱硫石膏脱盐具有低的环境风险，这不仅因为烟气脱硫石膏含有低的重金属含量，更多的钙和硫酸根；而且只要施用一次，就可以获得明显的脱盐效果。

（4）烟气脱硫石膏使用简便，成本低廉。上海在 2009 年之前，每使用 1 t 烟气脱硫石膏政府补贴 10 元人民币；近年烟气脱硫石膏的价格上升至每吨 60 元人民币，依然可以接受。安全使用烟气脱硫石膏可望大规模地有效改善滨海围垦滨海盐碱土壤质量和生态环境。

2．滨海盐碱土植物筛选研究

本研究总结了研究者们多年来经过大量试验证明，依据当地盐碱程度、矿化度、植物特性等方面选择耐盐碱植物，确保在栽植后有效的出苗率、成活率，保证盐碱地改良有明显效果，并且可以营造滨海植物景观的景观植物。

经过对上海浦东新区、崇明岛、金山区以及奉贤区现有盐碱植物的调查记录和研究，参考国内外的耐盐碱植物，提供上海地区滨海盐碱土植物表（表 7-20）。适合上海地区滨海盐碱土的典型绿化植物如下：

1）耐盐乔木

常绿：布迪椰子、加拿利海枣、圆柏、龙柏、红千层、棕榈、蓝冰柏、南方红豆杉、梅地亚红豆杉、罗汉松、女贞、杨梅、枇杷、香樟、蚊母树。

落叶：金叶刺槐、池杉、东方杉、水杉、落羽杉、弗吉尼亚栎、黄山栾、榉树、无患子、柿树、金叶榆、垂枝榆、椰榆、旱柳、垂柳、构树、合欢、重阳木、乌桕、苦楝、白蜡、金叶白蜡、臭椿、朴树、皂荚、杂种鹅掌楸、杜梨、二球悬铃木、复叶槭、紫薇、紫叶李、石榴、紫丁香、海滨木槿、木槿、垂丝海棠、北美海棠、紫荆、紫叶加拿大紫荆、绣球荚蒾、琼花、粉团。

2）耐盐灌木

常绿：夹竹桃、鹿角桧、厚叶石斑木、铺地柏、海桐花、火棘、花叶胡颓子、金心埃比胡颓子、金边埃比胡颓子、滨柃、日本女贞、金森女贞、红千层（灌木型）、迷迭香、浓香茉莉、现代月季、洒金千头柏、桂花、枸骨、无刺枸骨、龟甲冬青、金边大叶黄杨、瓜子黄杨、金柑、地中海荚蒾、阔叶十大功劳、水果蓝、云南黄馨、石楠、金叶大花六道木、迷迭香。

落叶：紫穗槐、穗花牡荆、金叶莸、木槿、花叶木槿、花石榴、金叶锦带花、花叶锦带花、盐肤木、木芙蓉、紫叶矮樱、胡枝子、彩叶杞柳、紫荆、金丝桃、大叶醉鱼草、连翘、金钟花、平枝枸子、贴梗海棠、小蜡、金禾女贞、金叶女贞、八仙花、卫矛、结香、红果金丝桃、紫叶小檗、迎春花、香根菊。

3）耐盐草坪草与地被植物

马尼拉草、日本结缕草、狗牙根、高羊茅、洋常春藤、地锦、凤尾兰、金边凤尾丝兰、金边千手丝兰、"红巨人"澳洲朱蕉、喜盐鸢尾、草木犀、小叶野决明、单叶蔓荆、枸杞、玉带草、射干、红花酢浆草、鸢尾、麦冬、金边山麦冬、白车轴草、蔓长春、花叶蔓长春、扶芳藤、大花秋葵、黄秆乌哺鸡竹、马蹄金、葱兰、金镶玉竹、紫竹、鹅毛竹、凤尾竹、美丽月见草、百子莲、八宝景天、补血草、火炬花、大花美人蕉、鸢尾、德国鸢尾、大花萱草、矮麦冬、"黑龙"沿阶草、匍匐筋骨草、大吴风草。

4）耐盐水生植物

香蒲、花叶芦竹、黄菖蒲、千屈菜、水葱、粉美人蕉、再力花、芦苇、旱伞草。

3. 滨海盐碱土植物生态景观设计研究

上海滨海地区具有土地盐碱性强、风力大、植物种植不易成活等特点。海滨盐碱土植物景观不仅建设投资多、实施难度大、见效慢，而且建成后每年需要投入大量的人力、物力和财力来实施绿地的后期养护、管理。

因此，以上海地区滨海盐碱土适生种类为基础，以滨海盐碱土植物筛选研究内容为指导，从植物品种选择、群落化种植设计等方面入手，通过合理的种类、群落、形式的合理配置，构建乔灌地被、疏林草地、花境、自然草地和草坪五种植物景观设计模式，保障绿地植被自身健康循环的状态。从而促进其生态、社会和经济功能的发挥，为广阔的滨海盐碱土空间的绿化提供理论依据和技术支持，为建设多树种、多层次、高效益的滨海盐碱土园林起到积极的促进作用。

7.7.2 对策和建议

1. 确定烟气脱硫石膏农业和环境用途的重金属限值

国家工业和信息化部 2011 年 12 月 20 日发布了《烟气脱硫石膏》(JC/T 2074—2011)行业标准，并于 2011 年 12 月 20 日正式实施。这是我国化学石膏应用的第一部基础原材料标准，适用于采用石灰石/石灰-石膏湿法对含硫烟气进行脱硫净化处理而产生的以二水硫酸钙($CaSO_4 \cdot 2H_2O$)为主要成分的烟气脱硫石膏。该标准的技术参数为气味、含水率、硫酸钙含量、水溶性氧化镁、水溶性氧化钠、pH、氯离子和白度，主要是针对建筑材料/产品，没有重金属含量指标。

研究我国若干燃煤电厂烟气脱硫石膏的重金属含量。从这些已经发表的研究报告中看，虽然烟气脱硫石膏中重金属的含量不高，但由于使用的燃煤产地不同、脱硫过程控制等问题，某些电厂的烟气脱硫石膏中某些重金属的指标还是相当高的。

曹晴等采集和分析了我国不同地区 25 个燃煤电厂脱硫石膏样品中的汞含量，这些电厂的燃煤主要来自河北、河南、山东、贵州、云南、四川、陕西、山西、内蒙古和越南的原煤，燃煤汞含量从 0.09 mg/kg 到 1.63 mg/kg 不等。分析结果表明，这 25 个燃煤电厂脱硫石膏中汞的平均含量为 0.352 0 mg/kg，浸出液中汞的理论最大值为 0.071 mg/L。按照《固体废物浸出毒性浸出方法硫酸硝酸法》(HJ/T 299—2007)规定标准汞含量 0.1 mg/L 计，脱硫石膏浸出液中汞含量接近限值。

从目前已经获得的数据上看，尽管烟气脱硫石膏在农业和环境上的应用前景广泛，必须重视烟气脱硫石膏中含有的重金属可能对土壤和其他环境造成的影响，即要设立用于农业和环境的烟气脱硫石膏的重金属标准/指导限值。

Mclaughlin 等人对于镉、砷、汞等有害元素进行了研究，其土壤中的浓度在达到毒害植物之前就可使作物可食部分含量超过食用标准而危害人类健康,需从污染物在土壤-植物系统中的迁移富集特点出发,通过估算人类食用农产品的污染物摄取剂量(作物食用部分污染物浓度与食用量乘积)或粮食安全标准等建立保障农产品质量与食物安全的土壤环境基准值。建立不同食用作物对各污染物的转移系数(BCF:指植物吸收富集某污染物含量与土壤中污染物含量之比)数据是推导此类基准值的技术关键。

在目前还没有烟气脱硫石膏农业和环境用途的重金属含量指导限值时,建议:

采用《土壤环境质量标准》(GB 15618—1995)的一级标准作为烟气脱硫石膏农业和环境用途的指导限值的 I 级标准(用于庄稼蔬菜等与食物链有关的用地),采用《土壤环境质量标准(修订)》(GB 15618—2008)中土壤无机物污染物的环境质量第二级标准值的最小值作为为烟气脱硫石膏农业和环境用途的指导限值的 II 级标准(用于林地滨海娱乐等用地)。

根据表 7-21 的分析,除了 Hg 以外,燃煤电厂的烟气脱硫石膏重金属平均含量一般都低于《土壤环境质量标准》(GB 15618—1995)的一级标准,可用于庄稼、蔬菜等农业用地的土壤改良或环境(例如面源控制)污染物控制;也低于《土壤环境质量标准(修订)》(GB 15618—2008),土壤无机物污染物的环境质量第二级标准值的最小值,可用于非食物链的其他用地(例如林地、滨海、娱乐等)的土壤改良或环境污染物控制(表 6-6)。

2. 进行生态安全评估

当烟气脱硫石膏所关注的重金属含量都小于土壤重金属的背景含量时,使用烟气脱硫石膏一般不会产生生态安全性问题;当烟气脱硫石膏部分所关注的重金属含量都大于土壤重金属的背景含量时,要就尽可能地减少烟气脱硫石膏的使用量和使用次数,以免造成土壤重金属的累积;当烟气脱硫石膏多数重金属含量大于土壤重金属的背景含量时,要慎用或弃用烟气脱硫石膏。后两者情况下,还应该做一些实验室和现场研究,评估烟气脱硫石膏的重金属可能给土壤和作物带来的生态安全风险。

特别关注烟气脱硫石膏中重金属元素 Hg,一般不采用 Hg 超过标准值的烟气脱硫石膏。燃煤电厂要注意研发和控制降低烟气脱硫石膏中 Hg 的技术措施;即便是作为建材使用,也要控制烟气脱硫石膏原料中的 Hg 含量。

参考文献

[1] 中国国家环境保护总局.中国保护海洋环境免受陆源污染工作报告[R].北京:中国保护海洋环境免受陆源污染工作研讨会.2003.

[2] 郭元裕.农田水利学[M].3版.北京:中国水利水电出版社,1997.

[3] 陈吉余.开发浅海滨海资源拓展我国的生存空间[J].中国工程科学,2000,2(3):27-31.

[4] 姚艳平,叶玫.如东沿海滨海土壤形成与垦区土壤改良[J].土壤,1996,(6):316-318.

[5] 李建国,濮励杰,朱明,等.土壤盐渍化研究现状及未来研究热点[J].地理学报,2012,76(9):1233-1245.

[6] 马凤娇,谭莉梅,刘慧涛,等.河北滨海盐碱区暗管改碱技术的降雨有效性评价[J].中国生态农业学报,2011,19(2):409-414.

[7] 宋玉民,张建锋,邢尚军,等.黄河三角洲重盐碱地植被特征与植被恢复技术[J].东北林业大学学报,2003,31(6):87-89.

[8] 耿春女,钱华,李小平,等,脱硫石膏农业利用研究进展与展望[J].环境污染治理技术与设备,2006,7(12):15-19.

[9] 陈云嫩.烟气脱硫石膏的综合利用[J].中国资源综合利用,2003(8):19-21.

［10］刘继彬.脱硫石膏完全代替天然石膏作水泥缓凝剂的应用［J］.水泥技术,2010(5):91-92.

［11］United States Environmental Protection Agency. Agricultural uses for Flue Gas Desulfurization (FGD) gypsum.［EB/OL］.(2018-01-16). www. epa. gov/osw.

［12］CHEN Liming, DICK W. Gypsum as an agricultural amendment: general use guidelines［D］. Ohio State University, 2011.

［13］DICK W. FGD as a soil amendment for mine reclamation［EB/OL］.［2018-02-10］https://kb. osu. edu/dspace/bitstream/handle/1811/24473/FGD? sequence=1.

［14］RASOULI F, POUYA A K, KARIMIAN N. Wheat yield and physico-chemical properties of a sodic soil from semi-arid area of Iran as affected by applied gypsum［J］. Geoderma, 2013, 193-194: 246-255.

［15］CHI C M, ZHAO C W, SUN X J, et al. Reclamation of saline-sodic soil properties and improvement of rice (Oriza sativa L.) growth and yield using desulfurized gypsum in the west of Songnen Plain, northeast China［J］. Geoderma, 2006, 132:105-115.

［16］BYEONG Mee Min, JOON-HO Kim. Plant Succession and Interaction between Soil and Plants after Land Reclamation on the West Coast of Korea［J］. Journal of Plant Biology, 2000, 43(1): 41-47.

［17］董晓霞,郭洪海,孔令安.滨海盐渍地种植紫花苜蓿对土壤盐分特性和肥力的影响［J］.山东农业科学,2001,1: 24-25.

［18］CHEN L. Flue gas desulfurization by-products additions to acid soil Alfalh productivity and environment quality［J］. Environmental Pollution, 2001, 114(2):161-168.

［19］王淑娟,陈群,李彦,等.重金属在燃煤烟气脱硫石膏改良盐碱土壤中迁移的实验研究［J］.生态环境学报, 2013, 22(5): 851-856.

［20］STOUT W L, SHARPLEY A N, GBUREK W J,et al. Reducing phosphorus export from croplands with FBC fly ash and FGD gypsum［J］. Fuel, 1999, 78:175-178.

［21］MISHRA A, CABRERA M L, REMA J A. Phosphorus fractions in poultry litter as affected by flue-gas desulphurization gypsum and litter stacking［J］. Soil Use and Management, 2012, 28: 27-34.

［22］王忠敏,梅凯.氮磷生态拦截技术在治理太湖流域农业面源污染中的应用［J］.江苏农业科学,2012,40(8): 336-339.

［23］李彦,张峰举,王淑娟,等.脱硫石膏改良碱化土壤对土壤重金属环境的影响［J］.中国农业科技导报,2010, 12 (6): 86-89.

［24］USGS. Mineral commodity summaries: gypsum［EB/OL］.［2018-2-13］. http:// minerals. usgs. gov/minerals/pubs/commodity/gypsum/mcs-2009-gypsu. pdf.

［25］TRUMAN C C, NUTI R C, TRUMAN L R, et al. Feasibility of using FGD gypsum to conserve water and reduce erosion from an agricultural soil in Georgia［J］. Catena, 2010, 81: 234-239.

［26］SCHOMBERG H H, FISHER D S, ENDALE D M, et al. Evaluation of FGD-Gypsum to improve forage production and reduce phosphorus losses from Piedmont soils［C］// 2011world of coal Ash (WOCA) Conference. 2011.

［27］KORDLAGHARIA M P, ROWELLB D L. The role of gypsum in the reactions of phosphate with soils ［J］. Agricultural Water Management, 2011, 98: 999-1004.

［28］MURPHY P NC, STEVENS R J. Lime and Gypsum as Source Measures to Decrease Phosphorus Loss from Soils to Water［J］. Water, Air, Soil Pollut, 2010, 212:101-111.

［29］LEE C H, LEE Y B, LEE H, et al. Reducing phosphorus release from paddy soils by a fly ash-gypsum mixture［J］. ELSEVIER, Bioresource Technology, 2007, 98: 1980-1984.

［30］VARJO E, LIIKANEN A, SALONEN V P, et al. A new gypsum-based technique to reduce methane and phophorus release from sediments of eutrophied lakes: Gypsum treatment to reduce internal loading ［J］. Water Research, 2003, 37:1-10.

［31］FAVARETTO N, NORTON L D,JOHNSTON C T, et al. Nitrogen and Phosphorus Leaching as Affected by Gypsum Amendment and Exchangeable Calcium and Magnesium [J]. Soil Science Society of America Journal，2012，76（2）：575-585.

[32] 李晓娜,张强,陈明昌,等.不同改良剂对苏打碱土磷有效性影响的研究[J].水土保持学报,2005,19(1):47-50.

[33] 童泽军,李取生,周永胜.烟气脱硫石膏对滨海围垦土壤重金属解吸及残留形态的影响[J].生态环境学报,2009,18(6):2172-2176.

[34] 王立志,陈明昌,张强,等.脱硫石膏及改良盐碱地效果研究[J].中国农业通报,2011,27(20):241-245.

[35] 李树华,许兴,惠红霞,等.不同小麦品种(系)对盐碱胁迫的生理及农艺性状反应[J].麦类作物学报,2000,20(4):63-67.

[36] 汤巧香.天津滨海地区草坪草的耐盐性鉴定研究[J].草业科学,2004,21(2):61-65.

[37] 吴玉英.在绿化实践中日臻成熟的盐渍土绿化技术——以金山中央景观大道工程为例[J].现代园艺,2011(4):107-108.

[38] 高彦花,张华新,杨秀艳,等.耐盐碱植物对滨海盐碱地的改良效果[J].东北林业大学学报,2011,39(8):43-46.

[39] RITCHEY K D, FELDHAKE C M, CLARK R B, et al. Improved water and nutrient uptake from subsurface layers of gypsumamended soils [M]// In：KARLEN D L, WRIGHT R J, KEMPER W O. Agricultural Utilization of Urban and Industrial By-Products. ASA Special Publication No. 58, ASA-CSSA-SSSA, Madison，Wis.

[40] HECHT，B. 2006. Using calcium sulfate as a soil management. Presented at the workshop on Research and Demonstration of Agricultural Uses of Gypsum and Other FGD Materials [EB/OL]. [2018-01-16]. http://www. oardc. ohio-state.

[41] CHEN L, KOST D, DICK W A. Flue gas desulfurization products as sulfur sources for corn [J]. Soil Science Society of America Journal，2008，72：1464-1470.

[42] CHEN L, LEE Y B, RAMSIER C, et al. Increased crop yield and economic return and improved soil quality due to land application of FGD-gypsum [C]// In：Proceedings of the World of Coal Ash, 2005.

[43] DESUTTER T M, CIHACEK L J. Potential agricultural uses of flue gas desulfurization gypsum in the northern Great Plains [J]. Agronomy Journal，2009，101：817-825.

[44] GRICHAR W J, BESLER B A, BREWER K D. Comparison of agricultural and power plant by-product gypsum for south Texas peanut production [J]. Texas Journal of Agriculture and Natural Resources，2002，15：44-50.

[45] SCHLOSSBERG M. Turfgrass response to surfaceapplied gypsum. Presented at the workshop on Agricultural and Industrial Uses of FGD Gypsum [EB/OL]. [2018-01-13]. http://library. acaa-usa. org/. 3-Turfgrass_Response_to_Surfaceapplied_Gypsum. pdf. 2007.

[46] SUMNER M E. Soil chemical responses to FGD gypsum and their impact on crop yields [EB/OL]. [2018-01-3] http://library. acaa-usa. org/3-Soil_Chemical_Responses_to_FGD_Gypsym_and_Their_Impact_on_Crop_Yields. pdf. 2007.

[47] SUNDERMEIER A. Guidelines for On-Farm Research [EB/OL]. [2017-12-25] http://ohioline. osu. edu/anr-fact/0001. html. 1997.

[48] XU X. Soil reclamation using FGD byproduct in China [EC/OL]. [2017-12-3] http://www. oardc. ohio-state. edu/agriculturalfgdnetwork/workshop_files/ presentation/Session1/Soil%20Amelioration%20%20by%20FGD%20Byproduct%20in%20China-1. pdf. 2006.

[49] NORTON L D, RHOTON F. FGD gypsum influences on soil surface sealing, crusting, infiltration and runoff. Presented at the workshop on Agricultural and Industrial Uses of FGD Gypsum [EB/OL]. [2018-01-6] http:// library. acaa-usa. org/5-FGD_Gypsum_Influences_on_Soil_Surface_Sealing_Crusting_Infiltration_and_Runoff. pdf. 2007.

[50] BARDHAN S, CHEN L, DICK W A. Plant growth responses to potting media prepared from coal

combustion products (CCPs) amended with compost [R]. In: Agronomy Abstracts. American Society of Agronomy, Madison, Wis. 2004.

[51] DONTSOVA K, LEE Y B, SLATER B K, et al. Gypsum for Agricultural Use in Ohio—Sources and Quality of Available Products [EC/OL]. [2018-2-5]. http://ohioline. osu. edu/anr-fact/0020. html.

[52] 曹晴,邓双,王相凤,等.燃煤电厂固体副产品中汞含量测定及对环境影响研究[M]//中国环境科学学会学术年会论文集.北京:中国环境科学出版社,2012:2131-2135.

[53] WANG Kelin. Mercury Transportation in Soil Using Gypsum from Gas Desulphurization Unit in Coal-Fired Power Plant[D]. Western Kentucky University, 2012.

[54] MCLAUGHLIN M J, PARKER D R, CLARKE J M. Metals and micronutrients—Food safety issues [J]. Field Crops Research, 1999, 60: 143-163.

[55] 王小庆,马义兵,黄占斌.痕量金属元素土壤环境质量基准研究进展[J].土壤通报,2013,44(2):261-268.

[56] 张银龙,陈平,王月菡,等.城市森林群落枯落物层中重金属的含量与储量[J].南京林业大学学报(自然科学版),2005,29(6):19-22.

[57] GAMEL I M, ABDEL S. Impact of lead pollution on the contamination of water, soil and plants[J]. Envir. Manage. Health, 1993, 4(1):21-25.

[58] BERG B. The influence of experimental acidification on nutrient release and decomposition rate of needle and root litter in the forest floor[J]. Forest Ecology and Management, 1986, 15(3):195-213.

[59] 张金屯,POUYAT R.以纽约为案例的城市化对落叶阔叶林死地被层重金属含量的影响[J].林业科学,2000, 36(4):42-45.

[60] JOSHI S R, SHARMA C D. Effect of heavy metal accumulation on leaf surface micro-oganism of subtropical pine (Pihus kesiyi)[J]. Tropical Ecol, 1993, 34(2):230-239.

[61] 张庆费,辛雅芬.城市枯枝落叶的生态功能与利用[J].上海建设科技,2005(2): 40-41.

[62] 吕子文,方海兰,黄彩娣.美国园林废弃物的处置及对我国的启示[J].中国园林,2007(08):90-94.

[63] 刘金虎.滨海地区抗盐碱植物的筛选技术研究[J].现代农村科技,2010(20):52-53.

[64] 苑增武,张孝民,毛齐来,等.大庆地区主要造林树种耐盐碱能力评价[J].防护林科技,2000(1):15-16.

[65] 汪贵斌,曹福亮,游庆方,等.盐胁迫对 4 树种叶片中 K^+ 和 Na^+ 的影响及其耐盐能力的评价[J].植物资源与环境学报,2001,10(1):30-34.

[66] 崔心红,有祥亮,张群.长三角滨海城镇园林绿化植物耐盐性试验研究[J].中国园林,2011(02):93-96.

[67] 魏凤巢,夏瑞妹,钱军,等.上海市滨海盐渍土绿化的实践与规律探索[M].上海:上海科学技术出版社,2012.

[68] TANJI K K, WALLENDER W W. Agricultural Salinity Assessment and Management[M]. New York: American Society of Civil Engineers, 1990.

[69] TALEISNIK, MORENO, GARCIA S L, et al. Salinity effects on the early development stages of Panium coloratum:cultivar differences [J]. Grass & Forage Science, 1988, 53(3):270-278.

[70] NIKNAM S R, MC COMB Jen. Salt tolerance screening of selected Australian woody species-a review [J]. Forest Ecology and Management, 2000(139):1-19.

[71] MOYA J L, TADEO F R, GOMEZ-CADENAS A, et al. Transmissible salt tolerance traits identified through reciprocal grafts between sensitive Carrizo and tolerant Cleopatra citrus genotypes [J]. Journal of Plant Physiology, 2002, 159(9):991-998.

[72] CORNEY H J, SASSE J M, ADES P K. Assessment of salt tolerance in eucalypts using chlorophyll fluorescence attributes[J]. New Forests, 2003, 26(3):233-246.

第 4 篇

基于 Cloud-BIM 的建设工程项目信息化管理

建筑业在我国的国民经济中占据着非常重要的地位,其涉及庞大的投资规模、众多直接的生产经营企业、上下游产业。根据国家统计局发布的2016年度国民经济数据得知,全国建筑业的总产值已经突破19万亿,比同期增长7.1%,占到国内生产总值的26%,且基础设施投资仍保持在高位运行。然而,建筑业已经由高速发展期进入稳定平缓期,伴随现代科技在各行各业中的深度应用并带来生产效率大幅提升的同时,建筑业作为生产力的一个庞大体系却没有得益于科技进步反而停滞不前。工程的复杂性增加了很多不确定因素,使得项目管理的非线性程度化越高。项目在设计中难度加大,项目的一次性、临时性也使得经验参考系数降低,同时新材料、新工艺、新技术在项目中的使用也增加了管理中决策的难度。项目管理工作的高效性、有效性变得尤为重要。

BIM(Building Information Modeling),即建筑信息模型,这一概念最初是由美国乔治亚理工大学建筑与计算机学院的查克·伊士曼博士提出,其实质是将一个建筑工程项目在整个生命周期内的所有几何特性、功能要求与构件的信息有机地组合到一个单一的模型中,同时,这个单一的模型信息中包括了项目生命周期全过程的控制信息。BIM模型囊括了建筑全生命周期内的信息,使得设计师拥有了三维可视化的设计工具。BIM技术的可视化表达有助于空间关系解析、跨专业理解、设计优化和沟通,减少设计变更和返工,便于业主进行决策等。设计单位搭建基于BIM的协同设计平台,可以实现BIM模型数据的实时共享,有利于提高设计质量和效率。此外,BIM工具能够辅助项目管理的质量控制、进度控制、投资控制、安全控制,真正改变传统建筑业的粗放式的管理现状,实现项目的精细化管理,形成智能化、结构化、集成化的项目协同管理机制。基于BIM的数字化建造已成为工程建设信息化发展的主流趋势,越来越多的工程项目管理将BIM技术纳入管理核心手段,在这一过程中建筑业的生产组织形式和管理的方式将会发生与此趋势相匹配的一场巨大革命。

然而,BIM工具目前也存在数据交互不便、信息丢失、软件兼容性差等问题,现代建设项目的协同管理仍面临这挑战,而大数据和云技术为解决这些问题提供了有效的手段。例如,将云计算技术与BIM技术有机结合的Cloud-BIM技术,能够将BIM所需的软件、运算能力、存储能力分布于云端,从而在云端实现模型创建、模型展示、模型碰撞检测、模拟施工、动画渲染等功能,大大降低了对本地计算机的性能要求。而且项目各参与方可以在云平台上实现跨地域的协作,有效提高工作效率,大幅降低企业运营成本。与传统的BIM技术相比,Cloud-BIM技术的应用不仅能够降低BIM技术应用的基础硬件投入,也改变了BIM系统的使用方式,促进了BIM技术的推广,而且充分发挥BIM技术收集各种数据、集成度高的多维建模优势,具有高效、成本较低和便于协同等优点。但是,在实际应用过程中,Cloud-BIM技术的应用不可避免地也会给建设项目带来风险,并且这种风险会伴随Cloud-BIM应用的始终,进而影响项目的各个维度。因此,有必要对建设项目中Cloud-BIM技术应用带来的风险进行梳理和分析。

本研究的目的在于:

(1) 识别Cloud-BIM技术应用的风险及应对措施。

为了明确建筑工程项目在引进Cloud-BIM技术的过程中,具体有哪些风险因素,识别出其中对项目影响最大的风险因素,从而针对性地提出解决方案,管控项目实施过程中应用Cloud-BIM技术的风险。重点识别国内建筑工程项目在应用Cloud-BIM过程中的风险因素,建立Cloud-BIM技术应用风险模型,构建风险评价指标体系,并针对性地提出风险应对建议,为建设工程项目风险管理提供一定的理论依据,促进Cloud-BIM技术在我国建筑行业的推广应用。

(2) 研究基于Cloud-BIM的三维协同设计与管理集成。

把信息论、协同论、组织论、项目管理理论等多学科理论与以BIM、云计算和大数据为代表的现代信息技术相结合,引入到上海天文馆工程项目设计阶段的设计与管理中,研究基于BIM的协同设计和管理理论解决建筑工程在设计中的诸多问题,在提高设计质量与效率的同时,节省工程建造成本,减少后期施工返工次数,降低运营维护难度。通过结合上海天文馆项目设计阶段的研究成果,探究总结大型复杂公共文化建设项目 BIM 协同设计与管理机制,为今后建设工程项目的 BIM 设计与管理提供借鉴。

(3) 研究基于 Cloud-BIM 的建设工程项目管理。

应用云计算、大数据、BIM 等前沿信息技术,搭建基于 Cloud-BIM 技术的协同管理平台,实现上海天文馆项目建设的数据信息的整合及其综合应用,提升项目各参与方的流程管控与协调,项目参建各方的项目相关信息存储在 Cloud-BIM 协同数据管理平台中,通过对 BIM 技术的应用和管理,形成一种精益化的管理模式。利用这种数据管理的模式,使工程项目信息在项目全生命周期充分共享、无损传递,使工程项目的所有参与方在项目全生命周期内都能够在模型中利用信息,运用信息操作模型,进行有效协同工作,提高设计质量,减少返工和浪费。本研究成果将对同类型大型复杂的工程项目的信息化协同管理具有重要的借鉴意义。

第8章

基于 Cloud-BIM 的工程项目信息化技术风险控制研究

8.1 Cloud-BIM 技术应用风险因素识别

8.1.1 基于社会技术系统理论的风险识别方法

本研究引入社会技术系统理论,从多个维度对 Cloud-BIM 技术应用过程中的风险进行识别,并结合现有文献,将传统 BIM 技术应用风险的相关成果作为理论支撑和补充,完善 Cloud-BIM 技术应用风险因素。最后,通过焦点小组访谈的方式对风险因素做进一步补充和修正,使理论和工程实践相结合,力求较全面和系统地揭示项目应用 Cloud-BIM 技术过程中的潜在风险。

1. 社会技术系统理论

社会技术系统理论是一种关于组织的系统观点,该理论认为组织是由社会系统和技术系统相互作用而形成的社会技术系统,即由包括正式组织、非正式组织、技术系统、成员的素质等多种因素形成的复合系统。它强调组织中的社会系统不能独立于技术系统而存在,技术系统的变化也会引起社会系统发生变化。因此,必须把社会系统和技术系统结合起来考虑,而管理者的一项主要任务就是要确保这两个系统的相互协调。组织既是一个社会系统,又是一个技术系统,同时强调技术系统的重要性,技术系统是组织与环境进行联系的中介。因此,对于社会技术系统而言,管理者的另一项重要任务就是有效地管理系统边界及其余环境的关系。该理论对于我们分析 Cloud-BIM 技术应用过程的风险结构均具有十分重要的借鉴和参考意义。

2. BIM 应用风险文献梳理

本研究着重参考了 2013 年以来国内外 BIM 应用风险研究的相关文献,对 BIM 应用风险进行了整理归纳,为 Cloud-BIM 技术应用风险的识别提供一定参考,如表 8-1 所列。

表 8-1 文献研究中所得的建筑工程项目 BIM 应用风险因素

序号	风险因素	风险因素描述
1	实践经验不足	行业经验值不足,BIM 应用能力和经验不足
2	管理模式转变	管理模式转变困难,经营管理层对新模式改变不适应,部门职责难以划分清楚
3	软件不兼容	各类软件之间信息不能很好交换和共享
4	建模数据源不足	国内软件少,标准化对象库不足,建模数据源不足

（续表）

序号	风险因素	风险因素描述
5	管理人员能力不足	设计施工一线的管理技术人员BIM技术应用能力缺乏；人员知识能力结构不合适，相关人员。BIM方面知识能力欠缺，业务不熟练
6	BIM专业人员缺乏	BIM专业人员缺乏，全面人才引进困难
7	操作人员主动性缺乏	技术操作人员习惯了日常工作方法，回避新技术
8	思维模式变化不易	设计人员从2D到3D的设计，从相对独立的设计到协同设计，思维短时间内改变不易
9	行业业务流程转变困难	BIM技术改变整个建筑行业的业务流程，行业业务流程转变困难
10	缺乏BIM标准合同示范文本	传统合同模式是双边型协议，而BIM应用过程是多方集成协作的，BIM应用过程中各方的薪酬模式和利益分配没有统一标准，只能纳入合同文件中阐述，给现有合同模式带来挑战
11	BIM的工作流程机制尚未建立	缺乏与BIM相配合的企业组织结构；缺乏项目方之间的专业交叉配合
12	缺少BIM应用方案和计划	缺少各阶段BIM应用方案和计划
13	政府支持力度	政府支持力度不够，国内传统工程建设行业以审图图纸作为施工依据及前置条件，实际建设过程中BIM模型无法取代设计图纸，因此无法得到足够重视
14	数据交互性差	BIM设计软件的建模功能不完整； BIM功能的可扩展性不强； 不同的BIM软件之间数据交互性差，数据交互存在不同程度的信息丢失
15	技术适用性	BIM技术源自国外，和中国的建筑业发展阶段不相匹配，适用性程度不高
16	技术难度	BIM技术难度高，与传统方法基本操作及理念相差甚远
17	缺乏国产BIM技术产品	国内BIM设计核心软件缺乏，现有的国内算量软件无法与BIM核心软件互通数据
18	缺乏完善的BIM应用标准	缺乏BIM标准，没有明确的模型建立准则和产品交付验收准则
19	法律环境	缺乏适用于BIM保险法律条款； BIM项目中的争议处理机制尚未成熟； BIM的法律责任界限不明
20	数据知识产权	缺乏能够保护BIM相关知识产权的法律条款；BIM模型数据的集成性导致知识产权不够明确，引起纷争
21	数据共享不到位	对于分享数据资源持有消极态度；从业主、设计到施工对模型的信息共享度太低
22	各阶段缺乏有效管理集成	BIM技术将信息贯通于项目的整个寿命期，数据集成不到位
23	缺乏基于BIM的开放性电子信息交换平台	BIM软件多为基础平台软件，专业针对性不强
24	BIM模型安全性管理难度大	模型的存储、编辑、转换、更新和共享比较困难；BIM模型在BIM软件输入输出过程中建筑信息可能会失
25	短期投入增加	聘用BIM专家和咨询的费用；购买BIM软件的费用；硬件升级所需的成本；培训员工的费用和时间成本较高
26	投资回报期长	效益不明显、投资回报期长；
27	变革驱动力不足	业主犹豫不前，欠缺变革的魄力； 企业变革驱动力不足，决策者投入决心不足
28	业主对BIM使用需求不明	业主未对施工单位提出明确使用BIM的要求

序号	风险因素	风险因素描述
29	对 BIM 认知不足	低估或高估 BIM 应用价值,导致 BIM 技术选择不切实际
30	设计企业短视现象	设计企业短视现象严重,导致 BIM 很难在建筑市场普及推广
31	工作模式重组	基于 BIM 技术的业务流程改变很大,与传统 CAD 整合能力不足,业务流程转变困难
32	BIM 数据风险	数据存储风险、数据丢失风险、数据变更风险、数据本身准确性
33	Cloud-BIM 管理体系安全风险	数据安全风险、数据安全风险、部门内部协调风险、系统用户权限安全风险、设备安全风险、设备安全风险、企业隐私安全风险

8.1.2 Cloud-BIM 技术应用风险因素识别

1. 社会系统风险

社会子系统包括组织内部环境及其与外部环境的互动两个层面的内容。相关研究表明,组织环境的风险主要指的是由于组织缺乏柔性,难以适应外部环境的变化带来的组织运行结果的不确定性。主要包括组织环境的稳定性、组织政治、组织支持、用户参与程度与集体意识等。

关于组织环境,Ewusi-Mensah 和 Przasnyski 开发了组织环境风险量表,分别从组织管理、公司政治以及组织稳定性三个方面进行了度量,主要采用了以下三个题项:①组织管理的变化;②组织政治对项目的负面影响程度;③组织工作环境的不稳定程度。

对于组织管理的变化问题,参考表 8-1,可以用"工作模式或业务流程转变困难"进行表征,该问题当时是针对 BIM 作为一项新技术介入项目提出的,而目前将 Cloud-BIM 这一新兴技术应用到工程项目中,势必也存在同样的问题。组织政治是指由于资源限制和既得利益的存在,导致组织内部人员从事政治活动从而影响组织决策。组织政治对项目的负面影响,一个主要原因在于管理层可能并未意识到 Cloud-BIM 带来的价值,缺乏一定的决策依据和变革驱动力,同时就该技术的实施事宜并不能达成一致,导致最终的直观结果是"管理层对于实施 Cloud-BIM 技术的支持力度不够"。组织工作环境即组织的内部环境,是指保证组织正常运行并实现组织目标内部条件与内部氛围的总和,由于受组织既定框架、规章制度等约束,组织的内部环境具有相对的稳定性和可控性。应对复杂多变的组织环境的有效方法之一,就是提高组织自身架构的复杂程度。因此,对于组织工作环境的稳定性,可以从组织架构完善与否的角度进行考虑。

关于用户参与程度与集体意识,参考表 8-1,部分学者提出存在"操作人员主动性缺乏"的潜在风险。对于 Cloud-BIM 技术而言,协同工作云平台是其主要的实施载体,因此关于用户参与程度与集体意识,可以从项目成员使用 Cloud-BIM 平台积极与否的角度进行考虑。

综上,对于 Cloud-BIM 技术应用过程中存在的社会系统风险,总结有以下几点:

(1) 工作模式或业务流程转变困难;

(2) 管理层支持力度不够;

(3) 与 Cloud-BIM 实施相配合的组织架构尚不完善;

(4) 人员参与 Cloud-BIM 平台使用的积极性不高。

2. 技术系统风险

Cloud-BIM 作为一项新兴技术,对人员的软件学习和操作能力提出了较高要求,配套的软件及工作流程如果过于复杂,人员的感知易用性就较差,最直观的反映就是软件实际操作时不易掌握,对工作完成质量造成一定的影响。

根据《2017 上海市建筑信息系模型技术应用于发展报告》显示,随着 BIM 技术在项目应用过程中的逐步深入,逐渐显现出目前 BIM 工具软件的不足,市场份额较大的国外 BIM 软件工具并不能完全满足项目需求;与此同时,国内基于 BIM 的多方协同管理软件的研发虽有起色,但与国外成熟产品相比,核心软件研发仍有一定的距离。目前,市面上基于 Cloud-BIM 技术开发的平台已有不少,但部分功能仍不够成熟,加之不乏一些供应商对自身产品过分宣传、夸大功能,导致最终应用在项目上时并不适用。

技术创新风险主要是由于相关技术不配套、不成熟,相应设施、设备不够完善造成的。目前,关于 BIM 的理论和应用正快速发展,但缺乏一套完善的数据交换标准,不少学者指出目前各软件之间的数据交互性仍较差,对项目应用 BIM 技术造成了一定风险。对于 Cloud-BIM 技术而言,同样存在此问题,目前大部分实施平台的数据格式相对独立,且主流 BIM 软件的数据需要进行一定转换才能在平台上继续应用,数据交互质量的不确定性将对项目质量造成一定的影响。

综上,对于 Cloud-BIM 技术应用过程中存在的技术系统风险,总结有以下几点:

（1）Cloud-BIM 技术相关软件应用不易掌握;

（2）Cloud-BIM 平台的适应性不强对网络要求较高,非办公场所使用较困难;

（3）Cloud-BIM 平台与其他软件的数据交互性较差。

3. 管理风险

项目管理风险主要包括管理过程的风险与团队风险,根据工程建设项目的管理特点,管理过程的风险主要指计划与控制风险,Wallace 等认为,项目计划与控制风险主要包括以下几个方面:①项目管理方法的有效性;②项目进度的监控状况;③资源需求的评估状况;④项目计划制定的优劣状况;⑤项目里程碑界定的清晰程度;⑥项目管理者具备的经验状况;⑦项目实施中的沟通状况。团队风险可以参考 Schmidt 提出的三个维度,即:①团队成员专业技能的掌握状况;②团队成员的经验累积状况;③团队成员的培训程度。

对于项目实施中的沟通状况,尚未有学者认为 BIM 技术的实施对项目沟通管理造成了不利影响,从项目实际应用看,Cloud-BIM 技术提高了项目的信息化程度,辅以 BIM 模型的三维可视化效果,项目的沟通效率得到了较大的提升,沟通成本得以降低。因此,可以认为 Cloud-BIM 技术的介入对项目沟通管理造成的风险可以忽略。

结合工程项目管理技术的特点以及 Cloud-BIM 技术在上海天文馆项目中的实际应用情况,对以上风险要素进行适当细化和延伸,总结管理风险有以下几点:

（1）缺乏有效的基于 Cloud-BIM 的项目管理流程;

（2）缺乏完善的 Cloud-BIM 技术应用监管制度;

（3）缺乏充分的 Cloud-BIM 平台功能需求调研;

（4）Cloud-BIM 实施进度计划与项目总体进度计划的关联程度较差;

（5）基于 Cloud-BIM 的项目里程碑界定不够清晰;

（6）项目管理者缺乏 Cloud-BIM 相关应用经验;

（7）团队成员对于 Cloud-BIM 技术的相关应用不够熟练;

（8）团队成员对于 Cloud-BIM 技术的相关应用经验不够丰富;

（9）团队成员对于 Cloud-BIM 技术的相关培训不够全面。

8.1.3　Cloud-BIM 技术应用风险因素修正

基于理论的风险识别难免会与工程实际情况有所偏差,因此在理论分析的基础上,还应结合工程实践,对风险因素进行适当的修正。由于调查的主题非常明确（即对风险因素进行修正）,同时考虑操作的便捷性以及所搜集信息的效度和创新度,因此邀请参与上海天文馆项目具体实施的各方面专家或技术负责人组成焦点小组进行讨论。

1. 主要议题

（1）除了已识别的风险因素，结合项目实际情况，还存在哪些潜在的 Cloud-BIM 技术应用风险？

（2）已识别的风险因素是否合理，有无多余、重复、错误或偏离工程实际的内容？

2. 访谈结果

关于对风险因素的补充（议题 A），小组讨论指出在社会系统风险中应增加组织外部风险，在技术系统风险中应增加项目云端数据安全风险。其中，组织外部风险中讨论的焦点主要集中在"国家/地方 Cloud-BIM 技术应用标准的完善度"以及"现有 BIM 示范合同的适用性"两方面。多数小组成员均指出，已有国家或地方 BIM 技术标准中关于 Cloud-BIM 技术的内容不够完善，实际应用过程中主要是参考已有文献或工程案例，相应的平台软件或服务器供应商也会提供一定的技术支持。其次，BIM 示范合同的适用性也较差，例如 BIM 服务内容对应的成果以及成果提交方式就未体现，实际起草合同时同样需要参考已有文献及工程案例，且对人员要求较高，部分条款内容的制定主要是依靠合同制定及审核人员的经验。

在数据安全方面，小组成员一致认为 Cloud-BIM 技术增加了项目数据的安全风险，尤其从 2016 年年初以来，勒索病毒在全球范围内大规模爆发，一旦项目云服务器遭受攻击，后果不堪设想。目前，已有不少学者指出，BIM 技术的介入将对项目数据造成一定安全隐患，尤其 BIM 与云计算结合后项目信息数据的安全问题更是一个严峻的挑战。

关于风险因素的合理性问题（议题 B），小组讨论认为可以删除管理风险中的"基于 Cloud-BIM 的项目里程碑界定不够清晰"和"项目管理者缺乏 Cloud-BIM 相关应用经验"两项风险。建设工程项目里程碑通常是指项目中的重大事件或关键事件，也可以理解为项目中一部分工作包集合的输出结果或是要交付的项目中间产品，其代表的是重要项目活动的开始或完成状态。讨论认为目前项目通常做法是将 Cloud-BIM 的工作嵌入里程碑计划，而不会将其某部分工作的开始或完成作为项目里程碑，也就是说 Cloud-BIM 的介入其实对项目里程碑的界定影响很小，目前仍是按照传统的项目重大事件或关键事件确定项目里程碑。其次，讨论认为"项目管理者缺乏 Cloud-BIM 相关应用经验"与"团队成员对于 Cloud-BIM 技术的相关应用经验不够丰富"存在一定的包含关系，即项目管理者同样属于项目团队的一员，两项风险相关性高，不具备独立性。同时，讨论还认为 Cloud-BIM 作为一项新兴技术，很多项目负责人其实是没有接触过的，但项目仍然进展顺利，原因在于实施过程中主要还是依靠团队中专业技术人员的经验，而项目管理者是起牵头、协调及管理的作用，在相关经验方面反而不需要过高的要求。因此，建议删除"项目管理者缺乏 Cloud-BIM 相关应用经验"这项风险。

综上所述，经过修正后的 Cloud-BIM 技术应用风险因素总结见表 8-2。

表 8-2 修正后的 Cloud-BIM 风险因素汇总

风险类别	风险因素
社会系统风险	国家/地方关于 Cloud-BIM 技术的应用标准不够完善
	BIM 示范合同的适用性较差
	基于 Cloud-BIM 工作模式或业务流程转变困难
	管理层支持力度不够
	与 Cloud-BIM 实施相配合的组织架构尚不完善
	人员参与 Cloud-BIM 平台使用的积极性不高

（续表）

风险类别	风险因素
技术系统风险	Cloud-BIM 技术相关软件应用不易掌握
	Cloud-BIM 平台的适应性不强
	Cloud-BIM 平台与其他软件的数据交互性较差
	项目云端数据存在较大的安全隐患
管理风险	缺乏有效的基于 Cloud-BIM 的项目管理流程
	缺乏完善的 Cloud-BIM 技术应用监管制度
	缺乏充分的 Cloud-BIM 平台功能需求调研
	Cloud-BIM 实施进度计划与项目总体进度计划的关联程度较差
	团队成员对于 Cloud-BIM 技术的相关应用不够熟练
	团队成员对于 Cloud-BIM 技术的相关应用经验不够丰富
	团队成员对于 Cloud-BIM 技术的相关培训不够全面

8.2　Cloud-BIM 技术应用风险因素分析

8.2.1　Cloud-BIM 技术应用风险理论分析与假设

本研究利用结构方程模型进行 Cloud-BIM 技术应用风险分析。根据前述分析结果，Cloud-BIM 技术应用风险主要分为社会系统风险、技术系统风险及管理风险。而风险一旦发生，最直接的影响对象将是项目绩效，例如项目成本、进度、质量及安全管理等方面，这也符合人们对建设工程项目风险管理的一般认知，因此可以通过分析社会系统风险、技术系统风险、管理风险及项目绩效间等潜变量间的关系来构建初步的假设模型。

在社会系统中，组织架构是否完善决定了技术实施和管理工作能否顺利推进。当 Cloud-BIM 技术的应用遇到困难或管理过程遇到阻碍时，如果组织架构不完善，问题不能得到很好的解决，对 Cloud-BIM 的认同感将会下降，最终影响 Cloud-BIM 技术的实施效果。组织氛围同样影响新技术实施效果，Cloud-BIM 技术的实施如果缺少项目领导层的支持，项目成员实施新技术的信心和积极性将受到影响，同时用于实施新技术的各项资源也会受到限制。与此同时，对于一项新技术的实施，如果没有与之匹配的工作模式或业务流程，则极易造成工作中的混乱、失误及返工，从而给项目带来巨大风险。

Cloud-BIM 作为一项新兴技术，目前与之相关的应用标准并不完善，使得技术应用时缺乏通用性，技术或管理人员难免会走弯路，造成工作效率下降甚至工作失误。同样，现有的 BIM 示范合同适用性也存在问题，尤其对于交付成果内容、成果的提交格式、付款方式、利益和责任分配等条款并不完善，这对招标及合同管理工作造成了一定的阻碍，而且一旦产生争议，不仅影响各参与方的合作关系，问题也不能顺利解决，影响项目的顺利交付。

协同工作或管理云平台作为 Cloud-BIM 技术实施的载体，其适用性对于整个项目的设计、施工、管理等活动具有很大影响。如果选择的平台适用性较差，利用 Cloud-BIM 技术辅助进行成本、进度、质量、安全等管理工作的效果将大打折扣甚至难以实现；而如果选择的平台掌握难度较高，则对使用人员提出较高要求，相应培训成本也较大，加大了管理工作的难度。

现有的研究中还强调了 BIM 技术应用过程中数据交互的重要性。目前，大部分 Cloud-BIM 平台在对接模型数据时需要进行格式转换和数据压缩，无疑增加了数据交互过程的不确定性。如果软件之间不能很好的兼容,数据丢失的可能性会非常大,管理人员需要耗费大量精力重新录入和对接信息,增加项目管理的工作量,也加大了管理工作的难度。

项目管理过程潜在的风险在于项目实施过程中计划与控制的风险以及项目团队的风险,劣质的计划和低水平的控制往往导致不现实的进度安排和预算,也无法正确评估业主和项目的 Cloud-BIM 技术应用需求,从而造成项目资源的浪费。在 Cloud-BIM 技术应用过程中,有效的项目管理方法和工具,可以为项目的实施合理配置资源,选择符合项目需求的 Cloud-BIM 平台或技术应用点;通过建立良好的监管机制,有助于确保 Cloud-BIM 实施进度符合计划要求,有利于保证平台数据的一致性、准确性和安全性。当然,所有的技术应用及管理工作还需要项目团队成员去执行,因此人员的技能水平和项目经验将对项目交付成果造成最直接的影响。一个具有专业水平和丰富经验的团队,能更好地管理复杂项目的 Cloud-BIM 技术应用,同时也能不断发现项目实施过程中的问题和潜在风险,及时做出应对和调整,提升项目最终实施效果。

综上,本研究提出如下假设:

(1)假设 H1:社会系统风险对技术系统风险具有显著正向影响。

(2)假设 H2:社会系统风险对管理风险具有显著正向影响。

(3)假设 H3:技术系统风险对管理风险具有显著正向影响。

(4)假设 H4:管理风险对项目绩效具有显著负向影响。

对应的理论概念模型如图 8-1 所示。

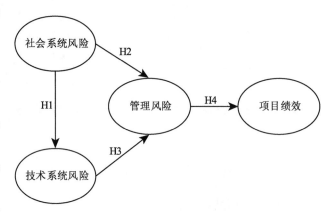

图 8-1 风险与项目绩效的概念模型

8.2.2 Cloud-BIM 技术应用风险的 SEM 模型构建

1. 变量度量

在 8.1.2 节中,参考相关风险量表分别对社会系统风险、技术系统风险及管理风险等三个类别的风险因素进行了识别,可以理解为对以上三个潜变量进行了相应描述,因此可以将识别出的风险因素进行质性化,作为以上潜变量的观测变量,具体见表 8-3。

表 8-3 潜变量对应的测量变量

潜在变量	观测变量
社会系统风险 (S)	国家/地方关于 Cloud-BIM 技术的应用标准完善程度 S1
	BIM 示范合同的适用性 S2
	基于 Cloud-BIM 工作模式或业务流程转变困难程度 S3
	管理层的支持力度 S4
	与 Cloud-BIM 实施相配合的组织架构完善程度 S5
	人员参与 Cloud-BIM 平台使用的积极性 S6
技术系统风险 (T)	Cloud-BIM 技术相关软件应用掌握难度 T1
	Cloud-BIM 平台的适应性 T2
	Cloud-BIM 平台与其他软件的数据交互性 T3
	项目云端数据的安全性 T4

(续表)

潜在变量	观测变量
管理风险 （M）	基于 Cloud-BIM 的项目管理流程的有效性 M1
	Cloud-BIM 技术应用监管机制的完善程度 M2
	项目前期对 Cloud-BIM 平台的功能需求调研充分程度 M3
	Cloud-BIM 实施进度计划与项目总体进度计划的关联程度 M4
	团队成员对于 Cloud-BIM 技术的相关应用熟练程度 M5
	团队成员对于 Cloud-BIM 技术的相关应用经验丰富程度 M6
	团队成员对于 Cloud-BIM 技术的相关培训全面性 M7
项目绩效 （P）	项目中 Cloud-BIM 技术的实施对降低或控制项目成本的影响程度 P1
	项目中 Cloud-BIM 技术的实施对缩短项目工期的影响程度 P2
	项目中 Cloud-BIM 技术的实施对减少项目安全事故的影响程度 P3
	项目中 Cloud-BIM 技术的实施对提高生产效率的影响程度 P4
	项目中 Cloud-BIM 技术的实施对减少项目设计变更的影响程度 P5
	项目中 Cloud-BIM 技术的实施对提高工厂预制的影响程度 P6

对于潜变量项目绩效而言，其观测变量的选取可以参考 Dodge Data & Analytics（2015）发表的研究报告 *Measuring the Impact of BIM on Complex Buildings*，该报告指出，BIM 对复杂工程项目影响指标主要有以下 6 项：①建设成本减少；②项目工期缩短；③安全事故减少；④生产效率提升；⑤设计变更减少；⑥工厂预制率提高。

2. SEM 模型构建

基于 8.2.1 节的研究假设及图 8-1，初步建立 Cloud-BIM 技术应用风险因素关系的假设模型，拟采用结构方程模型（Structural Equation Modeling，SEM）的路径分析，如图 8-2 所示。

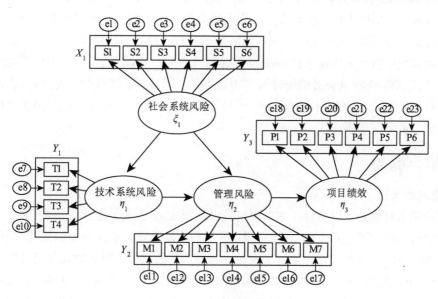

图 8-2　假设模型图

风险影响路径图中 Cloud-BIM 应用各风险指之间的关系矩阵形式方程式如式（8-1）。

结构模型矩阵方程：

$$\eta = B\eta + \gamma\xi + \zeta \qquad (8\text{-}1)$$

式中　η——内生潜变量,包括技术系统风险 η_1、管理风险 η_2、项目绩效 η_3;

　　　ξ——外生潜变量,包括社会系统风险 ξ_1;

　　　ζ——随机干扰项,也叫作结构的残差;

　　　B——内生潜变量系数阵,描述内生潜变量 η 之间的彼此影响,在图上,可以直观地理解为路径系数;

　　　γ——外生潜变量和内生潜变量之间的回归系数。

测量模型的矩阵方程:

$$X = \Lambda_x\xi + \delta \qquad (8\text{-}2)$$
$$Y = \Lambda_y\eta + \varepsilon \qquad (8\text{-}3)$$

式中　X——ξ 的观测指标;

　　　Y——η 的观测指标;

　　　δ——X 的误差指标;

　　　ε——Y 的测量误差,表示模型没有被估计出来的部分;

　　　Λ_x——外生因子载荷,即外生潜变量对外生指标(可测变量)的回归系数;

　　　Λ_y——内生因子载荷,即内生潜变量对内生指标(可测变量)的回归系数。

8.3　Cloud-BIM 技术应用风险实证分析

8.3.1　问卷设计

本研究针对的是基于 Cloud-BIM 技术多方协同工作对项目实施产生的风险,虽然个体或小组形式的专家咨询虽然能够为研究提供建设性的意见。但是不能反映出如今建设项目中基于 Cloud-BIM 技术多方协同工作对项目实施产生的风险的整体状况。而采用问卷调查的方法更有助于本研究的目标实现,同时也可以对 Cloud-BIM 技术应用风险因素提供实质性的策略。

本研究所采集的数据为建设项目各参与方对项目中 Cloud-BIM 技术应用的风险的主观态度和看法,这些数据都是无法从公开的统计资料中获得的。而且从经济性的角度来说,直接从受访项目中采集大样本数据成本过高,不符合本研究的实际情况。因此,本研究采用封闭式结构化问卷作为研究工具来获取实证数据。

8.3.2　数据收集

1. 调查对象选择

本研究的调查对象为建设项目业主方项目管理组织成员,主要涵盖建设单位(业主)、设计及咨询公司、施工单位、监理或项目管理、BIM 咨询、研究机构以及其他单位等组织形式,职位包括项目部(公司)经理、指挥长、专业主管和项目工程师。问卷填写的目标人群为建设项目业主方组织中直接参与项目管理活动的技术和管理人员,在项目组织这样以目标为导向、隐性知识集聚的临时性组织里,作为建设项目实施过程的主要参与者,他们对 Cloud-BIM 技术应用风险中的社会系统风险、技术系统风险、管理风险和项目绩效之间的内在影响机制有着深刻的体验。

2. 样本数量确定

本研究拟采用 SEM 来进行验证性因子分析和路径分析。SEM 适用于大样本数据的统计分析,样本数量越大,SEM 统计分析的稳定性与各项指标的适用性也越好,若样本数较少,则分析结果会不太稳定。关于样本的数量,大量研究者建议应该是测量变量数的 10 倍或以上。本研究观测变量数为 23 个,因此有效样本数量应不低于 230 个。

3. 问卷的发放和回收

由于行业情况和经费等制约条件的限制,直接进行大规模的拜访式调研是不现实的。因此,本研究绝大部分问卷调查是通过课题组的社会关系网,依靠同事、同学和朋友,并借助这些人再次转发问卷至他们的朋友、同学和同事等,尽可能扩大问卷发放范围。最终共计发放问卷 421 份,回收 389 份,回收率 92.4%,剔除无效问卷后,得到有效问卷 304 份,有效回收率为 72.2%,有效问卷和测量变量比超过 10∶1,足以满足本研究后续统计分析的需要。

8.3.3　测量工具的信度、效度和拟合度检验

1. 测量工具的内部一致性信度检验

首先,基于大样本数据进行内部一致性信度分析,检验方法采用 CITC 分析法和 Cronbach's α 系数法,检验结果如表 8-4 所列。

表 8-4　测量工具的内部一致性信度分析结果

潜变量	测量条款	CITC	删除条款后 α 系数	α 系数
社会系统风险	S1	0.656	0.960	0.887
	S2	0.697	0.960	
	S3	0.665	0.960	
	S4	0.653	0.960	
	S5	0.712	0.960	
	S6	0.682	0.960	
技术系统风险	T1	0.672	0.960	0.874
	T2	0.756	0.959	
	T3	0.756	0.959	
	T4	0.716	0.960	
管理风险	M1	0.787	0.959	0.931
	M2	0.777	0.959	
	M3	0.767	0.959	
	M4	0.783	0.959	
	M5	0.765	0.959	
	M6	0.737	0.959	
	M7	0.719	0.960	
项目绩效	P1	0.667	0.960	0.901
	P2	0.678	0.960	
	P3	0.693	0.960	
	P4	0.701	0.960	
	P5	0.642	0.960	
	P6	0.615	0.961	

从社会系统风险、技术系统风险、管理风险和项目绩效各量表的内部一致性信度统计分析结果

可以看到,经过小样本前测并删除冗余条款,全部量表基于大样本数据都显示出了良好的内部一致性信度,α系数值均超过了0.70的临界标准,符合统计分析的要求。

2. 整体测量模型的效度检验

1) 整体测量模型的区分效度检验

区分效度是指不同的潜变量是否存在显著差异。在进行探索性因子分析前,需对样本数据进行相关性分析,以确定是否适合进行因子分析,通常是采用KMO计算和Bartlett球体检验方法进行分析评价。Kaiser and Rice(1974)提出了KMO指标值的判断准则,如表8-5所列,而Bartlett球体检验值一般达到显著性水平即可($P<0.05$)。

表8-5 KMO指标值的判断准则

KMO指标值	判别说明	KMO指标值	判别说明
0.90以上	极适合进行因子分析	0.60以上	勉强可以进行因子分析
0.80以上	适合进行因子分析	0.50以上	不适合进行因子分析
0.70以上	尚可以进行因子分析	0.50以下	非常不适合进行因子分析

整体测量模型的KMO计算和Bartlett球体检验结果如表8-6所列。基于大样本数据的KMO指标值为0.964,Bartlett球体检验的显著性概率为0.000,检验结果表明数据非常适合进行后续的因子分析。

表8-6 整体测量模型的KMO计算和Bartlett球检验结果

取样足够度的KMO度量		0.964
Bartlett的球形度检验	近似卡方	5182.428
	df	253
	Sig.	0.000

在采用KMO计算和Bartlett球体检验评价统计数据符合因子分析要求后,运用SPSS统计分析软件进行因子分析,因子负荷量取舍标准取0.50。由表8-7可以看到,S6对于指标的构建效度明显偏低,为0.427,因此可以考虑删除该条款。经条款删除后,整体测量模型探索性因子分析共计得到4个公因子,累计解释方差达到70.525%,所有测量条款的因子负荷均大于0.5,测量条款无交叉现象,说明经过条款删除后,测量量表可以对各独立变量进行测量并具有良好的整体区分效度。

表8-7 旋转后的成分矩阵

编号	成分			
	因子1	因子2	因子3	因子4
S1	0.187	0.149	0.764	0.304
S2	0.219	0.293	0.648	0.308
S3	0.219	0.247	0.750	0.166
S4	0.272	0.255	0.709	0.105
S5	0.482	0.133	0.668	0.165
S6	0.540	0.212	0.427	0.215

(续表)

编号	成分			
	因子 1	因子 2	因子 3	因子 4
T1	0.440	0.128	0.291	0.605
T2	0.436	0.165	0.444	0.570
T3	0.362	0.298	0.425	0.522
T4	0.244	0.348	0.299	0.682
M1	0.552	0.388	0.342	0.323
M2	0.548	0.386	0.287	0.379
M3	0.612	0.354	0.337	0.247
M4	0.504	0.428	0.298	0.380
M5	0.739	0.268	0.317	0.200
M6	0.778	0.268	0.193	0.237
M7	0.794	0.257	0.209	0.169
P1	0.148	0.654	0.201	0.420
P2	0.285	0.753	0.173	0.166
P3	0.186	0.687	0.140	0.463
P4	0.263	0.784	0.234	0.133
P5	0.175	0.755	0.222	0.171
P6	0.376	0.696	0.201	−.064
方差贡献率	20.115%	19.985%	18.102%	12.323%
累计方差贡献率	20.115%	40.101%	58.203%	70.525%

2）整体测量模型的收敛效度检验

收敛效度是指不同的测量变量是否可以用来测量同一潜变量,可以通过验证性因子分析来检验测量变量与潜变量之间的假设关系是否与实证数据相符。

在 SEM 分析中常用的是由 Fornell and Larcker(1981)提出的收敛效度检验分析方法,这个方法是通过计算各分量表的平均变异数萃取量(AVE)来对收敛效度进行定量评价,以是否大于0.50 作为 AVE 值的判断标准,若 AVE 值大于 0.50,则可以认为潜变量的测量量表具有收敛效度。

在进行验证性因子分析时,需要对测量模型的拟合度进行检验。本研究采用的模型拟合度指标主要包括 $\chi^2/\mathrm{d}f$,RMR,RMSEA,NFI,GFI,AGFI,CFI,IFI。这些拟合度指标的指标数值范围和建议值如表 8-8 所列。

表 8-8　本研究采用的拟合度指标数值范围及建议值

统计检验量	数值范围	建议值
$\chi^2/\mathrm{d}f$	＞0	小于 5,1~3 更佳
RMR	＞0	＜0.1(＜0.05 更佳)
RMSEA	＞0	＜0.1(＜0.05 更佳)
NFI	0~1	＞0.90(大于 0.85 也可以接受)

（续表）

统计检验量	数值范围	建议值
GFI	0～1,可能出现负值	＞0.90(大于 0.85 也可以接受)
AGFI	0～1,可能出现负值	＞0.90(大于 0.85 也可以接受)
CFI	0～1	＞0.90(大于 0.85 也可以接受)
IFI	大多在 0～1 之间	＞0.90(大于 0.85 也可以接受)

删除 S6 后的初始模型(MD1)如图 8-3 所示,通过 SEM 对该模型的整体测量量表进行验证性因子分析,分析结果如表 8-9 所列。除 AGFI 值为 0.844,略小于 0.85 的建议值,其余指标均符合表 8-8 中的建议值要求。表明模型的拟合程度没有达到标准,需要对模型进行适当的修正。

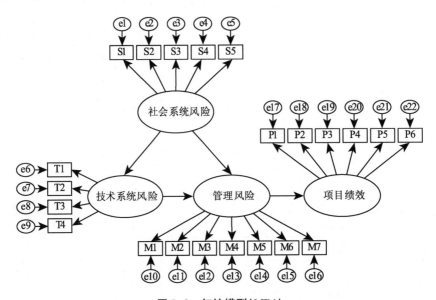

图 8-3　初始模型(MD1)

表 8-9　初始整体测量模型验证性因子分析拟合指数表

模型	χ^2/df	RMR	RMSEA	NFI	GFI	AGFI	CFI	IFI
适配标准	1～3	＜0.1	＜0.1	＞0.85	＞0.85	＞0.85	＞0.85	＞0.85
检验结果数据	2.1	0.034	0.060	0.917	0.876	0.844	0.955	0.955
模型适配判断	是	是	是	是	是	否	是	是

表 8-10 显示,各潜变量的 AVE 值均大于 0.50,表明各潜变量的测量工具具有良好的收敛效度。

表 8-10　整体测量模型的验证性因子分析

潜变量	测量条款	标准化因子负荷	标准误差(S.E.)	临界比(C.R.)	AVE
S	S1	0.768	0.042	10.191	0.583
	S2	0.768	0.036	10.365	
	S3	0.741	0.039	10.476	
	S4	0.732	0.038	10.752	
	S5	0.806	0.034	9.79	

（续表）

潜变量	测量条款	标准化因子负荷	标准误差（S. E.）	临界比（C. R.）	AVE
T	T1	0.758	0.032	10.776	0.636
	T2	0.85	0.025	9.3	
	T3	0.82	0.028	9.955	
	T4	0.758	0.031	10.776	
M	M1	0.807	0.026	10.804	0.654
	M2	0.814	0.026	10.744	
	M3	0.811	0.027	10.88	
	M4	0.81	0.023	10.892	
	M5	0.819	0.027	10.787	
	M6	0.805	0.026	10.94	
	M7	0.796	0.029	11.02	
P	P1	0.75	0.039	10.864	0.605
	P2	0.81	0.036	10.154	
	P3	0.795	0.034	10.37	
	P4	0.831	0.029	9.793	
	P5	0.765	0.037	10.728	
	P6	0.71	0.042	11.17	

3. 模型修正

当模型效果不佳时，研究者可以根据初始模型的参数显著性结果和 Amos 提供的模型修正指标进行模型扩展（Model Building）或模型限制（Model Trimming）。模型扩展是指通过释放部分限制路径或添加新路径，使模型结构更加合理，通常在提高模型拟合程度时使用；模型限制是指通过删除或限制部分路径，使模型结构更加简洁，通常在提高模型可识别性时使用。

Amos 提供了两种模型修正指标，其中修正指数（Modification Index，MI）用于模型扩展，临界比率（Critical Ratio，CR）用于模型限制。

（1）修正指数用于模型扩展，是指对于模型中某个受限制的参数，若容许自由估计（譬如在模型中添加某条路径），整个模型改良时将会减少的最小卡方值。使用修正指数修改模型时，原则上每次只修改一个参数，从最大值开始估算。

（2）临界比率用于模型限制，是计算模型中的每一对待估参数（路径系数或载荷系数）之差，并除以相应参数之差的标准差所构造出的统计量。在模型假设下，CR 统计量服从正态分布，所以可以根据 CR 值判断两个待估参数间是否存在显著性差异。若两个待估参数间不存在显著性差异，则可以限定模型在估计时对这两个参数赋以相同的值。

现对模型进行修正，首先查看原始模型（MD1）的参数显著性，如表 8-11 所列。

表 8-11　5% 水平下不显著的参数估计

效应关系	Estimate	S. E.	C. R.	P
技术风险←社会系统风险	0.732	0.061	12.010	***
管理风险←社会系统风险	0.238	0.084	2.840	0.005
管理风险←技术风险	0.731	0.108	6.786	***
项目绩效←管理风险	0.802	0.066	12.191	***

注：*** 表示 $P < 0.001$，具有较高的显著性水平。

该模型的各个参数在 0.05 的水平下都是显著的,并且从实际考虑,各因子的各个路径也是合理存在的。下面考虑通过修正指数对模型修正。

表 8-12　修正指数:协方差

效应关系	M. I.	Par Charge
e15↔e16	37.027	0.119

表 8-12 说明如果在项目团队成员关于 Cloud-BIM 技术应用的相关经验和培训程度之间增加一条相关路径,则模型的卡方值会大大减小。从实际考虑,团队成员关于 Cloud-BIM 技术应用的相关经验和培训程度有一定的相互关系,如果团队成员经验丰富,则可以降低培训不足导致的风险,相反如果培训较为全面,则可以弥补团队成员经验不足的问题。因此,考虑增加团队成员关于 Cloud-BIM 技术应用的相关经验和培训程度之间的相关路径,分析结果如表 8-13 所列。

表 8-13　模型修正后的拟合指数表

模型	χ^2/df	RMR	RMSEA	NFI	GFI	AGFI	CFI	IFI
适配标准	1~3	<0.1	<0.1	>0.85	>0.85	>0.85	>.0.85	>.0.85
检验结果数据	1.9	0.032	0.054	0.925	0.890	0.863	0.963	0.963
模型适配判断	是	是	是	是	是	是	是	是

从表 8-13 中可以看出,模型各拟合指数都得到了改善,都满足临界适配度要求。该模型的各个参数在 0.05 的水平下都是显著的,并且从实际考虑,各因子的各个路径也是合理存在的。考虑继续通过修正指数对模型修正。

表 8-14　修正指数:协方差

效应关系	M. I.	Par Charge
e10↔e11	9.736	0.051

如表 8-14 所列,重新估计模型,e10 与 e11 之间的卡方值为 9.736,表明如果增加 e10 与 e11 之间的残差相关的路径,则模型的卡方值会减小。从实际考虑,对 Cloud-BIM 技术实施过程进行有力的监管将有助于基于 Cloud-BIM 的项目管理流程的有效执行。因此,考虑增加 e10 与 e11 之间的相关性路径,分析结果如表 8-15 所列。

表 8-15　模型修正后的拟合指数表

模型	χ^2/df	RMR	RMSEA	NFI	GFI	AGFI	CFI	IFI
适配标准	1~3	<0.1	<0.1	>0.85	>0.85	>0.85	>.0.85	>.0.85
检验结果数据	1.85	0.032	0.053	0.927	0.893	0.865	0.965	0.965
模型适配判断	是	是	是	是	是	是	是	是

从表 8-15 中可以看出,模型各拟合指数都得到了改善,大部分指标都满足严格的适配度要求,AGFI 满足临界适配度要求。该模型的各个参数在 0.05 的水平下都是显著的,并且从实际考虑,各因子的各个路径也是合理存在的。选定该模型为修正模型(MD2)。

根据表 8-15,修正模型(MD2)的 $\chi^2/df=1.85$,小于 5,符合小于 3 的更严格标准;RMR 值为 0.032,小于 0.1,符合小于 0.05 的更严格标准;RMSEA 值为 0.053,小于 0.1 的最低标准;NFI 值为 0.927,大于 0.85,符合大于 0.90 的更严格标准;GFI 值为 0.893,大于 0.85 的最低建议值;AGFI值为0.865,大于0.85的最低建议值;CFI值为0.965,大于0.85,符合大于0.90的更严格标准;IFI值为0.965,大于0.85的最低建议值;CFI值为0.970,大于0.85,符合大于0.90的更严格标准。

经过修改后的修正模型(MD2)的各项拟合指数均优于初始模型(MD1),故将修正模型(MD2)视作本研究的最终理论模型,如图8-4所示。

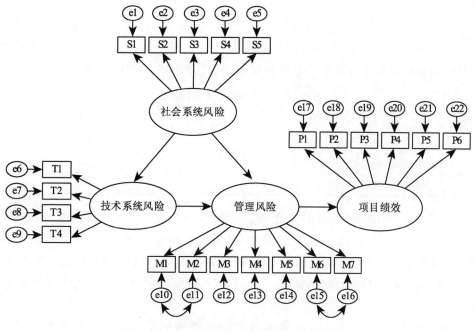

图8-4 修正模型(MD2)

8.3.4 结构方程检验结果分析

经过对样本数据的信度效度分析,以及对模型的拟合度及假设关系检验,Cloud-BIM技术应用风险因素关系的结构方程模型拟合度达到了比较理想的水平,经过对模型的假设检验及分组检验,模型的假设得到了验证。现对前面所做的分析进行一定的总结和探讨。结构方程模型主要作用是揭示潜变量之间(潜变量与可测变量之间以及各可测变量之间)的结构关系,这些关系在模型中通过路径系数(载荷系数)来体现。根据修正后Clould-BIM技术应用风险因素结构方程模型计算得出的潜变量标准回归系数(表8-16),可以得出各因子对Cloud-BIM技术应用风险因素的效应关系。

表8-16 风险因素标准回归系数

效应关系	标准回归系数	P
项目绩效←——管理风险	−0.806	***
管理风险←——社会系统风险	0.255	0.004
管理风险←——技术系统风险	0.670	***
技术系统风险←——社会系统风险	0.854	***

注:*** 表示 P<0.001,具有极高的显著性水平。

直接效应指由原因变量(可以是外生变量或内生变量)到结果变量(内生变量)的直接影响,用原因变量到结果变量的路径系数来衡量直接效应。如:技术系统风险到管理风险的标准化路径系数是 0.670,说明技术系统风险到管理风险的直接效应是 0.670。这说明当其他条件不变时,"技术系统风险"潜变量每提升 1 个单位,"管理风险"潜变量将直接提升 0.670 个单位。

间接效应指原因变量通过影响一个或者多个中介变量,对结果变量的间接影响。当只有一个中介变量时,间接效应的大小是两个路径系数的乘积。如:技术系统风险到管理风险的标准化路径系数是 0.670,管理风险到项目绩效的标准化路径系数是 −0.806,技术系统风险到项目绩效的间接效应就 $0.670 \times (-0.806) = -0.540$。这说明当其他条件不变时,"技术系统风险"潜变量每提升 1 个单位,"项目绩效"潜变量将间接降低 0.54 个单位。同理,可得出社会系统风险到项目绩效的间接效益为 $0.255 \times (-0.806) + 0.854 \times 0.670 \times (-0.806) = -0.667$。因此,分别得出管理风险、技术系统风险、社会系统风险对 Clould-BIM 技术应用的项目绩效的效应关系,见表 8-17。

表 8-17 风险因素标准回归系数

效应关系	效益大小
项目绩效←——管理风险	−0.806
项目绩效←——社会系统风险	−0.667
项目绩效←——技术系统风险	−0.540

从上表可以看出:管理风险对项目绩效的影响最大,为 0.806,其次是社会系统风险 0.667,技术系统风险 0.540(由于各风险因素对项目绩效的影响是负相关的,在这里,绝对值越大,其对项目绩效的影响程度越大)。因此,要特别重视 Clould-BIM 技术应用中的管理风险这一直接效应。

表 8-18 为各观测变量到潜变量的标准化路径系数,数值越大,对相应潜变量的影响越大,从而得出以下结论:

(1) 管理风险中,Cloud-BIM 技术实施过程中的监管情况对管理风险的影响最大。因此 Clould-BIM 技术在应用的时候,最需要关注 Cloud-BIM 技术实施过程中的监管情况,做好管理工作,积累经验,为 BIM 应用创造良好组织管理,减少风险发生。

(2) 社会系统风险中,影响最大的是项目 BIM 组织架构的完善度,并且是直接效应。这符合 Clould-BIM 技术应用的实际情况,充分反映出 BIM 技术应用中加强 BIM 组织架构的完善性的必要性。

(3) 技术系统风险中,总效应最大的是 Cloud-BIM 平台的适用性。因此,在 Cloud-BIM 技术应用的过程中,需要选择适用性较强的 Cloud-BIM 平台。

(4) 项目绩效中,6 个因素对项目绩效的总效应分别为 0.716, 0.815, 0.767, 0.845, 0.767, 0.722。反映了项目中 Cloud-BIM 技术的应用对项目工作或生产效率的积极影响最为显著。

表 8-18 观测变量标准化路径系数表

观测变量	标准化路径系数	观测变量	标准化路径系数
S1	0.766	T1	0.757
S2	0.801	T2	0.849
S3	0.730	T3	0.820
S4	0.735	T4	0.760
S5	0.835	P1	0.716
M1	0.815	P2	0.815
M2	0.819	P3	0.767
M3	0.812	P4	0.845

（续表）

观测变量	标准化路径系数	观测变量	标准化路径系数
M4	0.813	P5	0.767
M5	0.812	P6	0.722
M6	0.783		
M7	0.773		

8.4　Cloud-BIM 技术应用风险应对建议

8.4.1　Cloud-BIM 技术应用风险控制措施

1. 过程中加强监管

Cloud-BIM 的成功实施,离不开过程中的监管。在项目初期项目各参与方结合项目实际情况制定切实可行的 Cloud-BIM 实施计划,过程中 BIM 管理团队根据 Cloud-BIM 实施计划来检查各参与方的执行情况,包括建模工作是否及时完成,模型与图纸一致性核查工作是否开展,模型修改情况是否落实,项目管理流程是否执行以及 Cloud-BIM 实施是否按计划执行,是否与设计和现场施工紧密关联。通过项目 BIM 例会等形式呈现 BIM 的执行情况,做到逐条落实,并且通过合同约定各参与方的职责,并定期考核,真正地发挥 Cloud-BIM 的价值。

2. 选择合适的 Cloud-BIM 应用平台

Cloud-BIM 应用平台是开展 Cloud-BIM 应用的基础,各专业人员可在该平台上传递信息、共享模型。Cloud-BIM 应用平台应具备协同工作的功能,即在项目全生命周期中,项目各参与方能集成在一个统一的平台上工作,实现信息的集中存储与访问,增强信息的准确性和及时性,提高各方协同工作效率。因此,选择一个合适的 Cloud-BIM 应用平台,能够集成了项目全生命周期的工程信息,从而有效地提高项目不同组织界面之间的协同工作。

3. 创新管理模式

为了更好地在建设项目中应用 Cloud-BIM 技术,就要对传统管理模式进行创新,新模式下各参与方为了共同的目标协同合作,形成一个协同管理平台,实现 Cloud-BIM 应用价值最大化。同时,通过建立统一的工作流程避免工序上的混乱,Cloud-BIM 技术的应用涉及建筑工程的各个参与方,各个参与方在设计施工过程中会不可避免地发生冲突及差错,统一的工作流程不仅会减少企业内部各部门之间的差错,也会减少企业之间的冲突。项目各参与方掌握了统一的工作流程之后,会大大提高工作效率,缩短建设工期,减少成本。

4. 合同与协议优化

为了减少风险,应该在法律合同文件中补充相关约定,即可以在现有应用咨询服务合同示范文件中加上 BIM 附录合同文件,并且赋予附录合同文件与非附录合同文件具有同等法律效应,且在与合同其他条款有冲突时,它具有优先权,这就叫合同与协议优化。这类附录合同文件包含很多方面,包括关于约定 BIM 模型数据标准和约定 BIM 模型数据管理标准等内容。如此将合同协议文件优化后,如果得到实施能在很大程度上解决 Cloud-BIM 应用过程中的合同和模型管理风险,这将是 Cloud-BIM 的发展与应用的基础。

5. 制定规则,确立规范

由于国家和行业的相关 BIM 的规范并不完善,但建议在项目中建立内部规范,为项目的 BIM 实施划定标准。除了建模的规范之外,更重要的是 BIM 的相关管理规范,包含文件交付标准,工作流程以及协作管理制度。这些规范的制定不仅要落实到纸面，更重要的是软件平台的固化，规范和管理制度如果没有信息系统的固化很难得到贯彻。

6. 提高 Cloud-BIM 管理人员的专业素质

随着 Cloud-BIM 技术在我国的应用规模逐步扩大，对于 Cloud-BIM 人力资源的需求也在增加。为了更好地运用 Cloud-BIM 技术，首先应从思想上转变参与 Cloud-BIM 项目实施人员的思想观念，可以从管理人员入手，让其真正了解 BIM 的内涵。加强对相关项目人员的培训，消除项目人员对 Cloud-BIM 技术的误解。培训内容包括对 BIM 概念的理解、Cloud-BIM 软件的应用、Cloud-BIM 协同工作的理念，还应包括工程项目管理等相关内容，同时应加强对项目人员的思想和心理疏导以消除其对新技术的抵触心理，加快项目人员的思维模式的转化，让其自身对知识更新的忧患意识成为促进其积极转型和不断学习的源动力。

8.4.2 天文馆项目中 Cloud-BIM 技术实施风险应对措施

1. 完善 BIM 合同条款

在制定上海天文馆项目 BIM 合同的过程中，基于《上海市建筑信息模型技术应用咨询服务合同示范文本 2015 版》，参考《上海市建筑信息模型技术应用指南（2015 版）》（沪建管〔2015〕336 号，以下简称 BIM 应用指南）并根据其他项目 BIM 应用经验，项目管理相关经验以及参考相关文献资料，在合同中增加了相关约定，减少了 Cloud-BIM 实施过程中的相关风险，具体约定如表 8-19 所列。

表 8-19　BIM 合同中文件中包含相关的内容

条款项目	子项
模型所有的约定	模型所有权归属约定
	模型数据所有权保护约定
	模型使用者使用模型数据权限约定
	模型数据保密约定
职责及责任分配约定	项目参与方对 BIM 模型贡献约定
	BIM 模型各部分责任分配约定
	模型的协调冲突解决方案约定
成本及利益分配约定	BIM 模型薪酬制度商定
模型数据准确性约定	数据可靠性保证约定
	数据错误导致的损失分配约定
模型数据互用性约定	数据标准选择约定
	BIM 软件选择约定
	数据文件格式及大小约定
	BIM 数据交换及集成的约定
模型的共享访问约定	模型存档载体商定
	模型访问许可约定
	模型信息管理负责人约定
模型的更新约定	导入模型数据的审查及负责人约定
	模型合并方案及负责人约定
模型的运用约定	模型存在冲突时解决及负责人约定
	BIM 执行过程的监管约定

2. 选择合适的 Cloud-BIM 应用平台

天文馆项目中 Cloud-BIM 应用平台的选择主要分为：Cloud-BIM 平台的调研及初步筛选、Cloud-BIM 平台试运行测试及 Cloud-BIM 平台的正式应用。具体选择步骤如下：

1）调研及初步筛选

该过程主要对 Cloud-BIM 平台的应用进行调研和初步筛选，主要包括全面考察和调研市场上现有的国内外 Cloud-BIM 软件平台及应用状况；结合天文馆项目 BIM 应用模式和天文馆 BIM 项目资金批复状况，选择 Cloud-BIM 平台。筛选条件：BIM 软件平台的功能、市场占有率、本地化程度、应用接口能力、二次开发能力、软件性价比等关键因素（具体的指标情况如表 8-20 所列）；最后形成本单位的 BIM 应用软件调查报告。

表 8-20　平台初步筛选表

指标	指标说明
Cloud-BIM 软件平台的功能	在是否能完成适合天文馆项目 BIM 工作任务方面进行比较
市场占有率	平台软件在市场上的应用情况进行比较
本土化程度	是否适合国人的习惯、符合中国规范等上进行比较
应用接口能力	能否通过各种接口传递数据
二次开发能力	考察系统的设计（如模块之间耦合程度低）、接口的难易程度、产品的扩展性等综合因素进行比较
软件性价比	软件是否实惠、寿命长短等方面比较

2）Cloud-BIM 平台试运行测试

根据 Cloud-BIM 平台的性能进行小项目的实战测试，测试指标主要包括：功能性、可靠性、易用性、效率、维护性等，具体如表 8-21 所列。

表 8-21　平台测试因素表

测试指标	指标说明
功能性	是否适合自身需要，与项目上的现有软件是否兼容进行比较
可靠性	对平台的稳定性及软件的成熟度进行比较
易用性	从易于理解、学习操作等方面进行比较
效率	能否快速解决问题和对资源的利用效率上比较
维护性	从软件是否易于维护、故障分析等方面比较
可扩展性	是否适应项目未来的发展需求进行比较

3）Cloud-BIM 平台正式运行

经过初步筛选、平台试运行测试过后，再将 Cloud-BIM 软件的分析报告、测试报告、协同工作方案、协同流程表单上报给项目业主方审核和批准，经批准后，在天文馆项目进行正式运行。

3. 项目分析以明确项目目标

在天文馆项目开始之初，BIM 管理团队花费 2～3 周时间制定项目 BIM 实施策划，对项目的 BIM 实施管理、深度以及价值进行分析，明确最终 BIM 应用点，并搭建 BIM 组织架构、制定 BIM 模型实施管理方案、数据协同管理流程、BIM 应用流程，达到有的放矢的目的。虽然，前期的规划工作会花费一定的时间，但对后期项目中 Cloud-BIM 的成功应用起到决定性作用。

4. 过程中监管

Cloud-BIM 的实施,除了制定相应的管理制度以外,过程中对 Cloud-BIM 的应用情况,也需进行监管。天文馆项目 Cloud-BIM 的实施,主要通过双周 BIM 技术例会制度,以及每周制定 Vault 平台执行报告,对前阶段存在的问题进行跟踪,并逐条消项,一一落实。以问题追溯表的形式呈现相关问题的落实情况。

5. 建立项目 BIM 培训体制

培训是 BIM 项目实施的基础,只有将培训切实地贯彻到实际业务过程的每一个环节中,形成完整的培训体系,并建立具体的考核机制,才能实现全过程的 BIM 应用。在天文馆项目中针对不同的参与方有针对性地进行项目培训,如针对业主方进行 BIM 导入宣贯以及 BIM 设计应用经典案例宣讲、BIM 项目管理培训等,针对设计方、监理方、项目管理方、财务监理方施工方进行 Vault 协同平台软件使用培训。并建立了完善的培训计划,并切实将培训予以落实。

第9章

基于 Cloud-BIM 的建设工程项目管理

9.1 基于 Cloud-BIM 的协同管理框架

传统建设项目协同管理在诸多方面存在不足。一方面,落后的信息化水平阻碍了信息的传递,很大程度上影响了协同的效率;另一方面,项目各方对 BIM 技术的应用可能存在一定的抵制态度,不愿意使用新技术或者不愿意增加 BIM 方面的投入,未能形成 BIM 应用的良好的氛围;此外政府及行业的政策标准、法律合同条款等尚不够完善,各方职责及知识产权不明确等问题尚待解决。因此,本研究提出了基于 Cloud-BIM 的协同管理框架(图 9-1),由技术、组织和环境三个层面组成。从技术层面上来看,以大数据、云计算和 BIM 等为代表的现代信息技术为工程项目的协同管理提供了有力的技术保障,大大提高了数据共享、信息交互的水平;从组织层面上来看,项目各参与方积极利用 Cloud-BIM 技术进行工程项目的管理,包括提供资金技术方面的支持,投入专业化的人员,并组建相应的 BIM 团队,保证基于 Cloud-BIM 的协同管理组织资源的充足性;从环境层面上来看,近年来政府一直致力于推动建筑行业内 Cloud-BIM 技术的普及和应用,先后制定了一系列的

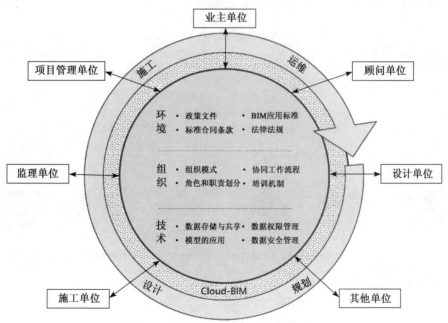

图 9-1 基于 Cloud-BIM 的协同管理框架

政策、法律、标准和规范等,为 Cloud-BIM 技术在工程项目中的应用创造了有利的外部条件。项目参与各方,包括业主、建筑师、机电工程师、结构工程师、项目管理、施工总包、监理等都在统一的管理框架下进行协同工作。项目全生命周期的管理工作包括了前期规划阶段项目管理、勘察设计阶段项目管理、施工阶段项目管理、竣工交付以及运营和维护。基于 Cloud-BIM 的协同管理框架如图 9-1 所示。

9.1.1　技术层面

基于 Cloud-BIM 的协同管理从技术层面来看,是要搭建面向项目各参与方的基于 Cloud-BIM 协同管理平台的技术架构,将项目管理的各个工作环节在云环境中进行集成,该架构分为三层,即数据层、存储层和应用层,如图 9-2 所示。

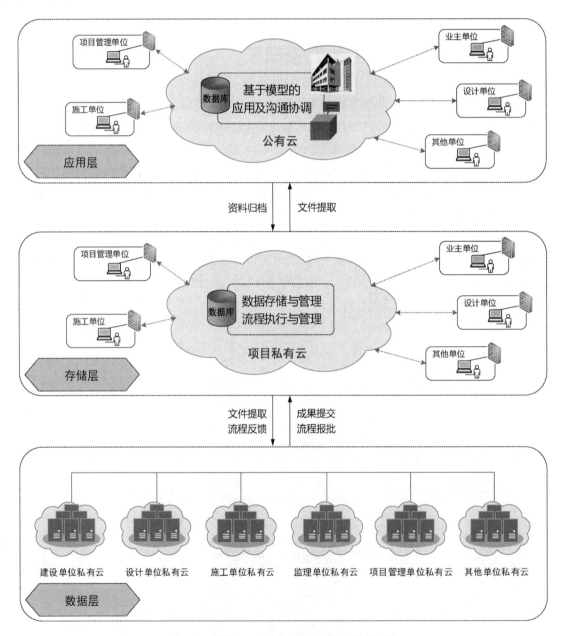

图 9-2　基于 Cloud-BIM 的协同管理技术架构

本研究中 Cloud-BIM 协同管理框架的数据层和存储层采用私有云的部署方式,应用层采用公有云的部署方式。其中,数据层的功能主要是项目数据的生成,项目各参与方的模型、图纸、管理文件等业务数据都在各单位的企业私有云中产生,并由各参与方单独进行集成和管理;存储层的主要功能是项目数据的存储及管理,项目各参与方将需要和各方共享的数据信息上传到项目级私有云平台上,并执行相关的流程管理和协同工作,实现项目信息在各参与方之间的无缝连接和共享;应用层的主要功能是进行基于模型的协同沟通和管理,借助云端的可视化模型,项目各参与方可以更加直观地发现项目各阶段的问题,实现高效的沟通协作,此外借助公有云强大的运算能力还可以进行云端模型渲染和动画模拟等工作。以下分别对这三个层进行具体介绍。

1. 数据层

数据层是 Cloud-BIM 协同管理的基础层,该层的功能主要是实现数据的生成工作,是存储层数据的来源和基础。对于一个大型工程项目而言,参与方众多,各家单位都有自己核心的业务数据,有必要对自身的项目数据进行单独管理,将数据层部署到合适的云平台。项目各参与方分别建立企业级私有云来作为数据层云平台,不仅发挥了私有云的优势,同时很好地满足了数据层的功能需求:

(1) 安全性。企业私有云平台将数据存放在企业自己的工作站中,一般私有云部署在企业数据中心的防火墙内,也可以将它们部署在一个安全的主机托管场所,受到攻击的可能性较小;私有云是完全被企业自己掌控的,因而提供对数据安全性和服务质量的最有效控制,数据的保密性相对于公有云更有保障。

(2) 灵活性。企业私有云平台是为了企业的单独使用而构建的,可以根据自身 BIM 应用的特点进行定制或者从零开始开发,并且在使用过程中根据自身需求不断完善功能,因此在灵活性上具有较大的优势。

(3) 网络环境要求。私有云可以部署在企业数据中心的防火墙内,工作时可以充分利用企业内部的千兆局域网带宽,对于外部网络环境要求不高,只要企业加强监控,就可以保证服务质量和稳定性。

(4) 企业内部资源的利用率。企业可以根据实际情况充分利用现有的个人电脑以及服务器搭建适合自己的私有云平台,从而可以最大化地整合企业内部现有资源,实现成本的节约。

2. 存储层

存储层的主要功能是进行项目级的数据管理,由于项目数据具有私密性且涉及到项目方大量的信息,一旦数据丢失或被窃取会给项目造成不可估量的损失。为了更好地进行项目内的数据管理,使项目顺利完成,存储层云平台需要具备安全保密性好、灵活性强、网络环境稳定的功能特点。选择项目级的私有云作为存储层云平台,能极大地发挥出私有云的作用,也能很好地满足存储层云平台的功能需求。

传统的数据管理过程中存在文档分散存储、容易丢失,文档权限控制不明、容易泄露,文档无法有效协作共享等问题。存储层提供了一个统一的数据信息平台,项目各参与方可以共享文档及数据信息,并且能够基于文件实现异地实时的协同工作,确保整个项目在实施过程中数据信息的有效贯通,并打破参建单位之间的信息传递壁垒,为项目的实施提供了一个高效、灵活和安全的协同工作环境,实现了项目全过程的数据协同管理。在数据层上可以部署专业化的数据管理软件,作为项目的数据管理系统,负责项目数据和文件的存储及管理。目前,比较成熟的数据管理软件以 Bentley 开发的 Projectwise 和 Autodesk 开发的 Vault 为代表。

3. 应用层

应用层的主要功能是实现基于模型的沟通和协同工作,以公有云作为应用层的云平台,既能发挥公有云的优势,也能很好地满足了应用层云平台的功能需求:

（1）成本投入。相对于私有云，公有云具有伸缩性，不但能节省计算设备的成本，也可以节省软件开销。企业通过租赁云服务厂商组建的公有"BIM 云"，能够避免 BIM 技术应用时资金、设备和人员的大规模投入，降低 BIM 技术的应用门槛；同时对于小型企业而言，不需要设置专门的人员进行私有云平台的创建与管理，可以节省大量的人力与物力。

（2）扩展能力。公有云可以根据业务的需求进行增长或收缩，通过租用基础设施或者订购应用程序服务，客户可以根据实际情况动态地增加或者缩减自己的业务，在必要的时候可以进行扩展，这样可以有效克服私有云的弊端，解决企业在 BIM 应用过程中对于运算能力以及存储能力的高峰需求。

目前，工程行业内已开发出了专门为建筑工程项目提供公有云服务的产品或软件。国外如 Autodesk 公司开发的 A 360 和 BIM 360 产品均可以支持云端 BIM 应用；国内的广联达旗下的协筑、鲁班 BIM 系统平台(SaaS)也都提供基于公有云的 BIM 服务。如表 9-1 所示，列举了目前较为成熟的商业 BIM 云平台的主要功能。

表 9-1　主流商业 BIM 云平台功能对比

功能	A 360	BIM 360	广联云(协筑)	鲁班 BIM 平台
数据存储与管理	✓	✓	✓	✓
模型浏览	✓	✓	✓	✓
模型批注	✓	✓	✓	✓
在线沟通	✓	✓	✓	✓
任务流程			✓	✓
冲突检测		✓		
性能化分析		✓		
进度模拟		✓		✓
.rvt 格式支持	✓	✓	✓	
IFC 格式支持	✓	✓		✓
移动端应用	✓	✓	✓	✓
免费版	✓		✓	
试用		✓	✓	

9.1.2　组织层面

1. 组织模式

Cloud-BIM 的应用模式根据工程项目的不同，应用方可划分为 3 类：设计方驱动模式、承包方驱动模式和业主方驱动模式。

设计方驱动的 Cloud-BIM 应用模式以设计方为主导，不受业主方和承包商的影响，该模式适用于项目设计的早期。在设计方案得到业主方的认可后，设计方一般不会对 BIM 模型进行细化，也不会用于设计的相关模拟分析，如结构分析、环境分析等，而且在施工和运维阶段的应用也很少。因此，设计方驱动 Cloud-BIM 应用模式虽然一定程度上促进了 Cloud-BIM 的应用，但是仅局限于设计阶段，并没有将 Cloud-BIM 的主要功能应用于项目的全过程。

承包方驱动的 Cloud-BIM 应用模式通常是以大型承建商为主。承包方利用 Cloud-BIM 技术可以实现辅助投标和辅助施工管理两个目的。在招投标阶段和施工阶段，利用 BIM 技术进行模拟可以发挥很大的作用。但是，目前大部分承包方包括一些大型承建商的 BIM 技术应用能力尚不成熟，因此该模式并未得到广泛的应用。而且，该模式主要涉及项目的招投标和施工阶段，所建立的模型对后续阶段的价值不大，难以适用于项目的全生命周期管理。

业主方驱动的 Cloud-BIM 应用模式已逐渐从设计阶段扩展到项目招投标、施工、运维等阶段。业主方可以利用 Cloud-BIM 技术进行建设项目的全生命周期管理，但目前还处于尝试和摸索阶段，且关于 Cloud-BIM 的全生命周期应用的案例较少，主要是集中在设计和招投标阶段。目前的 BIM 模型的建立方式是利用二维设计图纸转化为三维模型。这和 BIM 的理念，即利用 3D 技术辅助设计、施工及运维的管理相违背，会增大 Cloud-BIM 的应用成本。

从效用角度来说，业主驱动的应用模式最为有效，这是因为该模式在某种程度上发挥了 BIM 的主要功能，即基本实现 BIM 在项目全生命周期中的应用。同时，由于建设单位在整个项目实施过程中有绝对的控制权，并可要求项目各方采用 Cloud-BIM 技术来辅助项目全过程的管理，因此该模式具有更大的推广空间。

2. 组织流程

传统的项目管理流程大多是基于纸质化的文档，且项目各参与方之间大多是通过 2D 图纸协调和解决设计和施工遇到的问题，且往往要通过召开大量的协调沟通会才能将问题解决，这就大大增加了沟通协调的时间，造成管理效率的低下，导致项目工期的延误。而将 Cloud-BIM 工具引入到项目管理的过程中能够有效地解决上述问题，Cloud-BIM 提供了线上沟通的方式，所有项目管理的流程都可以放到云中进行，项目各参与方可以利用可视化的 BIM 模型实现异地高效的协作中。沟通方式的变化以及 BIM 相关工作的增加势必会带来工作流程的改变，基于 Cloud-BIM 的项目管理流程应该满足以下几个方面的要求：

（1）项目管理工作中引入 Cloud-BIM，必然增加了和实施 Cloud-BIM 相关的新的工作任务；

（2）应用 Cloud-BIM 技术进行项目管理，可以将某些管理工作提前，比如可以提前进行项目的投资预测和性能分析；

（3）应用 Cloud-BIM 技术可以最大限度地实现项目的协同管理，改变传统的项目管理流程，提高工作效率。

Cloud-BIM 工具能够更高效地对项目数据信息进行解析、处理和集成，在基于 Cloud-BIM 的协同管理模式下，协同管理流程从传统的串行方式转变为线上的并行模式，通过 BIM 云平台实现多重信息的并行处理，大大提升协同工作的效率。如图 9-3 所示是传统串行工作模式和基于 Cloud-BIM 的并行工作模式的对比。

传统的串行工作模式下，数据信息只能按照流程既定的顺序依次在项目各参与方之间流转，信息的传递是单向的。例如输入的数据必须先经过设计单位的解析、处理和集成之后，才能延续到总包、监理、顾问、业主等其他各参与方进行进一步的解析、处理和集成，各家单位处理完毕之后最后输出新的项目数据集，而且每一个流程环节的参与方都要重新对数据进行分析和整合，增加了很大一部分工作量。在这种工作模式下，每一个环节出现了问题都会影响整个工作流程的进度，而且数据在各个环节是割裂且独立的，项目各参与方之间无法进行及时的沟通和协调，产生的问题无法得到快速的解决，对于工程项目而言难以保证项目的进度和质量，将给项目管理带来较大的风险。

而基于 Cloud-BIM 的并行工作模式下，数据信息流程集成在云端的协同工作平台上，任何参与方都可以随时随地在云端对流程进行操作。在这种工作模式下，一方面数据的解析和处理工作可以借助云端的应用软件来完成，大大提高了数据解析和处理的效率；另一方面避免了传统串行工作模式下信息单向传递的弊端,项目的数据经云端的应用软件解析之后可以被项目各参与方实时共享,业主、设计、总包、监理、顾问等可以同时对数据信息进行并行处理,这会大大缩短项目管理的工作流程,而且项目各参与方可以对设计和施工中的问题在云平台上进行沟通和协调,及时地解决问题,大大提高了工作效率。

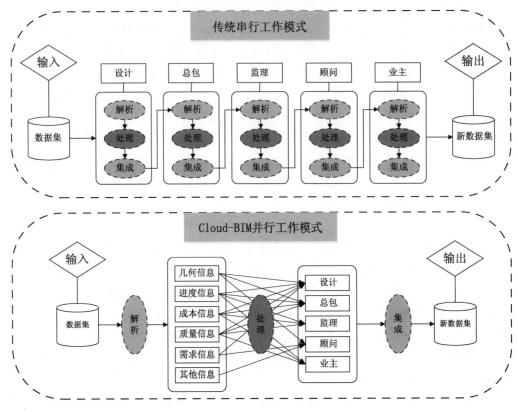

图 9-3　传统串行工作模式和 Cloud-BIM 并行工作模式对比

9.1.3　环境层面

1. 政策文件

国内外的政府及建设相关部门在积极引导、大力推进 BIM 技术的应用,并相继出台了各项运用 BIM 的支持政策与战略目标等。

在国外,例如美国陆军工程在 2006 年发布了为期 15 年的 BIM 发展计划来服务于军事建筑。欧洲地区,如英国的内阁办公室制定了 BIM 发展规划和具体目标,规定到 2016 年英国全部公共建筑必须要应用 3D-BIM;俄罗斯政府部门受英国工程项目利用 BIM 技术节约成本的影响,要求工程中的参与方到 2019 年均要采用 BIM 技术。亚太地区,如新加坡国家建设局(BCA)制定了 BIM 发展目标和路线图,规定面积大于 5 000 m² 的项目需要全部提交 BIM 模型,并且鼓励高校设置 BIM 课程和专业学位;马来西亚的建筑业发展局则紧跟新加坡的步伐,正在考虑如何让 BIM 更多地应用于建筑业;澳大利亚的基础设施建设局制定了基础设施行业的长期发展蓝图,公布未来十五年的发展战略《澳大利亚技术设施规划》;韩国公共采购服务中心下属的建设事业局制定了 BIM 实施指南和路线,要求在 2016 年实现全部公共设施项目使用 BIM 技术;且韩国国土交通海洋部在建筑及土木领域制定了 BIM 应用指南。

我国住房城乡建设部于 2011 年 5 月制定了《2011—2015 年建筑业信息化发展纲要》,2016 年9 月制定了《2016—2020 年建筑业信息化发展纲要》,2017 年 2 月底印发了《关于促进建筑业持续健康发展的意见》,加快推进建筑信息模型(BIM)技术在规划、勘察、设计、施工和运营维护全过程的集成应用,实现工程建设项目全生命周期数据共享和信息化管理。各地方政府如上海、深圳等地的相关部门也都出台了地方性的政策标准,为 BIM 技术的应用提供指导。经统计,我国的 34 个省级行政区中已有 12 个省级行政区发布了有关 BIM 推广的文件,约占 35.3%。

2. BIM 应用标准

BIM 技术应用标准方面,在国外,国际标准化组织制定了一系列 BIM 相关的国际标准,美国、新加坡、韩国、澳大利亚、英国等国都颁布了相应的 BIM 应用指南或标准。例如,美国在2017 年制定了国家 BIM 指南——业主篇(National BIM Guide for Owners);英国在 2017 年制定了 PAS1192-6:BIM 结构性健康与安全;新加坡在 2016 年制定了实施规范(Cop);ISO(国际标准化组织)在 2016 年制定了 ISO 29481—1:2016 信息交付手册;BuildingSMART 在 2016 年制定了 LOD 规范征集意见稿;2015 年,美国总务署推出了 3D-4D-BIM 手册;英国建筑业 BIM 标准委员会(AEC(UK)BIM Standard Committee)在 2016 年制定了 ArchiCAD-V2.0BIM 技术协议;澳大利亚采购与建设联盟(APCC)相继发行了《BIM 知识和技能框架》及其他 BIM 相关指南。

在国内,BIM 技术的推广不仅是从全国到地方的政策性引导,还在行业内各个领域、建设工程的各个阶段包括招投标、设计、施工乃至运维阶段深度推进。我国住建部已经发布了《建筑工程设计信息模型交付标准》《建筑工程设计信息模型分类和编码》《建筑工程信息模型应用统一标准》《建筑工程施工信息模型应用标准》等;以上海市为例,其除了针对占比较大的民用建筑采用的 BIM 应用标准外,还制定了针对轨道交通、道路桥梁、市政、人防相关的建筑信息模型应用标准。企业内如中国建筑股份有限公司、万达商业地产集团等也制定了自己企业内部的 BIM 模型应用标准。

3. 标准合同条款

随着建筑业的快速发展,建设项目出现了很多新的采购方式,如总承包、框架协议等。越来越多的建筑企业在招投标合同及服务条款中,增加了与 BIM 相关的合同条款用来界定 BIM 咨询服务的内容、范围、阶段、价款等,我国上海市建筑信息模型技术应用推广联席会议办公室发布过一份示范性合同文本:《上海市建筑信息模型技术应用咨询服务招标文件示范文本(2015版)》,但是目前全国还没有统一的通用的 BIM 应用合同范本,并且目前的采购模式大部分是应用旧的采购方式,这些方式不完全支持 BIM 的合作方式。除了采购模式,BIM 技术硬件和软件的财务支出也是合同条款中需要明确和定义的重要部分。这些与 BIM 相关的财务成本包括初始软件设置的成本,初始硬件和软件的购置以及维护和更新,还有 BIM 新技术所需的相应培训成本。目前,仍缺少统一及有效的合同条款用来明确这些范围与收费标准。标准合同的维度应当明确 BIM 应用的周期范围,涵盖项目合作的总体,应当有书面形式的条款,包括客户要求,早期团队协议,以及相应的计费依据。

4. 法律法规

合同条款需要得到政府规章制度的支持,目前 BIM 的采用很大程度上依赖于政府的政策文件和社会组织推动。BIM 在解决建筑纠纷中能起到辅助作用,比如三维可视化的模型能够提供精准的算量,提供工程量成本造价方面的支撑等。表 9-2 列出了近些年国内各组织、行业协会推动BIM 技术应用发展所做的各项举措与推广活动。BIM 技术的研究、应用与标准的制定,为 BIM 应用提供相关的咨询服务和参考依据,但是目前对 BIM 应用的支持主要表现为行业协会及企业内部自己制定的标准,目前针对基于 BIM 项目应用的总体法律框架、协作要求和政府规章制度远不充足。

表 9-2　国内法律法规及相关推进进程

组织机构	法律法规
中华人民共和国住房和城乡建设部	《建筑信息模型应用统一标准》(GB/T 51212—2016) 《建筑信息模型施工应用标准》(GB/T 51235—2017) 《建筑工程设计信息模型交付标准》(即将发布) 《建筑工程设计信息模型分类和编码》(即将发布)
上海市	《建筑信息模型应用标准》(DG/TJ 08-2201—2016)
河北省	《建筑信息模型应用统一标准》[DB13(J)/T213—2016]

从相关研究中发现,法律法规的不完善给 BIM 技术的采用带来了很大障碍。对于采用 BIM 技术的潜在法律法规方面,其中最大的不足体现为缺乏完善的 BIM 实施和执行标准,其中包含数据交换与传输标准、各方模型信息完整性标准等;其次是各方责任主体权责不明确,给 BIM 实施带来很多组织间的矛盾;其他还有关于知识产权和文件所有权的问题等。在这样一个合作的环境下完成工作时,法律的完善有利于加强信息信任,完善的法律法规体系是保障 BIM 技术落地的有效举措,除此之外还需要制定相应新的政府法规,以满足建筑业当前的发展形势和需求。

9.2　基于 Cloud-BIM 的项目协同管理实践

9.2.1　项目实施环境

1. 技术研究

国内关于 BIM 技术的研究最早是关于 IFC 标准的研究及应用,并和国际互操作组织联盟建立了合作关系。早期关于 IFC 的研究是在 IFC 标准的基础上进行扩展,建立数字化信息交换标准,提供数字信息交换的必要机制和定义。为了进一步推动 BIM 技术的研究和发展,国家在"十五""十一五""十二五"和"十三五"重大科技攻关项目中,设立了大量的研究课题,对 BIM 技术研究的支持力度越来越大。在这样的背景下,上海天文馆项目基于 Cloud-BIM 的工程项目信息化管理研究也是顺应了行业的趋势、响应了国家的号召,并且依托上海天文馆这样大型复杂的公共文化类建筑,相关研究有了实践和落地的基础,用理论来指导实践,切实为工程项目的建设带来增值效益。

2. 政策标准

如前文所述,国内外关于 BIM 技术的应用已经制定或出台了大量的政策及标准,为 Cloud-BIM 技术的应用创造了良好的条件。上海天文馆项目在 Cloud-BIM 应用的策划及实施方面主要参考了住房和城乡建设部的 BIM 国家标准政策和上海市的地方标准、指南、政策和补充条款等。其中,参考的国家标准及政策文件有《关于推进建筑信息模型应用的指导意见》(2015)、《建筑工程信息模型应用统一标准》(2016)、《建筑工程施工信息模型应用标准》征求意见稿(2016)、《建筑工程设计信息模型交付标准》征求意见稿(2014),参考的上海市标准及政策文件有《上海市建筑信息模型应用标准》(2016)、《上海市建筑信息模型技术应用指南》(2015)、《关于在本市推进建筑信息模型技术应用指导意见的通知》(2014)、《关于上海天文馆建筑信息模型(BIM)项目资金的批复》(2015)等。BIM 应用的相关政策越来越趋于完善,在这些政策和标准的基础上编制上海天文馆项目的 Cloud-BIM 实施大纲、细则以及项目管理规划等方案,为 Cloud-BIM 的实施提供科学规范的指导。

3. 政府的支持

上海天文馆项目 Cloud-BIM 技术的应用得到了项目所在地政府部门的大力支持,上海市临港地区开发建设管理委员会为上海天文馆项目的 Cloud-BIM 应用拨付了专项资金,用于上海天文馆项目 Cloud-BIM 的实施。此外上海天文馆项目业主方还申报了上海市科学技术委员会重点课题项目,开展"基于 Cloud-BIM 的工程项目信息化管理"的研究,该研究为上海天文馆的 Cloud-BIM 技术的应用和实施提供了科学的思路及方法。

9.2.2　业主方主导项目管理应用模式

1.　组织模式及架构

上海天文馆 Cloud-BIM 应用采用的是业主方驱动的组织模式,在该模式下业主方委托第三方 BIM 咨询顾问团队对 Cloud-BIM 的实施进行主导,项目各参与方共同参与,实现基于 Cloud-BIM 技术的精益化项目管理模式。上海天文馆的建设单位在项目实施的过程中有绝对的控制权,要求项目各参与方均须应用 Cloud-BIM 技术辅助项目管理的工作。建设单位在 Cloud-BIM 的应用过程中进行宏观的把控,BIM 咨询顾问团队负责 Cloud-BIM 的具体实施。

为了达到上述目标,在项目招标阶段,业主方就将 Cloud-BIM 技术的工作要求写进了招标文件中,规定了各承包商 BIM 模型创建和维护工作、BIM 技术应用要求、BIM 数据所有权等内容。各参与单位也在招标内容的要求下,分别组建 BIM 团队,并指派专人负责 BIM 技术的沟通及协调。如图 9-4 所示是基于 Cloud-BIM 的协同管理团队组织架构。

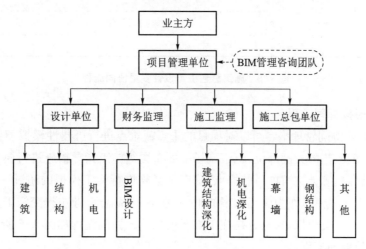

图 9-4　基于 Cloud-BIM 的协同管理团队组织架构

2.　组织流程

上海天文馆项目利用了 Cloud-BIM 技术,一方面将传统纸质的串行流程转变为云平台上的并行流程,另一方面利用 BIM 模型可视化的特点,大大提高了项目各参与方的工作效率。如设计变更 BIM 管理流程、施工方案模拟管理流程、工程量统计管理流程等,以下对这三个流程进行详细介绍。

1)　设计变更 BIM 管理流程

利用 Cloud-BIM 技术可以显著提高变更审核的效率,有效减少业主、监理、承包商等各方之间的信息传输和交互时间,并使索赔签字管理更有时效性,从而实现变更的动态控制和有序管理。本流程按照实际项目中变更从提出到完成、模型的最终修改的整体途径,实现相关各参与方之间的有效协同。本项目依据设计变更不同原因和类型,设计以下三类:施工总包提出、设计单位和项目管理单位提出。以施工总包提出为例,变更流程分为提出者、审阅审批者、变更实施者,涉及的相关单位包括:总承包单位、设计单位、工程监理、财务监理、项目管理单位和 BIM 顾问单位,根据 PDCA 循环策略,由施工总包提出变更申请,经相关单位验证后最终由 BIM 顾问单位完成变更的确认工作,协同流程如图 9-5 所示。

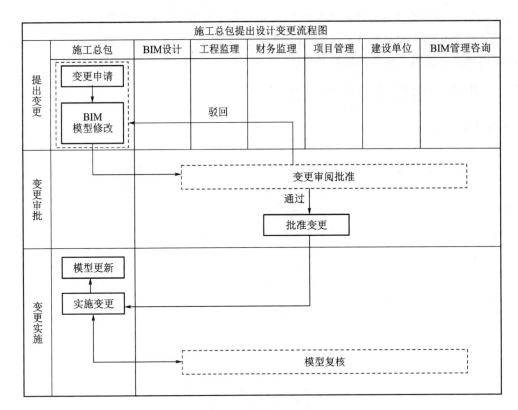

图 9-5 施工总包提出设计变更协同流程

2）施工方案模拟管理流程

通过 Cloud-BIM 协同管理平台可以对项目的重点或难点进行可建性模拟，对于一些重要的施工环节或采用新施工工艺的关键部位、施工现场平面布置等施工指导措施进行模拟和分析，以提高计划的可行性。结合上海天文馆项目的特点，确定了必须进行施工模拟的超过一定规模的专项施工方案，并拟定施工方案模拟作为施工方案的附件，在向工程监理、业主提交施工方案进行审核时，必须提交相关的施工方案模拟，参与方在施工方案模拟下的协同流程如图 9-6 所示。

3）工程量统计管理流程

工程量的准确统计是总包申请工程款的有力依据，施工总包需要依据形象进度完成各节点的形象进度计划，该计划由工程监理完成审核工作，总包依据审核同意的进度计划表，利用 BIM 技术准确、及时完成各节点下的工程量的统计工作，工程监理、财务监理、项目管理、BIM 管理咨询单位和建设单位进行工程量的审核工作，依据审核批准的量及时、准确支付相关工程款。项目各参与方在工程量统计管理下的协同流程如图 9-7 所示。

3. 协同管理平台架构

上海天文馆的 Cloud-BIM 协同管理平台采用混合云的部署模式进行搭建，该平台架构共分 3 层，即数据层、存储层、应用层，如图 9-8 所示。

（1）数据层。数据层是项目数据的来源，上海天文馆的项目各参与方在项目实施过程中的原始数据均在本层产生。如业主方和项目管理方编制的前期策划方案、可行性研究报告、技术标准、招标文件、项目管理规划等，设计单位和施工单位的数据包括设计图纸、BIM 模型、设计变更、方案模拟、质量和安全信息、进度和成本信息等，工程监理和财务监理单位的数据主要包括质量监督、安全监督、进度监督和成本监督的数据信息。由于各单位在数据层上产生的信息均是核心的业务数据，对安全性要求较高，因此采用企业级私有云的部署方式，项目各方自行管理企业级私有云生成

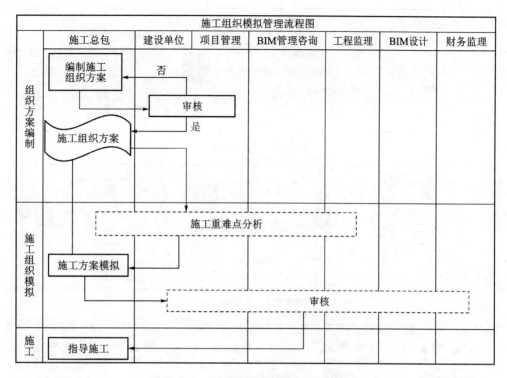

图 9-6 施工组织模拟管理协同流程

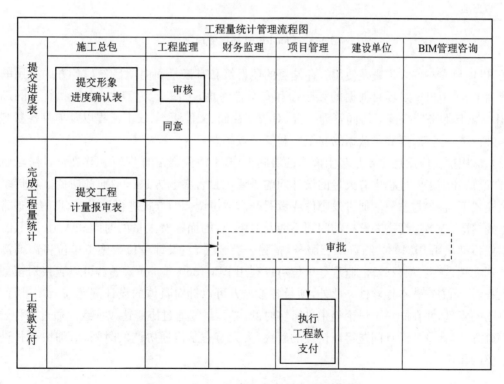

图 9-7 施工总包工程量统计管理协同流程

的数据,并将和项目各参与方共享的数据共享至存储层。此外,企业级私有云部署在企业内部,可以充分利用企业现有资源,最大限度地节省成本。

(2)存储层。存储层是上海天文馆项目的项目数据库,所有和项目相关的数据全部存储在这一层,项目各参与方将数据层所生成的阶段性的成果文件或合同要求的交付文件上传至项目级的

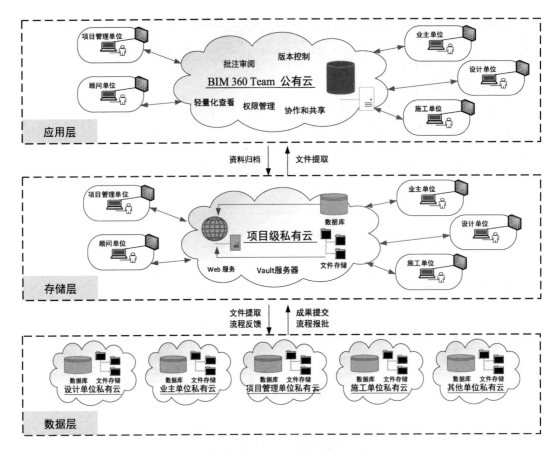

图 9-8　Cloud-BIM 协同管理平台

私有云,供项目参与各方审查及使用。存储层的项目级私有云是面向项目参与各方的公用的协同数据管理平台,但出于对项目数据的私密性和安全性考虑,上海天文馆项目采用私有云的部署模式,利用 Vault 服务器搭建了协同管理平台,对数据存储、文件版本、线上流程以及项目各参与方的角色等进行统一管理,提高了数据的安全性和管理效率。

（3）应用层。应用层主要是基于模型的协同工作,上海天文馆的 BIM 工作在设计阶段就已经介入,在设计和施工的过程中有大量的设计问题需要项目各参与方进行沟通和协商。在传统的项目管理模式下,各参与方只能通过发邮件或者召开沟通协调会的方式进行沟通,信息的传递常常存在滞后的情况,很多迫切需要解决的问题不能及时解决,因而耗费大量的时间和人力。因此,上海天文馆项目部采用 BIM 360 Team 云服务,搭建公有云平台,设计单位或施工单位将需要沟通的模型放到云端,业主、项目管理、监理等单位可以利用 BIM 360 Team 云平台可以直接对模型进行轻量化查看,无需安装本地软件。此外,项目各参与方可以针对具体的设计问题在云端进行批注,提出自己的意见,并在同一个讨论组中进行实时的沟通,最终通过协商达成一致。通过这种云端的沟通协调方式,大量的设计问题得以快速的解决,大大节省了沟通协调的时间,对加快项目进度起到了重要的作用。

9.2.3　基于 BIM 的三维协同设计与管理

1. 协同设计流程

1）方案设计阶段

基于 Cloud-BIM 的方案阶段协同设计流程如图 9-9 所示。

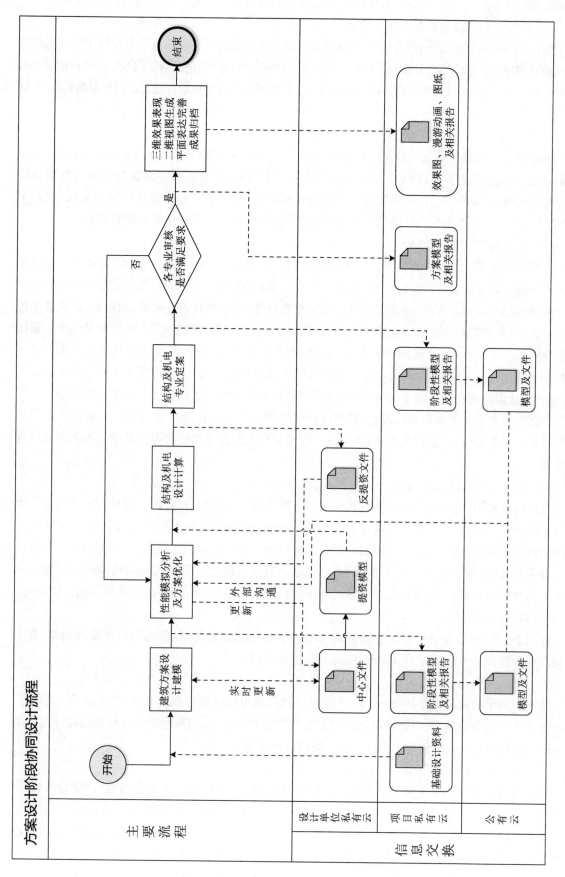

图 9-9 方案设计阶段协同设计流程

与传统设计方式相比,方案设计阶段的协同设计流程有较大变化,主要体现在以下几点:

(1) 以云平台为核心的信息交互方式。

基于 Cloud-BIM 的三维协同设计中,所有设计成果和重要的过程文件不再单独存放于个人的计算机中,而是利用设计单位私有云和项目私有云进行集中存储与管理。任何具有访问权限的项目成员均可以通过网络访问设相关计文件,而不再是通过邮件、即时通讯工具甚至移动存储设计进行数据的传递,减少了数据传递过程中不确定性因素的影响,有利于实现信息高效、准确、及时的共享与传递。

(2) 以 BIM 模型为数据源的性能模拟分析。

BIM 核心建模软件与众多模拟分析软件均是基于共同的 IFC(Industry Foundation Classes)标准,因此不同软件之间可以使用 BIM 模型作为同一个数据源,实现模型在建模软件与模拟软件之间的自动导入,完善参数设置后即可进行相关模拟分析。以 BIM 数据源进行模拟分析,提高了模型的复用率,避免各专业设计师的重复建模工作,极大地提升了模拟分析工作的效率。

(3) 正向的三维协同设计。

区别于二维设计或二维设计+BIM 翻模的方式,基于 Cloud-BIM 的三维协同设计是一种以模型为主导的正向三维设计。在设计前期,建筑专业可采用 SkechUp、Rhino 等三维建模软件对建筑的布局、体量关系、形态等进行推敲,形成初步的建筑概念体量,随后通过面墙、面屋顶、建立体量楼层等方式,建立具有初步建筑构件信息的 BIM 模型,用于后续的性能模拟分析和方案优化。根据模拟分析的结果,设计师更新 BIM 模型并同步至中心文件,导出提资模型后向其他专业提资。其他专业据此进行相关设计计算,确定主要设计方案或系统形式,同时可以根据需要向建筑专业反提资,建筑专业据此优化设计方案后再次提交提资模型,实现"优化-更新-设计-反提资"的循环。

在各专业对设计方案审核通过后,最终的图纸将由三维模型直接生成,当然,方案设计阶段的三维模型是较为粗糙的,如前文所述,部分由三维模型导出的图纸可能仍需要借助二维制图软件进行完善。

(4) 基于云平台的设计沟通。

在设计过程中,当需要借助模型与其他参与方沟通设计方案时,在传统的设计方式下可能需要召开专项会议,或是基于模型截图通过邮件或即时通讯工具展开讨论,而在基于 Cloud-BIM 的三维协同设计流程中,这部分工作是借助云平台来完成的。为了确保项目数据安全和隐私的可控性,设计师需要在项目私有云平台中发起流程,审批通过后从阶段性成果中提取沟通所需的模型及文件并上传至公有云平台中,项目参与方通过网络访问公有云平台,展开基于 BIM 模型的设计沟通。

2) 初步设计阶段

如图 9-10 所示,为基于 Cloud-BIM 的三维协同初步设计流程,与传统的设计流程相比,在工作流程和数据流转方面均有明显的改变,主要变化如下:

(1) 设计准备环节的提前。

传统流程中的设计准备环节在 Cloud-BIM 三维协同设计流程可提前实现,在方案设计阶段后期和初步设计阶段前期,各专业就可以依据方案模型展开工作,如编制适用于项目后续设计及应用的 BIM 项目样板,提高后期初步设计及施工图设计的效率和出图质量。

(2) 基于 Cloud-BIM 的设计协调。

综合协调工作将贯穿于整个三维设计流程中,可以随时进行协调,避免或解决大量的设计冲突问题。各专业在设计时,模型实时与中心文件保持同步,各成员间可以互相参照设计内容,本质上是将大量协调工作前置,融入设计建模过程中。对于专业间的协调,一方面可以通过链接的方式将模型互相关联,设计师可以基于此互相沟通和参照,从而完成协调工作;另一方面,可以通过公有云进行基于 BIM 模型的在线实时沟通,提高各参与方的沟通效率和质量。

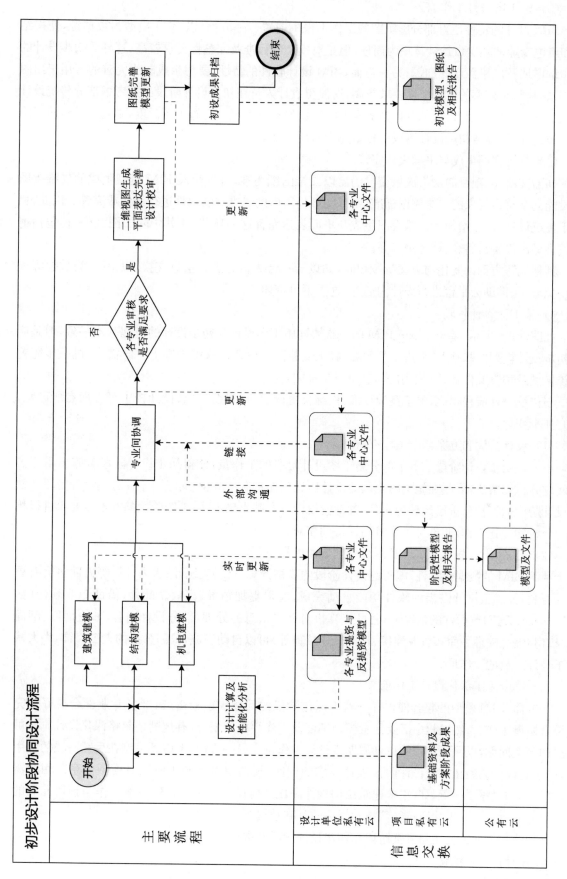

图 9-10 初步设计阶段协同设计流程

（3）施工图设计工作前置。

BIM设计的特性使得部分施工图的工作不得不前置。一方面，以BIM模型为数据源，使得结构和机电专业的相关设计计算更为简便，但是对模型的标准及完整性要求较高，这导致初步设计的工作量增加及成果深度的加深；另一方面，BIM设计软件的特性，要想生成较为完善的可用于出图的二维视图，对模型的信息深度要求较高，这使得设计人员在初步设计阶段必须考虑部分传统设计方式下不需要考虑的参数，部分模型的深度实际已经接近甚至符合施工图深度，本质上是对施工阶段工作的前置，导致初步设计阶段工作量亦会有所增加。

（4）二维视图生成与平面表达完善。

如前文所述，项目的最终成果交付仍需以二维图纸为准，且现阶段BIM模型生成的二维视图并不能完全符合国家的二维制图标准，部分图纸仍需借助二维制图软件进行绘制或完善。因此，相对于传统设计方式，增加了二维视图生成和平面表达完善这一环节，这其中除了图纸外，还包括根据模型导出设备材料表、计算报告等。

其他流程方面的变化与方案阶段相同，如以云平台为核心进行信息交换、以BIM为数据源进行模拟分析、借助云平台进行设计沟通等，这里不再赘述。

3）施工图设计阶段

如图9-11所示，基于Cloud-BIM的三维协同施工图设计与初步设计的流程基本一致，但是应在初步设计模型的基础上，考虑工程预算、施工安装甚至后期运营维护等上下游需求，进一步完善系统模型及相应文件，BIM模型的信息也将更加完整。

与传统设计流程相比，除了在设计准备、综合协调、二维视图生成、设计校审等方面有所区别，还有如下变化：

（1）设计协调和方案修改工作有所减少。

由于在初步设计阶段前置了部分施工图设计阶段的工作量，使得初步设计阶段暴露出了更多的问题并得以解决，因此在施工图阶段的设计协调工作将有所减少；同时由于在方案设计阶段和初步设计阶段的模拟分析已经较为充分，各专业设计方案基本确定，施工图阶段基本不需要再进行相关的分析和优化工作，此部分工作量同样得到缩减。

（2）复核计算、材料表统计及图纸绘制方面更加便利。

利用BIM的数据化特性，施工图设计阶段的复核计算、材料表统计、水力计算等方面将会有更多的便利，很多工作可以借助软件功能自动完成，变得更加精准、高效。此外，借助专业软件（如BIMSpace、天正）或插件的情况下，通过计算机对元素信息的处理，部分设计内容（如立面图、剖面图、机房详图、喷淋平面布置及连接、管道尺寸核算等）可以自动完成，只需少许的人工修饰，大大减少了设计人员的工作量。

（3）部分施工深化设计工作前置。

一方面，BIM模型的整合使得部分施工深化阶段的问题提前暴露，需要各专业配合更好地完成综合协调工作，当然过程中需要注意模型细度及工作界面的划分，有规则地忽略深化设计阶段可解决的模型问题，以保证合理的设计周期及设计工作量。另一方面，考虑到模型在后续阶段的复用性，施工图设计模型在满足设计阶段表达需求的同时，还需要考虑施工阶段对模型信息延用的需求，部分工作量需要前置，如：主体建筑结构构件深化几何尺寸、定位信息；隐蔽工作与预留孔洞的几何尺寸、定位信息；细化建筑经济技术指标的基础数据等。

其他流程方面的变化与方案阶段和初步设计阶段基本相同，这里不再赘述。

2. 设计协同及优化

1）模型创建及交互

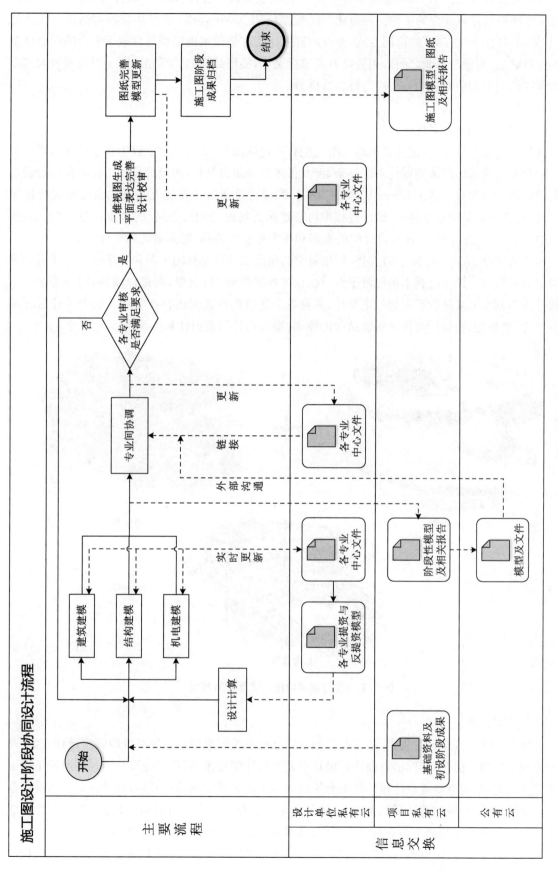

图 9-11 施工图设计阶段协同设计流程

本项目设计阶段使用 Autodesk Revit 2016 作为主要设计、协同和管理软件,同时配以专业软件解决专项设计推敲配合的工作。轻量化审阅模型使用 Navisworks 或与其兼容的格式。设计过程中,采用"链接＋工作集"的协同方式,专业内部使用工作集使本地模型与存放于平台的中心模型文件保持联系,专业与专业之间采用链接方式进行交互,实现数据的共享和协同。当模型较大或影响操作性能时对相关专业中心文件进行二次拆分。

2）设计协调

（1）实时协同与方案优化。

在传统的建筑设计中,把握建筑的三维造型有一定的困难,尤其是对于较为复杂的建筑形体来说。随着新型建筑的形体变得越来越复杂,涉及很多自由曲面变化,传统的设计工作流程已经很难高效准确地完成设计。基于 Cloud-BIM 的三维协同设计是通过一种相互关系的角度来优化建筑设计,各专业中心模型相互链接,设计过程中可将建筑的场地、形态、空间、构造集合在一个三维模型当中（图 9-12）进行参考,通过设计师的推敲和各个专业的协同,得到最优的设计方案。

本项目借助 BIM 三维模型的优势,从几何学的角度对异形建筑的平面和三维空间生成进行准确的定义和呈现。设计过程不再仅限于点、线、面这些简单的 2D 对象,而是以墙体、门窗等建筑三维构件作为基本元素进行正向的三维设计,并且各个建筑构件之间均存在关联。整个设计过程遵循参数化、数据化、和设计可视化紧密结合的原则,提高设计的逻辑性和准确性。

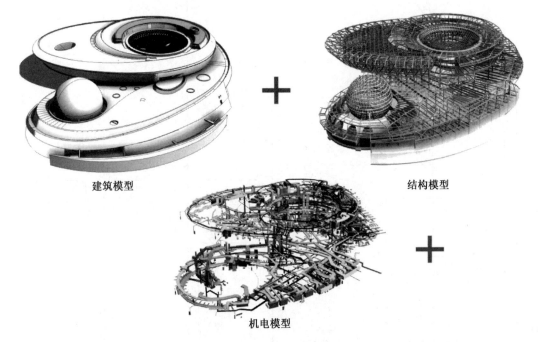

建筑模型　　　　　　　　结构模型

机电模型

图 9-12　主体建筑阶段性整合 BIM 模型

（2）冲突检测。

尽管在三维协同设计过程中,各专业之间可以互相参照模型信息以便更好地确定设计方案,减少专业间的冲突。但是,实际项目操作时设计周期往往比较紧张,而且部分设计内容的前置条件也并非完全充足,如机电专业设计往往并不会等到结构平面布置完成后再开始,此外各专业间难免存在提资时间延迟、提资内容错漏的情况,导致各专业间仍存在许多设计冲突。因此,对阶段性的成果进行集中的冲突检测仍是必不可少的工作,其本质上也是一种空间关系的校审。

本项目从初步设计开始,对阶段性成果进行了分批的冲突检测,及时发现设计问题并形成设计问题协调追溯表,如表 9-3 所列:

表 9-3　上海天文馆设计问题协调追溯表

ID	位置区域	楼层	轴线	问题描述	解决办法	状态
ZT_AR-01	P4	B1	1-J 和 1-16	梁穿过电梯;移动位置后已避开主梁,但是次梁还未取消	建筑修改电梯平面位置,结构取消次梁;结构修改次梁改布置	关闭
ZT_AR-02	风井	B1	1-X 和 1-14	结构穿人防风井,人防区域需要提供结构图纸,人防还未提供人防区域结构图纸	待人防提结构图按照人防图纸修改	关闭
ZT_AR-03	空调机房	B1 和 1F	1-H 和 1-19	楼梯和地下室外墙有冲突	建筑修改楼梯位置	关闭
ZT_AR-04	前室	2F	1-N 和 1-4	此门底部高度 8.3 m,低于坡道,门无法开启,且顶部与结构冲突	楼梯结构复核,提新版楼梯详图给 BIM	待定
ZT_AR-05	前室	2F	1-T 和 1-7	此门洞高度太高	结构查看图纸,门高做到梁底,BIM 复核洞高	关闭
ZT_AR-06	LT-14	1MF 和 2F	1-P 和 1-10	结构梁和楼梯间冲突	楼梯结构复核,提新版楼梯详图给 BIM	待定
ZT_AR-07	风机房	RF	1-S 和 1-16	风机房	机房层降板取消	关闭

（3）净高分析。

天文馆项目属于文化类建筑,对净空有很高的要求,且不同房间功能对净空的要求不同。如:展示空间由于需要放置大型展品,往往需要较高的净空;普通办公房间只需要满足设计规范的要求即可。通过应用 BIM 技术,整合各专业模型,对建筑物最终的竖向设计空间进行检测分析,优化机电管线排布方案,在不增加层高的情况下提升净高和在施工前及时调整不符合要求的层高。

如"中华问天"展区,天文馆展示部提出明确要求,"中华问天"区域分别要提供 6.6 m 的结构净高。因此,设计时按照天文馆展示部门的要求,精心设计、合理布置,通过碰撞检测、管线排布优化,尽量争取较大的净空高度。目前"中华问天"展区的梁底净高为 7 m,最低的管线标高为 4.6 m(图9-13),符合展示要求。

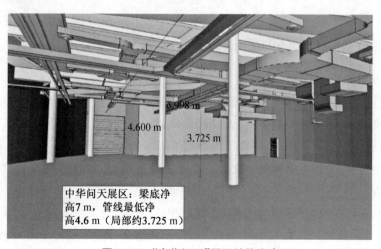

图 9-13　"中华问天"展区结构净高

3）图纸输出

本项目充分利用 BIM 模型的可出图性，着重提高传统二维绘图软件绘制难度较大的立面图、剖面图的出图效率，同时对于建筑、结构的部分平面布置图，在 Revit 中可以生成符合出图标准的二维视图，采取 BIM 直接出图的方式；对于需要完善标注形式满足国家出图规范的图纸，如机电平面布置图，由 BIM 三维模型导出二维平面视图，在 Autodesk CAD 软件中作进一步修饰；而对于无法由三维模型直接出图或快速出图的图纸，如机电系统原理图、部分结构节点详图等，采用传统的二维制图方式。

本项目 BIM 图纸输出流程如图 9-14 所示。其中，Working Views 为工作视图，主要在此进行模型的创建和协调工作；Sheeting Views 为出图控制视图，通过对工作视图进行裁剪和显示设置，控制出图的范围、图元显示精度、标注样式等，生成符合出图标准的 BIM 二维视图；最后是图框的设置和图纸的发布（Annotate & Publish），生成与模型相对应的图纸或图纸集，最终发布的图纸可以导出 DWG 格式的图纸文件，用于最终成果的提交和存档。对于标注不够完善的 BIM 二维视图，导出图纸后，通过 Autodesk CAD 软件作进一步的修饰。

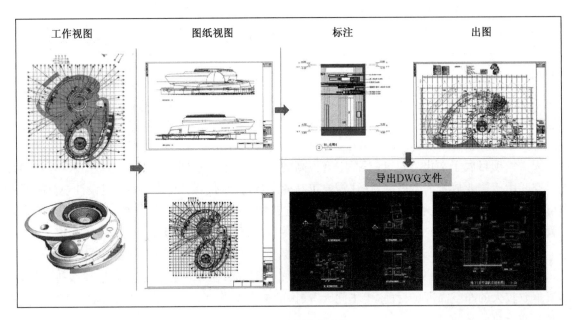

图 9-14　图纸输出流程

9.2.4　基于混合云的协同项目管理

1. 基于 BIM 360 Team 的协同管理

BIM 360 Team 是 Autodesk 公司开发的面向建筑行业的协同管理软件，且与 Revit 和 Naviswork 的兼容性较好，因此上海天文馆项目选取 BIM 360 Team 公有云服务来部署协同平台的应用层。BIM 360 Team 是一个协作平台，可以帮助工程师和设计师在一个集中的工作空间查看、共享、审阅和查找二维和三维设计与项目文件，随时随地获得最新的项目、文件和团队信息，如图 9-15 所示是 BIM 360 Team 协同平台的网页版界面。

BIM 360 Team 作为项目各参与方基于模型的沟通平台，通常情况由设计单位或施工单位将需要沟通的模型上传到 BIM 360 Team 公有云中，各单位针对上传的模型进行批注和审阅工作，提出相关意见，供设计和施工单位的相关人员参考，最终达到减少设计错误、优化设计的目的。基于模型的沟通协调及数据管理的工作包括如下几个方面。

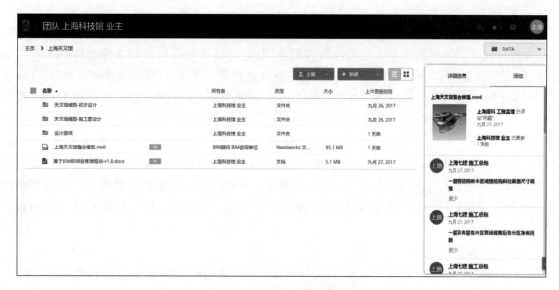

图 9-15　BIM 360 网页版界面

1）项目成员及角色设置

在 BIM 360 Team 中建立项目文件夹，邀请项目各参与方组建项目工作群，并对各参与方的角色和权限进行定义。本项目的参与方包括业主单位、项目管理单位、BIM 咨询单位、设计单位、施工单位、工程监理、财务监理，根据项目的需求设置了相应角色并分配权限，如图 9-16 所示。由业主或项目管理单位申请注册账号，然后分配给每个参与方各一个账号，各家单位根据实际情况配置相应的人员专门负责 BIM 360 Team 平台的使用和管理，及时上传和下载文件、与各参与方进行沟通、及时反馈问题。业主或项目管理单位作为工作群的创建者，对群成员的角色和权限进行管理，只有工作群的创建者可以作为项目管理员对项目进行设置、批准项目中的人员、设置访问级别。项目管理员还可以设置其他成员为"编辑器"或"查看器"的角色，其中"编辑器"角色可以对文件或文件夹执行编辑、上传、下载等操作，而"查看器"角色只能查看相关文件，不具备修改和编辑的权限，项目各参与方在各自的权限范围内进行沟通和协作。

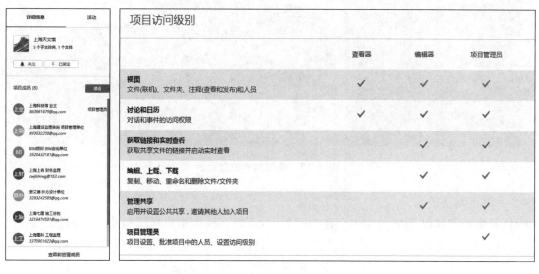

图 9-16　项目成员角色设置及访问控制

2）文件的共享及查看

BIM 360 Team 支持上传 100 多种文件格式的文件,包括二维图纸、三维模型、office 文档、PDF、视频动画等。项目各参与方在允许的权限范围内,可以将项目相关的文件上传到 BIM 360 Team,然后通过在电子邮件中或聊天时提供相应链接来共享文件,还可以将链接嵌入到站点中。

利用 BIM 360 Team 将项目文件存放在公有云服务器中,通过浏览器可实现模型和工程图纸的轻量化查看,而无需安装其他插件或下载文件到本地,也不需要安装专业化的建模软件,对用户的本地计算机的配置没有太高的要求。BIM 360 Team 查看器支持查看来自 Autodesk、Solidworks、CATIA、Rhino 等的多种二维和三维设计文件格式,可以直接与复杂模型进行实时交互,模型查看的功能包括平移、放大、第一视角、漫游、创建截面分析和动态观察等。在许可条件下,可以使用任何桌面或移动设备登录账号查看项目数据,方便现场办公人员实时掌握项目的动态。

3）信息的查找及识别

项目各参与方可以在设计模型、复杂部件、数据归档和活动提要中搜索、过滤和查找项目数据,快速定位相关信息,提高工作效率。通过搜索文档中的文本、设计和模型内的组件,以及团队成员添加的注释或发布的帖子,可以跟踪图纸、模型和项目文档的最新更改。在 BIM 360 Team 中还可以查看设计文件与组件之间的复杂关系或其内部包含的外部参照。轻松识别模型的相关数据,例如,相关的渲染、图纸文件、动画和仿真。

如图 9-17 所示,在 BIM 360 Team 中查找 naviswork 整合模型中的风管构件,通过项目的选择树层层筛选,即可搜索到相应的分类,点选分类名称,模型中所有的风管即高亮显示出来,而模型其他的部分会以线条的形式被隐藏起来,便于用户更加清晰直观地查看。

图 9-17　模型构件的查找

4）实时审阅及批注

项目各参与方发现 BIM 模型中存在的问题后,可以在模型中直接进行批注,并且可以在讨论区针对相关的问题发起讨论。当有项目成员提出批注意见或发起讨论时,后台会自动给所有的项目参与方推送邮件,确保每个成员都可以及时获取模型修改的问题及信息。团队成员和其他项目利益相关方直接在批注中或讨论组中进行回复,实时在线沟通,及时解决问题。BIM 360 Team 实现了在一个集中的工作空间跟踪项目的最新更新、注释和设计变更,使项目保持正轨的作用。此外,使用日历和页面功能统一安排和处理各项任务。如图 9-18 所示是模型中的问题批注及各家单位的回复意见,图中的标记是模型中目前存在的问题,点击标记会显示弹窗,可以看到各家单位的批注内容。

图 9-18　批注及审阅功能

5）版本控制及管理

BIM 360 Team 可以保证始终提供正确的文件版本,确保团队中的每个成员无论是在办公室还是在现场办公,都可以访问正确版本的文件、项目数据和设计。设计、项目文档和数据会实时更新并生成新的版本,新的版本上传到云中并不会覆盖旧的版本,每次上传的版本均会保留在平台上。项目各参与方可以浏览版本历史记录,从第一个版本一直到最新版本,便于对问题进行追溯。

2. 基于 Vault 的数据管理

本项目选择了 Autodesk 的数据解决方案产品 Vault Professional 平台(以下简称 Vault),该平台在上海中心等重大项目中都已经成功实施。该平台可以为上海天文馆项目提供一个高效、灵活和安全的协同工作环境,为项目各参与方提供最及时、最准确的信息共享及管理平台,实现项目全过程的高效协同管理。Vault 平台的功能及工作机制详述如下:

1）Vault 平台应用流程

上海天文馆的项目管理单位在 Vault 协同管理平台上创建项目级的私有云空间,并创建项目的组织及成员。在上述基础上,依据文档、任务两条主线进行文档、任务流程管理。其中,文档管理包括创建文档目录结构、文档权限管理以及其他文档相关操作等工作,流程管理包括创建流程路线、流程管理以及流程运行等工作。Vault 协同管理平台可以支持从文档直接发起流程,供项目参与各方进行查阅或审核,同时也支持将流程中的附件保存到文档区,进行归档和存储。该平台应用流程图如图 9-19 所示。

2）组织及成员设置

根据上海天文馆项目的协同管理组织架构对 Vault 平台的用户及用户组进行设置,Vault 平台上设置的组织及成员角色包括“Vault 管理员”“建设单位”“项目管理单位”“设计单位”“BIM 设计单位”“BIM 管理咨询单位”“BIM 管理咨询单位”“施工总包单位”“财务监理单位”“工程监理单位”和“运营单位”等。可以根据项目的要求对项目各参与方的成员和角色进行定义,并设置相应的角色是否启用。

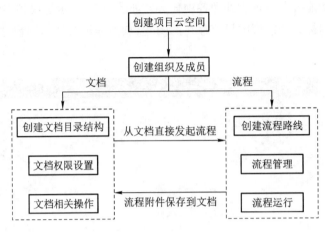

图 9-19　Vault 平台使用流程

3）文档管理

Vault 协同平台能够提高标准的文档管理功能，且能够良好地控制工程设计文件之间的关联关系，并自动维护这些关系的变化，从而减少了人员的工作量。

为了便于对文档进行统一的管理，须在项目设计阶段的 BIM 应用方案中规定项目模型、构件、材质等文档命名格式，各参与单位遵照统一标准执行。另外，要建立一套统一的文档框架及编码体系用于保证文件管理的统一性、协调性且易于操作、管理，保证项目参与者均能按照统一标准加以运用。本项目的文档框架及编码设计根据项目特点制定归档原则，在项目实施过程中文件构架体系如图 9-20 所示。在 Vault 平台中将信息进行分类，按组织、专业、项目全生命期阶段或者其他类别分类创建文件夹进行文档管理，实现了文档从创建→修改→版本控制→审批程序→发布→存储→查询→反复使用→终止使用，整个生命周期的管理，并实现工作流与文档管理无缝结合。

图 9-20　文件构架体系

4) 权限管理

项目文档建立之后,为了实现项目信息的流通与管理,需要将项目各参建方所整理的信息进行梳理,根据各参建单位需要,将信息梳理为两大类:共享信息和私有信息。权限管理包括用户管理和角色管理,用户通过授权对某个资源进行操作,包括修改、删除、编辑三类权限。

共享信息将作为公开权限进行处理,由各单位上传至平台,供项目的其他参建单位使用。私有信息是依据各单位单独设置权限,由各单位分别上传之后,仅部门内部或指定人员方可查看、下载。

权限控制在平台中起到安全控制的作用,其主要功能包括:①创建系统管理员。用户均有已创建的管理员进行建立,根据管理员设置的使用权限对系统进行操作,管理员拥有平台的所有操作权限;②管理用户相关信息,包括添加与删除用户、设置系统访问权限等;③角色管理,如设置角色的相应权限等。

5) 流程管理

针对上海天文馆组织架构的复杂性,可以利用 Vault 平台根据不同的需求定义工作流程和流程中的各个状态,并且赋予用户在各个状态的访问权限。当使用工作流程时,文件可以在各个状态之间串行流动到某个状态,在这个状态具有权限的人员就可以访问文件内容,进行审阅并提出相关意见,并对流程执行批注或拒绝的操作。通过工作流的管理,可以更加规范项目管理的工作流程,保证各状态的安全访问,并且可以随之生成相应的校审单。Vault 协同管理平台上的相关流程包括设计变更管理流程、4D 月进度管理流程、方案/成果文件报审流程、工程量统计管理流程、工程费用申请流程、模型变更管理流程。其中以设计变更流程为例,在平台上能够有效记录和追溯流程的发起者、审阅者、审批者以及关闭者,并能够绑定平台上的相关资料作为附件,某设计变更如图 9-21 所示。

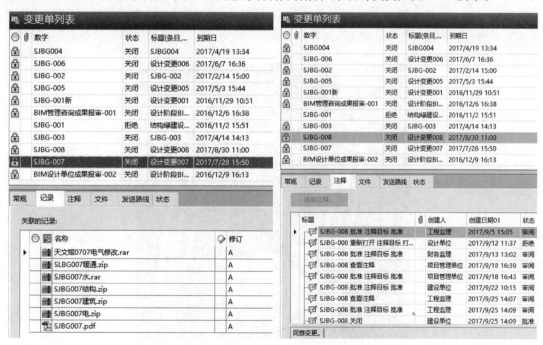

图 9-21　Vault 平台中某设计变更流程

上海天文馆项目利用 Vault 的线上流程进行管理,项目各参与方可以不受时间和地点的限制,通过网络登录 Vault 平台即可实现流程的查看、审核和处理,大大提高了工作效率。

6) 模型及数据管理

上海天文馆的项目各参与方可以通过 Web 网络及 Vault 客户端界面,进行图文档、图纸、BIM模型等数据或文件的下载、查看、删除、检入和检出操作,并将版本不同的文件保存在系统数据库中。

利用数据的检出和检入能够实现文件级的协同工作,项目各参与方可以针对同一个文档或模型进行统一的修改和编辑,避免文件版本过多而导致数据管理的复杂。用户可以对系统授权可以编辑的文件或模型执行检出操作,并进行相应的修改和编辑,之后对文件或模型执行检入操作,完成文件或模型的在线修改。检出和检入功能可以追溯模型的使用状态,如果某用户上传了最新的文件或模型时,系统会发出相应提示信息,改变模型文档资料前的状态标识,记录编辑者和编辑时间等信息。值得注意的是,检出之后模型将会显示为检出状态,并且其他具有操作权限的人员也无法完成检出操作,这保证了文件版本的唯一性,同时可以实现不同用户之间的协同工作。

9.3　协同案例分析

上海天文馆项目借助于 Cloud-BIM 的应用,通过统一的数据共享模式,在平台上应用同一个模型,采用同一个标准,同一个管理流程,在施工前虚拟模拟排查同一专业的模型问题、不同专业模型之间的碰撞问题等。本节以上海天文馆项目应用 Cloud-BIM 技术解决不同专业之间的碰撞问题为例,介绍了建设项目不同参与方即幕墙深化单位、钢结构单位、设计单位和施工单位之间针对模型的合并筛查,在 Vault 平台上各自审核上传意见,高效地发现问题并解决问题的过程。

1. 问题发现

幕墙深化单位在深化设计过程中发现幕墙龙骨与钢结构存在大量碰撞的问题,网状幕墙龙骨与钢结构斜柱有冲突,无法进行安装,如图 9-22 所示。初步发现问题后,幕墙深化单位利用 BIM 模型实测钢结构中心线至幕墙表皮的距离,以判断是否满足幕墙节点需求。首先,明确钢结构中心点到建筑表皮的距离取值方式。然后,梳理所有钢结构中心线顶点及底点到建筑外表皮的距离。

方框部分为幕墙龙骨与钢结构斜柱碰撞

图 9-22　大悬挑区域阳极氧化铝板后钢龙骨与钢结构碰撞

2. 问题分析

通过整合后的幕墙和钢结构模型,共实测 270 个点位,其中大悬挑区域 113 个点位,屋顶及步道区域 157 个点位,大悬挑部分节点如下图 9-23 所示。

钢结构中心与幕墙外表皮需要保证至少 1 200 mm 间距,实际通过整合模型测量大悬挑部分的 113 个点位距离发现,满足间距要求(≥1 200 mm)的点位间距仅 7 个,占 6.19%,其余 106 个点

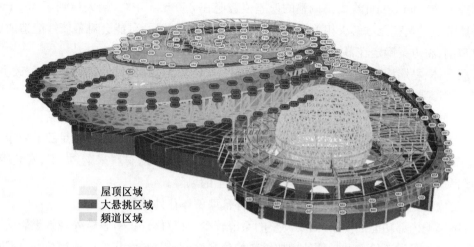

　　屋顶区域
　　大悬挑区域
　　频道区域

图 9-23　幕墙与钢结构碰撞位置及其间距

位的距离无法满足要求,其中 91 个点位的距离在 1 000~1 200 mm 区间内。屋顶及步道区域的幕墙需要保证至少 1 000 mm 间距,实际通过模型测量该区域的 157 个点位距离,满足要求的仅 4 个,占 2.55%,其余 153 个点位距离小于 1 000 mm,其中 142 个点位的距离在 500~1 000 mm 区间内。具体详见表 9-4。

表 9-4　大悬挑区域模型及屋顶及步道区域实测距离表

大悬挑区域			屋顶及步道区域		
间距/mm	个数	百分比	间距/mm	个数	百分比
≤分比步道	15	13.27%	≤3.2	11	7.01%
1 000~1 200	91	80.53%	500~1 000	142	90.45%
≥1 200 mm	7	6.19%	≥1 000 mm	4	2.55%
总数	113	100%	总数	157	100%

　　实测模型中最小间距仅为 384 mm,与图纸所需要求距离差距较大,幕墙设计施工完全无法实现。

　　发现问题后,参与各方开始查找原因并解决该问题。问题发生的原因主要在于,扩初设计时考虑的边界条件被不断打破,由于相应方案未考虑任何调节余量来吸收后续施工图设计的偏差,而设计施工图也未根据设计内容条件与方案阶段的不同而调整相关的距离,导致误差不断累积,产生较为严重的后果。

　　(1) 屋顶和步道区域的结构柱由扩初考虑的 150 mm 半径变化到施工图的 200~294 mm;

　　(2) 幕墙节点做法由于考虑防水,由扩初考虑的 500 mm 变化到施工图的 600 mm;

　　(3) 扩初阶段未考虑幕墙钢龙骨找形调节空间的 200 mm。

　　综上,屋顶和步道区域的钢结构中心距幕墙外表皮的距离由扩初考虑的 650 mm,变化到施工图的 1 000~1 100 mm;大悬挑区域由扩初考虑的 900 mm 变化到施工图的 1 200 mm。

　　3. 解决方案

　　1) 初步方案

　　初期的调整方向为从幕墙外移、钢结构内移、调整幕墙节点做法三种方式中进行选择,或对其中两种数据进行综合修改。由于按照幕墙招标图纸节点大样,幕墙本体厚度为 600 mm,与钢结构的调整间隙为 200 mm,而此次需要调整的误差值普遍在 350 mm 左右,最大达到了 600 mm,明显仅通过幕墙节点的调整无法解决相关问题。而且幕墙节点调整后,可能会对幕墙性能造成影响,为简化调整范围,将方案确定在幕墙外移或钢结构内移之间做出选择。

设计联合体、幕墙深化设计单位及钢结构深化设计单位经过几次讨论,提出两种修改方案:

方案一:外幕墙轮廓不变,调整内部钢结构,结构整体往里偏移 400 mm。

优点:立面效果和造价没有变化。缺点:建筑面积减少、大部分的系统需要重新设计、部分通道宽度不满足消防要求。钢结构内移会导致建筑使用空间减少,部分走道无法满足疏散要求,部分机房空间不足,钢结构将重新调整并深化,影响钢结构深化图纸批准、材料采购、加工、安装等一系列时间,对项目现场工期造成极大影响,甚至可能有停工的风险。

方案二:内部钢结构不变,调整外幕墙轮廓,外幕墙整体往外偏移 400 mm。

优点:不影响内部功能的使用,需要调整的系统较少,且整体外扩对建筑外观效果影响不大;缺点:建筑面积增加导致造价上升。预计增加材料的位置:立面铝板、女儿墙压顶铝板、立面下部收口吊顶、屋面。

设计联合体、幕墙深化设计单位及钢结构深化设计单位在讨论会现场利用 BIM 技术快速调整模型,计算增加成本,研究方案可行性。经过讨论,针对当时工地现状和各深化单位的工作进展,权衡利弊后,各个团队认为方案二较为可行的,因为它对目前施工进度影响最小,但是造价和面积的增加量需调整到可控制范围内,各方团队同意以方案二幕墙外扩方案为基础,继续进行方案优化。

方案一与方案二对现场进度的影响和新增成本比较如表 9-5 和表 9-6 所列。

表 9-5　方案一与方案二进度影响比较表

修改内容	方案一	方案二
结构方案修改	4 周	
各专业配合修改	3 周	
钢结构深化设计修改	5 周	
外皮方案修改		4 周
基于外皮的幕墙修改		6 周
总计	12 周	10 周

表 9-6　方案一与方案二新增成本比较表

增加材料位置	综合单价(含税)/元	方案一	方案一总价/元	方案二	方案二总价/元
阳极氧化铝板墙面	2 900	0	0	120	348 000
直立锁边屋面	775	0	0	86.3	66 882.5
屋面及步道-混凝土贴砖	850	0	0	208.7	177 395
阳极氧化铝板吊顶	2 900	0	0	122.6	355 540
抹灰吊顶(次入口)	50	0	0	17.6	880
条带状玻璃幕墙	2 091	0	0	10.6	22 164.6
三层增加的楼板面积	280	0	0	60.0	16 800
三层玻璃外扩增加的建筑面积		0		37.5	
合计			0		988 000

2）调整方案

在上述方案二的基础上，各方团队继续深化调整并利用 BIM 技术推敲方案，提出方案三：铝板幕墙安装尺寸，由原来的 800 mm 调整为 750 mm。原主体钢结构进行少量调整，保证 450 mm 的安装距离。经过这样的优化，幕墙外扩 400 mm 调整为外扩 300 mm，以保证幕墙保温层位置与原设计方案基本一致，减少造价和增加的面积。

如图 9-24 所示，幕墙深化单位在会议现场快速调整 BIM 模型直接计算出幕墙增加的面积。

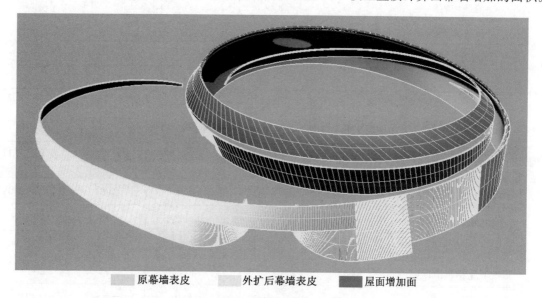

　　▨ 原幕墙表皮　　　▨ 外扩后幕墙表皮　　　▨ 屋面增加面

图 9-24　幕墙面积分析模型

方案三内部钢结构微调，保证 450 mm 安装距离，调整外幕墙轮廓，外幕墙整体往外偏移 300 mm。主体钢结构部分需要向内侧微调，保证与原方案外立面 450 mm 的净距离，根据初步估计结构影响稍大的位置有 8 个，需调整，具体位置见图 9-25。

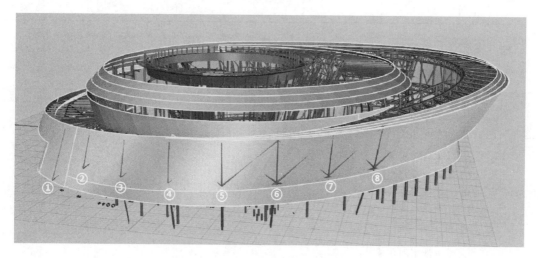

图 9-25　钢结构需调整位置示意图

会议上通过 BIM 模型快速计算出两种方案所需增加的成本，经过比较，方案三比方案二更经济，预计增加材料成本约 81.6 万元，较方案二节省约 17 万元。此方案相比于其他两种方案对整个工期影响较小，由于钢结构深化已接近尾声，如果调整内部钢结构，钢结构单位需重新深化进而造成工期影响，如果调整幕墙轮廓，虽对工期影响较小，但影响整体轮廓造型同时增加材料等费用。

综合分析,此方案对钢结构影响较小,同时外轮廓的增加导致的建筑面积增加可在内部进行平衡,局部微调整内部结构,保证总建筑面积不变,且此方案可相对减少幕墙增加面积,节约材料等成本。至此,各方达成一致,确定方案三为最终解决方案。

方案二与方案三对现场进度的影响与新增成本比较如表 9-7 和表 9-8 所列。

表 9-7 方案二与方案三进度影响比较表

修改内容	方案二	方案三
外皮方案修改	4 周	4 周
基于外皮的幕墙修改	6 周	4 周
总计	10 周	8 周

表 9-8 方案二与方案三新增成本比较表

增加材料位置	综合单价(含税)/元	方案二	方案二总价/元	方案三	方案三总价/元
阳极氧化铝板墙面	2 900	120	348 000	98	284 200
直立锁边屋面	775	86.3	66 882.5	93	72 075
屋面及步道-混凝土贴砖	850	208.7	177 395	192	163 200
阳极氧化铝板吊顶	2 900	122.6	355 540	92	266 800
抹灰吊顶(次入口)	50	17.6	880	17.6	880
条带状玻璃幕墙	2 091	10.6	22 164.6	8.0	16 728
三层增加的楼板面积	280	60.0	16 800	45.0	12 600
三层玻璃外扩增加的建筑面积		37.5		24.5	
合计			988 000		816 000

三种方案综合利弊比较如表 9-9 所列。

表 9-9 三种方案汇总比较表

影响方面	方案一	方案二	方案三
建筑面积	减小约 237 m²	增加约 119 m²	不变
设计系统	1. 主体结构需要调整; 2. 钢结构深化需要调整; 3. 幕墙预埋件需要调整; 4. 建筑平面需要调整; 5. 设备系统需要调整	外幕墙系统外扩 400 mm,钢结构系统需要微调	外幕墙系统外扩 300 mm,钢结构系统需要微调
使用功能	1. 展厅部分使用面积减少; 2. "星际穿越"步道宽度减少; 3. 首层管理用房、卫生间、夹层物业管理用房、三层办公室使用面积减少; 4. 室外环形步道宽度减小	不影响室内房间使用	不影响室内房间使用
立面效果	无变化	外轮廓增加	外轮廓增加

（续表）

影响方面	方案一	方案二	方案三
红线退界	无影响	西南侧和东南侧距离红线的尺寸各缩小 400 mm，满足规范要求	西南侧和东南侧距离红线的尺寸各缩小 300 mm，满足规范要求
现场工期影响	钢结构深化已经基本完成，钢结构整体调整对工期影响较大，预计影响时间在 3 个月左右	幕墙深化单位节点及分割深化还在进行中，幕墙整体外扩调整对工期影响时间 2.5 个月左右	幕墙深化单位节点及分割深化还在进行中，幕墙整体外扩调整对工期影响时间 2 个月左右
新增造价	无影响	增加约 98.8 万元	增加约 81.6 万元

4. 案例分析

在本次幕墙与钢结构碰撞问题的发现和解决的过程中，BIM 技术起到了关键作用。作为协同工作坚实的基础，BIM 技术帮助幕墙深化单位、钢结构深化单位以及其他各方在深化设计前期就参与到深化设计中，提前发现问题和解决问题，而不是等到施工过程中再解决。幕墙和钢结构在同一个平台下共享 BIM 深化模型并协同工作，幕墙深化单位在设计模型的基础上深化自己的 BIM 模型，与钢结构深化模型链接，快速发现了碰撞问题并准确找出碰撞点位坐标和距离尺寸数据。同时 BIM 技术给各方提供了交流的平台，共享设计成果、碰撞检查，对问题形成统一认识。利用 BIM 模型向所有相关方直观展示问题及其影响，让业主和参建各方及时认识到问题的严重性，提高了沟通效率。

上海天文馆设计复杂，参与方众多，各方之间的信息交流与沟通容易存在不协调、不对称的现象。在解决问题的过程中，BIM 技术打破了以往各个专业、各个参建方之间是"信息孤岛"的状态。可视化、易理解的三维模型更有利于项目参与方之间的交流，促进理解以及各方共识的达成。除此之外，上海天文馆多为双曲面，异型构件为传统的工程量计算带来很大困难。在幕墙与钢结构碰撞问题推进会上，各方利用 BIM 模型快速调整方案、统计面积，并进行成本统计，对不同方案进行对比分析，为方案的决策提供准确的数据支持，从中选择最合适的解决方案，极大提高了决策效率。

专业间的协调配合沟通出现问题是本次问题的关键所在。方案设计团队提出了方案草图，但是未就相关问题与施工图设计进行明确交底，与钢结构施工图设计的专业间协调出现问题。建筑专业向结构专业表达为幕墙做法厚度为 500 mm，未说明幕墙做法包括哪些内容，是否需要在结构和幕墙之间保证一定的调节空间。设计联合体以及二维与三维设计人员在设计过程中信息沟通不畅、校核审核不严，为后续问题埋下隐患。在设计和施工阶段，专业内部调整较多，专业调整时很多根据自身专业的需求进行了修改调整，满足了本专业的要求，但是容易忽视单专业修改对其他专业造成的影响。同时由于专业间差别较大，专业性较强，专业间很难了解自身的调整是否会对其他专业产生影响。

现有传统模式大多为建筑专业牵头协调，但实际情况是协调困难较大，协调效果不理想，设计图问题依然较多存在。在现有建筑结构越来越复杂，异形高难建筑层出的时代，通过 BIM 模型的可视化特性，专业间通过模型来沟通协调问题是现阶段较为可行的方案。但在设计阶段，由于建筑方案在不断调整，模型修改量很大，各种方案不确定性决定了在设计阶段的模型深度不可能精细化，很多专业表达仅表达了最终的完成面，对于系统的构件体系，节点表达由于专业性较强且不同施工单位的节点可能存在一定的差异，所以大多不予以表示，这也是现有 BIM 的通常表达方式。鉴于现有的技术能力及模型修改的效率，由模型来表达所有的技术细节，效率较低，代价较大。较为可行的方法是通过软件建立一个形状尺寸与方案一致的模型，为提高效率，不表达细节，提供一个可视化沟通平台；细节部分由专业设计人通过二维图纸，节点详图等方案予以表达。

传统深化设计是承包单位在建设单位提供的施工图基础上,对其进行细化、优化和完善,形成各专业的详细施工图纸,通常专业分包单位在施工阶段才开始介入。深化设计人员由于专业的局限性,无法整合离散的各方需求。方案设计人员也无法在方案初期确认方案的可行性。针对本项目的幕墙与钢结构深化设计,如果能够让深化单位提前到设计阶段介入,作为设计的重要分支,补充和完善设计的不足,或许能够有效地解决设计与现场施工的诸多冲突,充分保障设计效果的还原。

9.4 效能对比分析

为了更直观地体现应用 Cloud-BIM 技术给上海天文馆项目带来的效能,本研究选取了与上海天文馆类似的项目上海自然博物馆进行比较,主要从设计变更数量和决策效率两个方面展开分析。选取上海自然博物馆作为比较对象的原因如下:

(1) 上海自然博物馆和上海天文馆同属于一个建设单位的开发建设项目,便于获取最真实、最完整的工程资料。

(2) 上海自然博物馆和上海天文馆都是大型公共文化类建筑,其主要功能都是展示展览,属于同种类型的项目,比较起来更具有合理性和科学性。

(3) 上海自博馆和上海天文馆项目体量相当,结构都十分异形,其设计和施工的技术难度都很大。并且上海自博馆采用的是传统的纸质化的管理,并未采用 Cloud-BIM 技术,将传统的项目管理模式和 Cloud-BIM 协同管理模式相对比更具有说服力。

由于截至本书撰写之日,上海天文馆项目正处于施工阶段,地下工程才刚刚完工,因此所有对比的数据来源要求是从项目开始到项目主体结构出正负零时间段内所有项目资料。

上海天文馆项目在主体结构出正负零之前的设计变更审批单总共有 6 个,如表 9-10 所列,总变更数量合计 236 个,而上海自然博物馆的同期的设计变更数量为 269 个,可以计算出上海天文馆项目的设计变更数量比上海自然博物馆的设计变更数量减少了约 12.3%,如图 9-26 所示。通过对比分析可以发现,本项目通过采用 Cloud-BIM 三维协同设计后,设计变更的数量比同类型的项目明显减少,Cloud-BIM 技术的引入能够改进设计质量,减少设计错误,为建设项目带来增值效益。

表 9-10 上海天文馆设计变更

序号	变更数量/个
SJBG—001	20
SJBG—002	3
SJBG—003	108
SJBG—004	25
SJBG—005	43
SJBG—006	37
合计:	236

上海天文馆和上海自然博物的决策效率可以从管理流程的流转时间来进行对比。目前,上海天文馆项目上 Vault 平台中已执行的设计变更流程 6 个(SJBG—001～SJBG—002),涉及的项目参与方包括设计单位、工程监理、财务监理、BIM 顾问单位、项目管理单位、建设单位共 6 个角色。每个流程流转的时间不同,因此这里取平均值作为对比分析的依据,经计算上海天文馆线上流程的平

均审批和流转时间为 13.2 天,如表 9-11 所列。

上海自然博物馆采用传统的纸质化管理流程,为了保证数据对比的科学性,从自然博物馆的现场签证中共选出 6 个流程,这 6 个流程所涉及到的参与方角色也为 6 个,分别为施工总包、工程监理、投资监理、项目工程师、项目总工程师、指挥部。所需的平均流转时间为 15.1 天,如表 9-12 所列。上海天文馆和上海自然博物馆流程审批平均时间对比如图 9-27 所示。

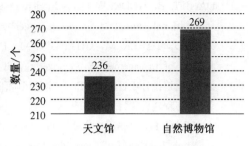

图 9-26　设计变更数量对比

表 9-11　上海天文馆线上流程流转时间

流程	流转时间/d
SJBG—001	4
SJBG—002	27
SJBG—003	5
SJBG—004	13
SJBG—005	15
SJBG—006	15
平均值:13.2	

表 9-12　上海自然博物馆纸质流程流转时间

流程	流转时间/d
现场签证—001	17
现场签证—002	15
现场签证—003	28
现场签证—004	12
现场签证—005	10
现场签证—006	9
平均值:15.1	

从统计结果来看,利用 Cloud-BIM 协同平台能够显著减少流程审批的时间,各参与方在云平台上进行沟通协调,大大提高了沟通决策的效率。经计算,上海天文馆项目应用 Cloud-BIM 技术后,与传统的纸质化管理相比,其决策效率提升了约 14.4%。

传统的项目管理工作中,纸质文档的流转是串行的,这种串行的流程大大增加了流转的时间。而应用 Cloud-BIM 技术进行流程管理可以实现纸质文件的电子化,项目各参与方可以在云平台上对流程进行并行处理,这大大节省了流程流转的时间,提高了决策审批的效率。

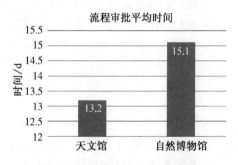

图 9-27　流程审批平均时间对比

参考文献

[1] FISCHER T, ALVAREZ M, LLERA D L, et al. An integrated model for earthquake risk assessment of buildings [J]. Engineering Structures, 2002,22(7):979-998.

[2] RASHED A. The application of risk management in infrastructure construction projects [J]. Cost Engineering, 2005,47(8):20-27.

[3] TSAI T C,FURUSAKA S,KANETA T. Evaluating project risks of project delivery systems in construction projects [C]//Proceedings of the 17th IAARC/CIB/IEEE/IFR International Symposium on Automation and Robotics in Construction. 17th ISAREC 2000:145-150.

［4］ DANIEL B, ANDREW D F. Modelling global risk factors affecting construction cost performance［J］. International journal of project management, 2003, 21(4): 261-269.

［5］ ZAYED, TAREK M, CHANG L M. Prototype model for build-operate-transfer risk assessment［J］. Journal of management in engineering, 2002, 18(1): 7-16.

［6］ 陈强. 建筑设计项目应用 BIM 技术的风险研究［D］. 广州: 华南理工大学, 2011.

［7］ 郭力. 工程建设项目 BIM 应用风险分析与应对［J］. 建筑经济, 2015, 36(3): 30-34.

［8］ ALADAG H, DEMIRDÖGEN G, ISIK Z. Building Information Modeling（BIM）Use in Turkish Construction Industry［J］. Procedia Engineering, 2016, 161: 174-179.

［9］ CHIEN K F, WU Z H, HUANG S C. Identifying and assessing critical risk factors for BIM projects: Empirical study［J］. Automation in construction, 2014, 45: 1-15.

［10］ 张楠. 建设项目 BIM 技术应用风险因素关系研究［D］. 哈尔滨: 哈尔滨工业大学, 2016.

［11］ 李亚伟. 建筑工程项目 BIM 应用风险评价研究［D］. 重庆: 重庆大学, 2016.

［12］ ［美］科兹纳. 项目管理计划、进度和控制的系统方法［M］. 北京: 电子工业出版社, 2014.

［13］ TRIST E. The sociotechnical perspective［M］//Ven A HV, Joyce W F. Pespectives on Organizational Design and Behavior, New York: Wiley, 1981.

［14］ 吕实, 曹海英. 管理学［M］. 2 版. 北京: 清华大学出版社, 2014.

［15］ 熊勇清. 管理学 100 年［M］. 长沙: 湖南科学技术出版社, 2013.

［16］ 王求真. 基于社会——技术模型的信息系统开发项目的风险因素分析［J］. 情报科学, 2005, 23(9): 1392-1397.

［17］ TULENHEIMO R. Challenges of implementing new technologies in the world of BIM-Case study from construction engineering industry in Finland［J］. Procedia Economics & Finance, 2015, 21: 469-477.

［18］ WALLACE L, KEIL M, RAI A. How software project risk affects project performance: an investigation of the dimensions of risk and an exploratory model［J］. Decision Sciences, 2004, 35(2): 289-321.

［19］ 何叶荣, 李慧宗. 企业风险管理［M］. 合肥: 中国科学技术大学出版社, 2015.

［20］ SCHMIDT R, LYYTINEN K, KEIL M, et al. Identifying software project risks: an international delphi study［J］. Journal of Management Information Systems, 2000, 17(4): 5-36.

［21］ 刘通. PMP 项目管理方法论与案例模板详解［M］. 哈尔滨: 哈尔滨工业大学出版社, 2015.

［22］ 李娟莉. 设计调查［M］. 北京: 国防工业出版社, 2015.

［23］ 安天安全研究与应急处理中心. 勒索软件简史［J］. 中国信息安全, 2017(4): 50-57.

［24］ 陈小波. "BIM & 云"管理体系安全研究［J］. 建筑经济, 2013(07): 93-96.

［25］ 吴明隆. 结构方程模型——AMOS 的操作与应用［M］. 重庆: 重庆大学出版社, 2009.

［26］ 徐云杰. 社会调查设计与数据分析——从立项到发表［M］. 重庆: 重庆大学出版社, 2011.

［27］ 毕振波, 王慧琴, 潘文彦, 等. 云计算模式下 BIM 的应用研究［J］. 建筑技术, 2013(10): 917-919.

［28］ TULENHEIMO R. Challenges of implementing new technologies in the world of bim-case study from construction engineering industry in finland［J］. Procedia Economics & Finance, 2015, 21: 469-477.

［29］ 徐明龙, 熊峰. BIM 应用过程中的风险研究［J］. 施工技术, 2014(S1): 526-531.

［30］ WEN Z, KIT-TAI H, HERBERT W. Structural equation model testing: cutoff criteria for goodness of fit indices and chi-square test［J］. Acta Psychologica Sinica, 2004, 36(2): 186-194.

［31］ 王春峰, 李汶华. 小样本数据信用风险评估研究［J］. 管理科学学报, 2001, 4(1): 28-32.

［32］ 侯杰泰. 结构方程模型及其应用［M］. 北京: 经济科学出版社, 2004.

［33］ 李洁明, 祁新娥. 统计学原理［M］. 上海: 复旦大学出版社, 2014.

［34］ KAISER H F, RICE J. Little Jiffy, Mark IV［J］. Educational and Psychological Measurement, 1974, 34(1): 111-117.

［35］ WANG Y M, WANG Y C. Determinants of firms' knowledge management system implementation: An empirical study［J］. Computers in Human Behavior, 2016, 64: 829-842.

［36］ 杜栋, 庞庆华, 吴炎. 现代综合评价方法与案例精选［M］. 北京: 清华大学出版社, 2015.

[37] 刘思峰,郭本海,方志耕.系统评价:方法、模型、应用[M].北京:科学出版社,2015.

[38] BIMAL K,CHENG J, MCGIBBNEY L. Cloud computing and its implications for construction it[M]. Proceedings of the International Conference on Computing in Civil and Building Engineering. Nottingham University Press, W Tizani (Editor),2010.

[39] 李恒,郭红领,黄霆,等.BIM 在建设项目中应用模式研究[J].工程管理学报,2010,24(5):525-529.

[40] 严鸿华.建设工程咨询行业研究成果汇编[M].上海:同济大学出版社,2017.

[41] 上海市住房和城乡建设管理委员会.上海市建筑信息模型技术应用与发展报告[R].2017.

[42] 李云贵.建筑工程设计 BIM 应用指南[M].2 版.北京:中国建筑工业出版社,2017.

[43] 张德海,韩进宇,赵海南,等.BIM 环境下如何实现高效的建筑协同设计[J].土木建筑工程信息技术,2013,5(6):43-47.

[44] KIM W, KIM S D, LEE E,etc. Adoption issues for cloud computing[J]. ii WAS'2009,2009:3-6.

[45] CHEN H M, CHANG K C, TSUNG-HSI L. Cloud-based system framework for performing online viewing, storage, and analysis on big data of massive BIMs[J]. Automation in Construction, 2016,71:34-48.

[46] ATUL P, KASUN N H. Building information Modeling(BIM) partnering framework for public construction projects [J]. Automation in Construction,2013(31):204-214.

[47] CHONG H Y, WONG J S,WANG X. An explanatory case study on cloud computing applications in the built environment[J]. Automation in Construction,2014, 44:152-162.

[48] KUMAR B, CHENG J C P, MCGIBBNEY L. Cloud computing and its implications for construction IT [M]//Computing in Civil and Building Engineering, Proceedings of the International Conference, W. Tizani (Editor), 30 June-2 July, Nottingham, UK, Nottingham University Press, 2010:315.

[49] CHUANG T H, LEE B C,WU I C. Applying cloud computing technology to BIM visualization and manipulation[C]//Proceedings of 28th International Symposium on Automation and Robotics in Construction. 2011:144-149.

[50] JUAN D, ZHENG Q. Cloud and open BIM-based building and information interoperability research[J]. Journal of Service Science and Management, 2014,7:47-56.

[51] MEZA S, TURK Z, DOLENC M. Component based engineering of a mobile BIM-based augmented reality system[J]. Automation in Construction,2014,42:1-12.

[52] 张俊,刘洋,李伟勤.基于云技术的 BIM 应用现状与发展趋势[J].建筑经济,2015, 36(7):27-30.

[53] 何清华,潘海涛,李永奎.基于云计算的 BIM 实施框架研究[J].建筑经济.2012,10(5):86-89

[54] 毕振波,王慧琴,潘文彦,等.云计算模式下 BIM 的应用研究[J].建筑技术,2013,44(10):917-919.

[55] CASADO R, YOUNAS M. Emerging trends and technologies in big data processing, Concurr[J]. Comp-Pract. E,2015:2078-2091.

[56] LIN J R, HU Z Z, ZHANG J P, et al. A natural-language-based approach to intelligent data retrieval and representation for cloud BIM [J]. Comput.-Aid Civil Infrastruct. Eng. , 2015,31 (1): 18-33.

[57] TSAI M K. Improving communication barriers for on-site information flow: Anxploratory study[J]. Advanced Engineering Informatics,2009,23 (3):323-331.

[58] CURRY E, ODONNELL J, CORRY E, et al. Linking building data in the cloud: integrating cross-domain building data using linked data. Advanced Engineering Informatics, 2013,27 (2):206-219.

[59] BEACH T H, RANA O F,REZGUI Y, et al. Cloud computing for the architecture, engineering & construction sector: requirements, prototype & experience[J]. 《Journal of Cloud Computing Advances Systems & Applications, 2013, 2 (1):8.

[60] SOIBELMAN L, KIM H. Data preparation process for construction knowledge generation through knowledge discovery in databases[J]. Journal of Computing in Civil Engineering, 2002, 16 (1):39-48.

[61] JIAO Y, WANG Y, ZHANG S, et al. A cloud approach to unified lifecycle data management in archi-

tecture，engineering，construction and facilities management：integrating BIMs and SNS. Advanced Engineering Informatics，2013，27（2）：173-188.

[62] 刘兴昊,张建平.BIM 数据管理框架体系分析[J]中国市场,2015(27):50-51.

[63] 余芳强,张建平,刘强,等.基于云计算的板结构化 BIM 数据库研究[J].土木建筑工程信息技术,2013,5(6): 1-6.

[64] 王勇,李久林,张建平.建筑协同设计中的 BIM 模型管理机制探索[J].土木建筑工程信息技术,2014,6(6): 64-69.

[65] 史曦晨,李慧敏,肖俊龙,等.BIM 与云计算在承包商投标中的集成应用研究[J].工程管理学报,2017,31(2): 100-105.

[66] 陈杰,武电坤,任剑波,等.基于 Cloud-BIM 的建设工程协同设计研究[J].工程管理学报,2014(28):27-31.

[67] 李英攀,马晓飞,梁欣,等.基于 Cloud-BIM 的绿色施工信息化管理研究[J].施工技术,2016,45(18):48-53.

[68] 周建春,魏琴,张建强,等.复杂环境城市轨道交通盾构施工 CLOUD-BIM 架构设计[J].科技创新与应用, 2016(26):231-232.

[69] JIAO Y，ZHANG S，LI Y，et al. Towards cloud augmented reality for construction application by BIM and SNS integration[J]. Automation in construction,2013,33：37-47.

[70] 陈杰.基于云 BIM 的建设工程协同设计与施工协同机制[D].北京:清华大学.2014.

[71] 徐迅,李万乐,骆汉宾,等.建筑企业 BIM 私有云平台中心建设与实施[J].土木工程与管理学报,2014(02): 84-90.

[72] 季明.云环境下基于 BIM 的施工综合管理平台的设计与实现[D].重庆:重庆大学,2016.

[73] 曹成,钟建国,严达,等.BIM 云协同平台在工程项目的五大应用[J].工程质量,2016(04):81-85.

[74] 武大勇.基于云计算的 BIM 建筑运营维护系统设计及挑战[J].土木建筑工程信息技术,2014,6(5):46-52.